W0259245

ALLE ZEIT WACH
1842

G. Schiele · U. Hallwachs

ROBOTEREINSATZ MENSCHENGERECHT GEPLANT

Planung des Industrierobotereinsatzes unter technischen, arbeits- und sozialwissenschaftlichen Gesichtspunkten

Unter Mitarbeit von S. Bauer, R. Brüning, D. Seitz

Springer-Verlag
Berlin Heidelberg GmbH 1987

Dipl.-Ing. G. Schiele	Fraunhofer-Institut für Produktionstechnik und Automatisierung (IPA), Stuttgart; Ltg. Prof. Dr.-Ing. H.-J. Warnecke.
Dipl.-Ing. U. Hallwachs Dipl.-Ing. S. Bauer Dipl.-Soz., Ing. (grad.) R. Brüning	Fraunhofer-Institut für Arbeitswirtschaft und Organisation (IAO), Stuttgart; Ltg. Prof. Dr.-Ing. H.-J. Bullinger.
Dipl.-Des. D. Seitz	Gesellschaft für Arbeitsschutz und Humanisierungsforschung, (GfAH), Dortmund; Ltg. Dr. V. Volkholz.

Die Arbeiten, über die in diesem Buch berichtet wird, wurden im „Beratungszentrum Industrieroboter (BZI)" durchgeführt, das vom Bundesminister für Forschung und Technologie (BMFT) im Rahmen des Programms „Humanisierung des Arbeitslebens" gefördert wird.

ISBN 978-3-540-18223-8 ISBN 978-3-642-52494-3 (eBook)
DOI 10.1007/978-3-642-52494-3

Ursprünglich erschienen bei Springer-Verlag Berlin Heidelberg New York 1987

Gesamtherstellung: Copydruck GmbH, Heimsheim

2362/3020-543210

VORWORT

Aufgabe der staatlichen Förderung der Umsetzung im Rahmen des Programmes "Humanisierung des Arbeitslebens (HdA)" ist es unter anderem, den Prozeß der Vermittlung von Erkenntnissen zur menschengerechten Gestaltung von automatisierten Systemen zu beschleunigen. Die Humanisierung des Arbeitslebens muß mit den technischen und organisatorischen Entwicklungen und den Ansprüchen der arbeitenden Menschen an die Gestaltung von Arbeit und Technik Schritt halten. Dies geschieht wirkungsvoll dadurch,

- daß Informationen handlungsorientiert für die einzelnen Planungs- und Entscheidungsträger aufbereitet, vermittelt und verbreitet werden und
- daß schließlich Anstöße gegeben werden, bei den Trägern der Umsetzung solche eigenständigen Formen und Wege zu entwickeln.

Um dies effektiv und schnell im Bereich der flexiblen Automatisierung erreichen zu können, wurde ab 1982 das "Beratungszentrum Industrieroboter (BZI)" vom Bundesminister für Forschung und Technologie (BMFT) im Rahmen des Programms "Humanisierung des Arbeitslebens (HdA)" gefördert. Da während der Tätigkeiten des Zentrums erkannt wurde, daß am Markt vorhandene Planungsunterlagen sich fast ausschließlich mit der reinen technischen Planung beschäftigen, wurde die vorliegende Planungsvorgehensweise erstellt. Diese Vorgehensweise soll Planern einen Leitfaden geben, um flexible Automatisierung nicht nur rein technisch zu planen, sondern bei diesen Planungstätigkeiten auch die menschengerechte Gestaltung der Systeme zu berücksichtigen. Damit kann ein direkter Beitrag zur Humanisierung und somit zur Verbesserung der Arbeitszufriedenheit geleistet werden.

Stuttgart, Juni 1987

Schiele, G.; Hallwachs, U.

Inhaltsverzeichnis

1 Arbeits-, sozialwissenschaftliche und technische Aspekte des Industrierobotereinsatzes

1.1 Einführung

1.1.1 Problemstellung

Vergleicht man die Anzahl prognostizierter mit realisierten Industrieroboter-Einsatzfällen, so wird deutlich, daß bisher die Verbreitung von Industrierobotern nicht im erwarteten Maße verlaufen ist. Dies betrifft weniger die Gesamtzahl von Industrierobotern, sondern vielmehr die Segmentierung der Einsatzbereiche. So finden sich heute fertigungsaufgaben-, branchen- und vor allem unternehmensgrößenbedingte Industrieroboter-Einsatzlücken. Wie eine Bestandsaufnahme der Industriegewerkschaft Metall (IGM) in ca. 1.100 Betrieben zeigt, sind etwa 70% der eingesetzten Industrieroboter in Unternehmen mit 1.000 und mehr Beschäftigten installiert. In Kleinbetrieben (100 bis 200 Mitarbeiter) bzw. Mittelbetrieben (200 bis 300 Mitarbeiter) finden sich nur ca. 7 bzw. 9% der realisierten Industrieroboter-Einsatzfälle /1/.

Die Gründe für diese Entwicklung sind vielschichtig. Neben technischen spielen hier auch wirtschaftliche, soziale und betriebsspezifische Gründe eine Rolle. So bestehen technische Grenzen aus dem Gegenüber von Fertigungsaufgabe und Leistungsfähigkeiten der Geräte, die das Vordringen von Industrierobotern in bestimmte Branchen bzw. Aufgabenbereiche erschweren. Hinzu kommen häufig wirtschaftliche Grenzen durch die erforderlichen Amortisationszeiten bei hohen Investitionsaufwänden für Industrieroboterlösungen. Vielfach ist auch zu beobachten, daß bei automatisierungsgerechter Produktkonstruktion eine konventionelle Lösung wirtschaftlicher ist als eine Automation. Ebenso sind u.U. Maßnahmen zur Reorganisation der Fertigung, z.B. durch Veränderung des Fertigungsablaufes bzw. Zusammenfassung von Teilbereichen zu organisatorischen Einheiten, wirtschaftlicher. Soziale Barrieren ergeben sich u.a. aus der beschäftigungspolitischen Diskussion des Industrieroboter-Einsatzes. Der negative Ruf des Industrieroboters als "Job-Killer" - dem Industrieroboter werden gleichsam als Synonym die Veränderungen der menschlichen Arbeit zugeschrieben, ohne daß man das jeweilige Umfeld und die Einsatzbedingungen der Industrieroboter-Technologie berücksichtigt - hat sicherlich nicht nur einen Industrieroboter-Einsatzfall verhindert.

Schließlich sind als letzte bestimmende Größe die betrieblichen Voraussetzungen wichtig. Ausschlaggebend für die Einführung neuer Technologien ist die unternehmerische Innovationsfreudigkeit, die vielfach bei größeren Unternehmen stärker ausgeprägt ist als bei kleineren. Dies ist nicht zuletzt darauf zurückzuführen, daß ein Innovationssprung hier wegen des vorhandenen Planungs-know-hows, der Planungskapazität und der Organisations-/Technologiestruktur einfacher zu realisieren ist. Zudem sind "Innovationsaufwände" bzw. "Innovationsprobleme" aufgrund der z.T. geringen Kapitalstärke für kleinere Betriebe mit Schwierigkeiten verbunden.

Ferner läßt sich aus betrieblicher Sicht für die z.T. zögernde Einführung von Industrierobotern anführen, daß bei potentiellen Industrieroboter-Anwendern aufgrund der Know-How-Lücke hinsichtlich sinnvoller Einsatzbereiche und wirtschaftlicher Integration von Industrierobotern in die Fertigung eine Unsicherheit bezüglich des Industrieroboter-Einsatzes besteht. Wie in Gesprächen mit Industrieroboter-Anwendern immer wieder deutlich wird, sind vor allen Dingen auch bezüglich Arbeitsorganisation und Personal beim Einsatz von Industrierobotern noch zahlreiche offene Fragen vorhanden.

Dies ist nicht zuletzt darauf zurückzuführen, daß bisher das Informationsangebot bzgl. menschengerechter Lösungsansätze bzw. ganzheitlich HdA-orientierter Planungsvorgehensweisen sehr dünn ist.

Es ist festzustellen, daß bei Veröffentlichungen bzw. Seminaren Fragen zu Arbeitsorganisation und Personal weitgehend ausgeklammert werden. So finden sich einerseits von technisch-wirtschaftlich orientierten Autoren Veröffentlichungen über die technische Auslegung und Funktion von Industrierobotern, andererseits von sozialwissenschaftlich und gewerkschaftlich orientierten Verfassern Berichte und Untersuchungen über die Auswirkungen realisierter Industrieroboter-Einsatzfälle unter dem Blickwinkel qualitativer Beschäftigungsaspekte, wie Gesundheits- und Qualifiktionsprobleme beim Industrieroboter-Einsatz. Veröffentlichte Planungssystematiken bzw. Planungsvorgehen sind vorwiegend technikorientiert. Fragen zur Arbeitsgestaltung bleiben hier ausgeklammert.

Der Umstand, daß arbeitsorganisatorische Probleme nur in geringem Umfang abgehandelt werden, liegt sicherlich u.a. darin begründet, daß bei der Einführung neuer Technologien die Frage der Technik im Vordergrund steht. Arbeitsorganisatorische Schwierigkeiten werden in dieser Phase verkannt oder sind nicht bekannt. Sie führen aber, mit einer gewissen Verzögerung, im Dauerbetrieb vielfach zu Problemen, weil hier teilweise nichttechnologieadäquate Arbeitsorganisationen realisiert werden. Aus Angst vor größeren strukturellen Umstellungen wird auf die betrieblich bekannten und bewährten (traditionellen) Arbeitsorganisationen zurückgegriffen. Obwohl durch den Einsatz von Industrierobotern die Kapazitätsteilung Mensch/Technik und somit das organisatorische Anforderungsniveau durch Veränderungen der Art, Häufigkeit und Wertigkeit der vom Menschen zu erfüllenden Tätigkeiten variiert, bleibt im arbeitsorganisatorischen Bereich - der vertikalen Aufgabenteilung - "alles beim alten". Zwar gibt es aufgrund der organisatorischen Anpaßbarkeit von modernen Technologien keine zwingende eindeutige Zuordnung einer bestimmten Arbeitsorganisation zu einer bestimmten Technologie, jedoch erfordert jede Technik eine adäquate Organisation und damit auch jede technologische Innovation eine organisatorische Innovation. Wird dies nicht beachtet, ist das optimale Zusammenwirken der Produktionsfaktoren Industrieroboter und Mensch, das sich durch hohe technische und zeitliche Auslastung und Verfügbarkeit des Industrieroboters, zusammen mit ganzheitlichen Arbeitsinhalten und zeitlicher Auslastung des Personals auszeichnet, nicht möglich.

Es ist daher nicht verwunderlich, daß der Industrieroboter-Einsatz teilweise nicht zum geplanten Ziel führt. Problematisch ist dies in der Hinsicht, daß der nicht zwingend notwendige "Industrieroboter-Fehleinsatz" der Auslöser für eine generelle Ablehnung der Industrieroboter-Einführung sein kann, und damit der wirtschaftlich notwendige technologische Anschluß eines Unternehmens verpaßt wird.

1.1.2 Planungsmethoden - Ist-Zustand

Analysiert man die derzeitige betriebliche Planungsarbeit, so läßt sich grundsätzlich feststellen, daß aufgrund betriebsinterner Probleme/Einflüsse wie erhöhte Typen-/Variantenvielfalt, kürzere Innovationszeiten, veränderte Ansprüche der Erwerbstätigen und Berücksichtigung von Tarifverträgen, Arbeitsstättenverordnungen und betriebsinternen Vorschriften (in Verbindung mit dem laufend bestehenden/znehmenden Termindruck) eine gesteigerte Hektik bei der Planungsarbeit entsteht, was wiederum eine Abnahme der Planungstiefe und -güte bewirken kann. Verstärkend wirkt sich dies auf die internen Planungsprobleme aus, die häufig durch eine einseitige Problembetrachtung in der Planungsdurchführung gekennzeichnet sind. Berücksichtigt man, daß der Planer ca. 40% seiner Arbeitszeit für die Beschaffung und Überprüfung von Informationen und Daten aufwenden muß, so läßt sich ermessen, daß bei kurzen Konzeptionsphasen für eine kreative und überlegte Planungsarbeit wenig Zeit bleibt. Charakterisiert man allgemein die üblichen Planungsabläufe und Kriterien

- Planungsablauf (Planungssystematik),
- Methoden- und Hilfsmitteleinsatz,
- Planungscharakteristik,

so läßt sich folgendes festhalten:
Die Stufen innerhalb von Planungsabläufen sind in der betrieblichen Praxis in der Regel durch organisatorische Abläufe (z.B. durch die Beleg- bzw. Genehmigungsabfolgen) bestimmt, weniger aber im Sinne einer systematisch aufbauenden Stufung von Planungsmethoden mit definierten Eingabegrößen und Ergebnissen festgelegt.

Bezüglich des Methoden- und Hilfsmitteleinsatzes ist (abgesehen von Methoden nach MTM und REFA) festzuhalten, daß Planung heute noch vorwiegend auf Erfahrung und teilweise auch auf Improvisation beruht; praktiziert wird in der Regel die Ähnlichkeitsplanung. Insbesondere fehlen Methoden zur durchgängigen konzeptionellen Entwicklung von Arbeitssystemen.

Die Erarbeitung von Lösungsalternativen wird nur sehr selten vorgefunden, dann in der Regel ausgehend vom Istzustand (induktives Vorgehen) weniger ausgehend vom Idealzustand (deduktives Vorgehen), was erfahrungsgemäß zu neuartigen und besseren Lösungen führen würde. Allgemeine Planungstechniken wie intuitive/einfallsbetonte Methoden (Brainstorming, Methode 635, Idee-Delphi, Synektik, Bionik) und systematische Methoden (morphologische Systeme, Metaplantechnik und Netzplantechnik) sind weniger verbreitet.

Die Charakteristik üblicher betrieblicher Planungsabläufe läßt sich mit dem Stichwort "Technikorientierung" umreißen. Das bedeutet, daß häufig bereits sehr früh (teilweise im Rahmen einer Offertkalkulation) weitgehend im Detail technische Lösungen (z.B. Vorrichtungen) entworfen werden. Dies drückt sich auch dadurch aus, daß bei der Planung der Arbeitsorganisation vielfach nur die Anzahl von erforderlichen Mitarbeitern ermittelt und der Arbeitplatz gestaltet wird, während Arbeitsinhalte, Qualifikationsanforderungen, Bedienstrategie, Entlohungsformen etc. nicht berücksichtigt werden. Konzeptionelle Phasen mit gesamtheitlichem Denkansatz (ganzheitliche Planung), auch bezüglich arbeitswirtschaftlicher Gesichtspunkte, sind in der Regel nicht vorzufinden. Dieser Nachteil liegt häufig auch in der jeweils gegebenen betrieblichen Aufbau- und Ablauforganisation, sowie der gegebenen Arbeits- und Verantwortungsteilung begründet. Es besteht damit die Gefahr, sich durch zu frühe Festlegung technischer Details Freiheitsgrade und konzeptionelle Spielräume im Planungsprozess zu verbauen.

Diese allgemeinen Planungsprobleme finden sich in verstärkter Form bei Industrieroboter-Planungen. Hier handelt es sich selten um problemorientierte Planungen (Bild 1.1-1). Der Industrieroboter wird vielmehr häufig als Ziel und nicht als eine (von vielen) möglichen Maßnahmen zur Lösung eines bestehenden Problems aufgefaßt. Kernproblem der Industrieroboter-Planung ist der schon mehrfach erwähnte, ausschließlich technisch bzw. geräteorientierte Planungsansatz, bei welchem, ausgehend von einem bestimmten Automatisierungsmittel, erst nach der Realisierung die Fertigungstechnik/-organisation detailliert geplant wird.

Die Folge dieser Planungsvorgehensweise ist eine korrigierende, isolierte Arbeitsgestaltung. Wenn überhaupt, werden erst nach der Systemrealisierung Personalaspekte betrachtet, d.h. dann, wenn so gut wie keine Gestaltungsspielräume mehr vorhanden sind (Bild 1.1-2). Die an das geplante System gestellten Anforderungen aus organisatorischer und personeller Sicht können damit nur unzureichend berücksichtigt werden. Wen wundert es da noch, wenn die geplanten Systemeigenschaften, die ja aus dem Zusammenspiel von Technik, Organisation und Personal resultieren, sich im Praxisbetrieb nicht wiederfinden.

Gefordert ist also eine prospektive ganzheitliche Arbeitsgestaltung. Hier werden alle Anforderungen an Technik, Organisation und Personal durchgängig bei allen Planungsschritten berücksichtigt und somit sämtliche Gestaltungsspielräume systematisch genutzt. Ergebnis derartiger Planungen sind Systeme, bei denen sich Anforderungs- und Tätigkeitsprofil überdecken; "böse Überraschungen" lassen sich zwar nicht ganz ausschalten, jedoch minimieren. Daher ist neben technischem auch arbeits- und sozialwissenschaftliches Gedankengut bei den Planungen notwendig (Bild 1.1-3).

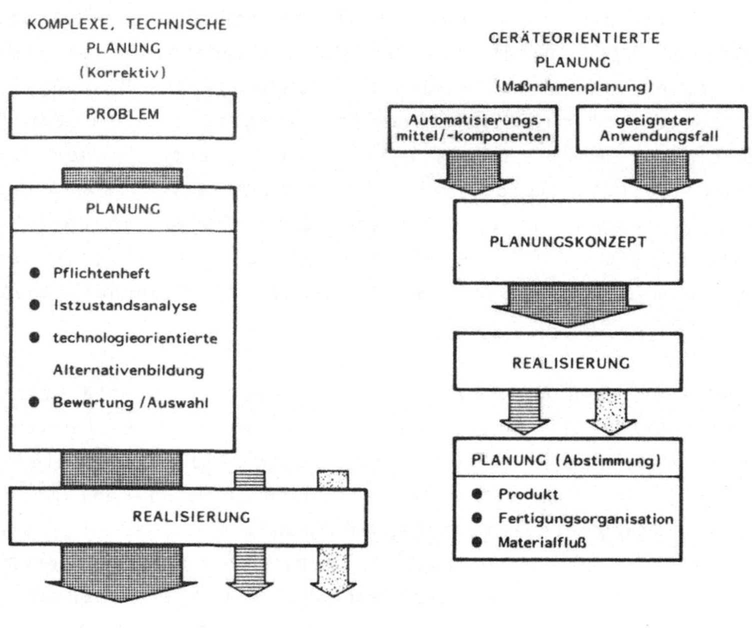

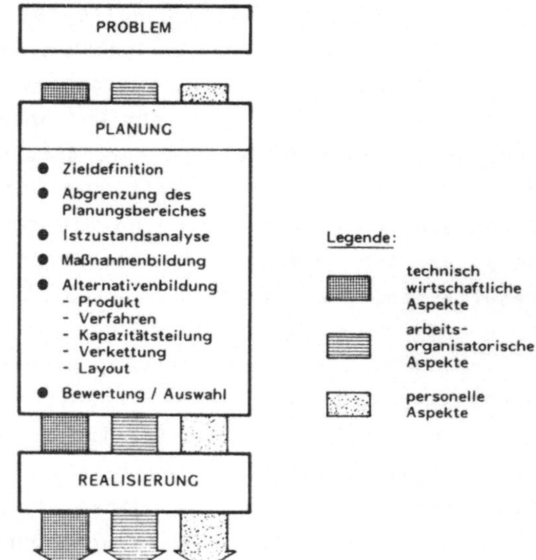

Bild 1.1-1: Planungsvorgehensweisen

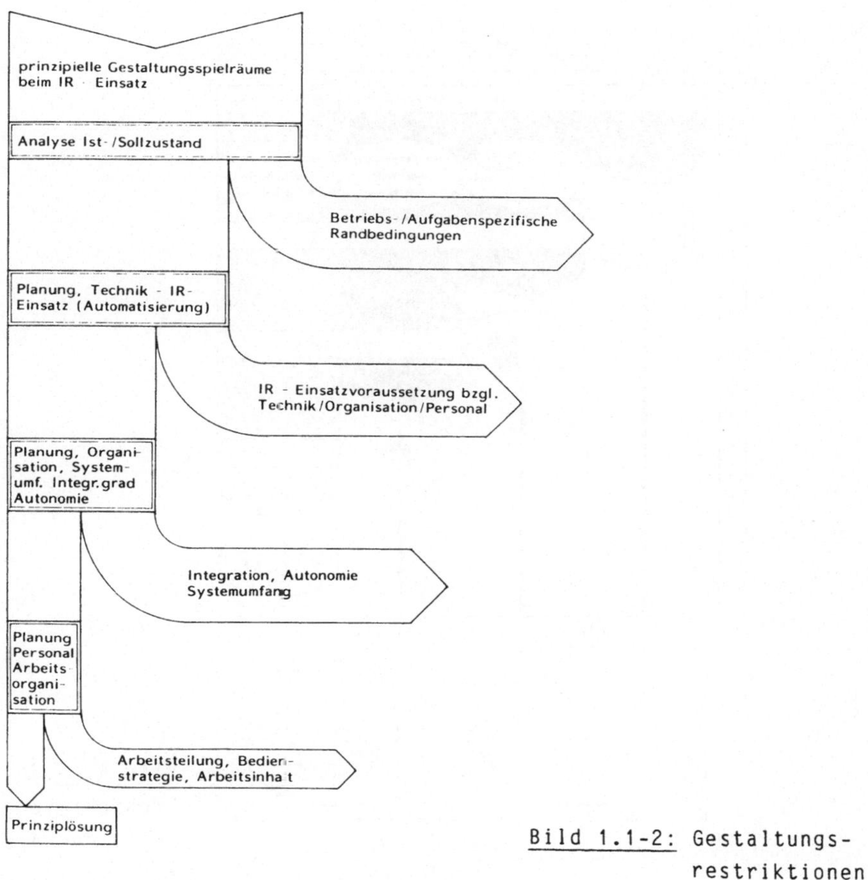

Bild 1.1-2: Gestaltungsrestriktionen

1.1.3 Arbeitsorganisation: Definition, Maßnahmen, Lösungsansätze

1.1.3.1 Definition

Laut REFA-Lexikon "Betriebsorganisation" versteht man unter Arbeitsorganisation die

> "Sinnvolle Zusammenfassung von Arbeitskräften, Arbeitsmitteln und Werkstoffen unter Berücksichtigung des zeitlichen Ablaufes zur wirkungsvollen Durchführung eines Arbeitsvorhabens "/2/.

Diese vorwiegend techno-organisatorisch orientierte Definition berücksichtigt unzureichend den zweiten, mit der Arbeitsorganisation in

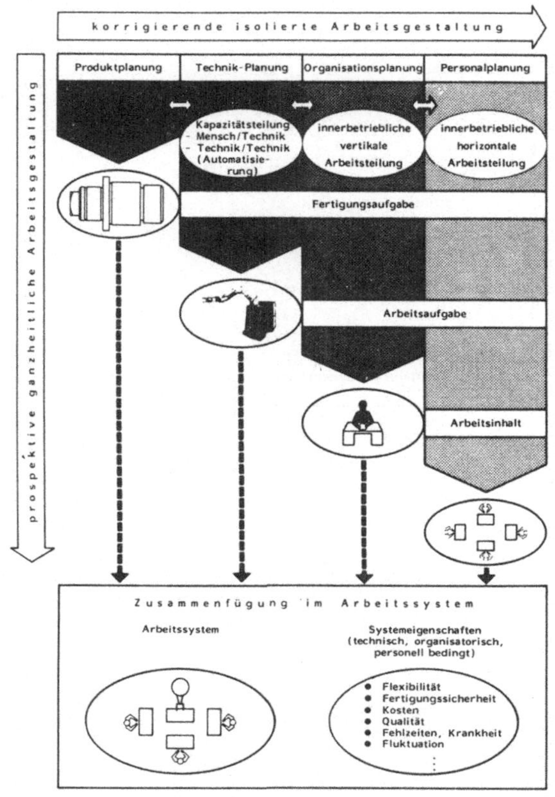

Bild 1.1-3:
Prospektive ganzheitliche Arbeitssystemplanung

Verbindung zu bringenden sozio-organisatorischen Aspekt. Es wird nur unterschwellig angedeutet, daß die Kenntnis des Faktors "menschliche Arbeit" bei der Gestaltung der Arbeitsorganisation notwendig ist; dies, um einerseits die gesetzten technisch-wirtschaftlichen Ziele, andererseits eine menschengerechte Arbeit zu erreichen. Das arbeitsorganisatorische Verbindungselement zwischen einer technisch-wirtschaftlichen Zielsetzung und einer an der Humanisierung des Arbeitslebens (HdA) orientierten Zielsetzung ist also die Kenntnis/Akzeptanz des Wesens der menschlichen Arbeit (Bedürfnisse, Leistungsfähigkeit, Leistungsbereitschaft). Mit anderen Worten geht es darum, die Eigenschaften des Menschen aufgrund seiner Physis, Psyche und seines Intellekts zu erkennen und durch technisch-organisatorische Maßnahmen für den Menschen Freiräume zu schaffen, die es ihm ermöglichen und nahe legen, seine Fähigkeiten zu nutzen. Wie wichtig es ist, die Mehrdimensionalität der menschlichen Arbeit, d.h. den wirtschaftlichen, technischen, ergonomischen, psychologischen, soziologischen und pädagogischen Aspekt zu berücksichtigen, zeigt sich im guten oder weniger guten Funktionieren des Zusammenspiels der Funktionsträger Mensch und Technik, das maßgeblich beispielsweise die Fertigungssicherheit, die Flexibilität, die Qualität, die Produktivität und die Fehlzeiten beeinflußt. So zeigen Untersuchungen, daß die Fluktuation, Verweildauer und das Qualitätsbewußtsein maßgeblich von der Qualität der Arbeitssituation abhängen /3/.

Ferner sollte erwähnt werden, daß bei Vernachlässigung des menschlichen Aspektes infolge der Ablehung durch die Mitarbeiter die Systemnutzung oft weit hinter den Erwartungen zurückbleibt. Kein noch so gutes, von Menschen erdachtes System ist exakt planbar; die Nutzung des Systems ist maßgeblich davon abhängig, ob es akzeptiert oder abgelehnt wird, wobei die Rolle des Menschen bei der Systemplanung und -einführung eine entscheidende Rolle bezüglich der Akzeptanz oder Ablehnung spielt. Eine gute Arbeitsorganisation kann hier Abhilfe schaffen.

Da die Ressourcen für Planungsaktivitäten bzw. Gestaltungsmaßnahmen beschränkt sind, können nicht alle Faktoren der menschlichen Arbeit und die damit verbundenen Interessen bei der Gestaltung der Arbeitsorganisation umfassend berücksichtigt werden. Unter Beachtung der gewachsenen Gegebenheiten müssen technisch-organisatorisch machbare, wirtschaftlich sinnvolle und gesellschaftlich akzeptable arbeitsorganisatorische Lösungen angestrebt werden.

Wie die bisherigen Ausführungen andeuten, umspannt der Begriff Arbeitsorganisation ein weites Feld. Er reicht von der ganzheitlichen Gestaltung der Aufbau- und Ablauforganisation im Sinne der Arbeitsstrukturierung bis zur ganzheitlichen Arbeitsplatzgestaltung. Gegenstand der Arbeitsstrukturierung ist die Gestaltung des umfassenden Arbeitssystems (Macrosystem) durch Festlegung des Fertigungsablaufes, der Fertigungsverfahren, der Furktionsteilung Mensch/Maschine (Automatisierungsgrad), der Arbeitsteilung Maschine/Maschine (einstufige,mehrstufige Bearbeitung), der technischen und organisatorischen Verkettung und des Layouts (Anordnung des Systems). Die Arbeitsplatzgestaltung setzt sich im wesentlichen mit der technischen Feinplanung des Arbeitsplatzes bzw. des Betriebsmittels und Fragen der Antropometrie (Arbeitsplatzmaße, ...) Physiologie (Beschränkung der Arbeitsschwere, ...), der Sicherheitstechnik (Vermeidung von Unfällen), Informationstechnik (Sehbehinderungen, ...) und Arbeitspsychologie (Farb-/Raumgestaltung) auseinander. Grenzt man diese Bereiche aus der HdA-Sicht ab, so läßt sich folgendes aussagen: Arbeitsorganisation im Makrobereich beinhaltet die Gestaltung der Arbeitsaufgaben, der Ausführungsbedingungen und der Arbeitszeit. Im einzelnen werden hier z.B. Arbeitsinhalte (Arbeitsteilung), örtliche Zuordnung von Personen (Einstellen-/Mehrstellenarbeit), Bedienstrategie (Einzel-/Gruppenarbeit), Organisationsform (Verrichtungs-/Objektprinzip), Arbeitszeit (Pausen, Schichtbetrieb), Entlohnung, Rückmeldesysteme (Qualitäts-/ Fortschrittsregelkreis), Personaleinsatz (Brutto-/Nettobedarf) und Personalmaßnahmen (Freisetzung/Umsetzung) angesprochen. Gegenstand der Arbeitsplatzgestaltung sind dagegen ergonomische und arbeitssicherheitsorientierte Aspekte der Arbeitsraum-, Arbeitsablauf- und Betriebsmittelgestaltung. Im wesentlichen sind letztere diejenigen Maßnahmen, die landläufig zu der Auffassung eines Wirtschaftlichkeits-/Humanisierungsdilemmas führen. Der Aufwand für menschengerechte Gestaltungsmaßnahmen ist hier in Relation zum innerbetrieblichen wirtschafltichen Nutzen gering. Dagegen ergänzen sich im Makrobereich beide Betrachtungsweisen.

1.1.3.2 Arbeitsorganisatorische Aspekte

Wie bereits angeschnitten wurde, zeichnen sich gute Arbeitsorganisationen durch sinnvolle, den Stärken, Schwächen und Eigenschaften angepaßte Zusammenarbeit von Mensch und Technik in der Weise aus, daß beide Produktionsfaktoren optimal genutzt und die Produktionspotentiale ausgeschöpft werden. Charakeristisch ist eine Aufgabenteilung zwischen Mensch und Technik im Sinne einer Ergänzung der technischen Fertigkeiten mit den menschlichen Fähigkeiten, also die Vermeidung einer Konkurrenz zwischen Mensch und Technik.

Wie sich diese allgemeinen Aussagen im Einzelfall ausprägen, läßt sich schwer sagen. Dies ist u.a. auf die Verschiedenartigkeit der betrieblichen Zielsetzungen/Randbedingungen/Fertigungsaufgaben, auf die differenzierte Reaktion von Menschen auf Arbeitssituationen, die unterschiedlichen körperlichen und geistigen Qualifikationen und die unterschiedliche Einstellung der Mitarbeiter zu neuen Arbeitsstrukturen zurückzuführen. Aufgrund der Erfahrungen in zahlreichen Arbeitsstrukturierungsprojekten, die gezeigt haben, daß die Zielsetzungen einer sowohl menschengerechten als auch technisch-wirtschaftlich optimierten Arbeitsorganisation nicht in Konkurrenz stehen, lassen sich jedoch sinnvolle arbeitsorganisatorische Tendenzen/Gestaltungsmaßnahmen ableiten. Während der Schwerpunkt der Arbeitsstrukturierung bisher überwiegend im manuellen Montagebereich lag, zeigen die Entwicklungen der letzten Zeit, daß dieses Gedankengut auch bei der flexiblen Automatisierungswelle der jüngsten Zeit zum Tragen kommt. Entgegen der bisherigen Auffassung einer Polarisierung der Arbeitstätigkeiten, d.h. Vertiefung der Arbeitsteilung infolge der Automatisierung, ist teilweise ein ganzheitlicher Aufgabenzuschnitt durch Reduzierung der vertikalen Arbeitsteilung (Integration von Umfeldaufgaben) zu beobachten /4/. Gesetzt wird auf den Produktionsfaktor Mensch mit seiner Qualifikation, Zuverlässigkeit, Erfahrung vor Ort, Dispositionsfähigkeit und Lernfähigkeit.

Beispielhaft für diese Entwicklung sei die neue Karosserie-Rohbaufertigung von Audi genannt. Da die Leistungsmerkmale eines Arbeitsplatzes immer weniger mitarbeiterbestimmt, sondern vielmehr technikstimmt sind, weil die kapitalintensiven Betriebsmittel technisch und zeitlich optimal genutzt und eine hohe Verfügbarkeit gewährleistet werden müssen, werden hier Fertigungsteams eingerichtet. Durch Reduzierung der Arbeitsteilung Fertigung/Kontrolle/Instandhaltung und Implementierung von Verantwortung sollen die Mitarbeiter zu rechtzeitigem, vorbeugendem Eingreifen bei Störungen motiviert werden /5/.

Reagiert wird bei dieser Entwicklung auf die sich ändernden Anforderungen und Randbedingungen aufgrund Markt-, Technik-, Personal- und Rechtsentwicklung. Konventionelle Arbeitsorganisationen, die einseitig die technisch-wirtschaftliche Sphäre in den Vordergrund stellen, indem sie eine strenge vertikale und horizontale Arbeitsteilung, eine verfahrensorientierte Aufstellung von Betriebsmitteln und eine Zentralisierungstendenz bevorzugen, haben Schwierigkeiten, wenn der Automatisierungsgrad steigt, die Flexibilitätsanforderungen infolge zunehmender Produktvielfalt, kürzerer Produktlebenszeiten etc. größer werden bzw. die Ansprüche und Erwartungen der Mitarbeiter sich ändern (<u>Bild 1.1-4</u>).

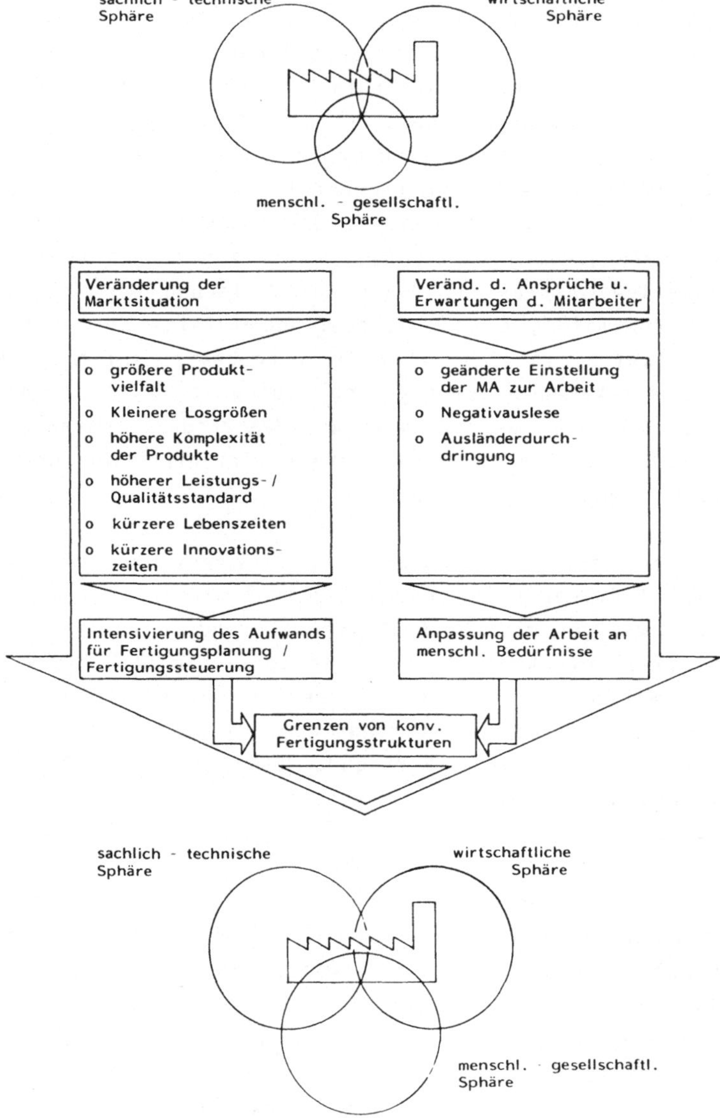

Bild 1.1-4: Neue Fertigungsstrukturen durch Veränderungen im betrieblichen Umfeld

Dies ist u.a. auf folgende Mängel zurückzuführen:

- o Intelligenz vor Ort und Eigeninitiative der Mitarbeiter bleiben ungenutzt,
- o keine Transparenz bezüglich des Steuerungsablaufes für die Mitarbeiter,
- o große Regelkreise,
- o geringe Handlungs- und Entscheidungsspielräume bei den Mitarbeitern,
- o monotone, repetitive Arbeitsabläufe,
- o geringe Übersichtlichkeit,
- o hohe Kapitalbindung,
- o geringe Rückkopplung bezüglich Arbeitsergebnis,
- o hoher Koordinations- und Kooperationsaufwand,
- o große Reibungsverluste,
- o hohe Störanfälligkeit.

Unter den genannten Prämissen lassen sich gute Arbeitsorganisationen durch die Beachtung von Arbeitsstrukturierungsleitlinien erreichen. Leitlinien sind hier zu interpretieren als Hinweise für Gestaltungsmaßnahmen. Um das Instrumentarium der Arbeitsstrukturierung zu skizzieren, ist eine Unterscheidung in drei Ebenen sinnvoll. So lassen sich allgemeine Grundsätze wie z.B. Entkopplung, Gruppenarbeit, abgestimmte Arbeitsinhalte, Realisierungsmaßnahmen wie z.B. Puffer, gleitendes Abtakten, Blockbildung und flankierende Maßnahmen, wie z.B. Höherqualifizierung, Partizipation, Modifikation des Entlohnungssystems, unterscheiden (Bilder 1.1-5 bis 1.1-8).

Insgesamt kann zu den arbeitsorganisatorischen Leitlinien bei den erwähnten Randbedingungen gesagt werden, daß der Trend zu dezentralen Organisationsformen im Sinne von Fertigungszellen geht, da diese Konzeption den gestellten Anforderungen aufgrund der aktuellen Technik-, Markt- und Personalentwicklung weitaus besser gerecht wird als die konventionellen Organisationsformen mit zentralistischer Tendenz.

Bei Fertigungszellen werden aus gegebenem Ausgangsmaterial Produktteile und Endprodukte möglichst vollständig gefertigt. Die notwendigen Betriebsmittel sind räumlich und organisatorisch in der Fertigungszelle zusammengefaßt. Das Tätigkeitsfeld der dort beschäftigten

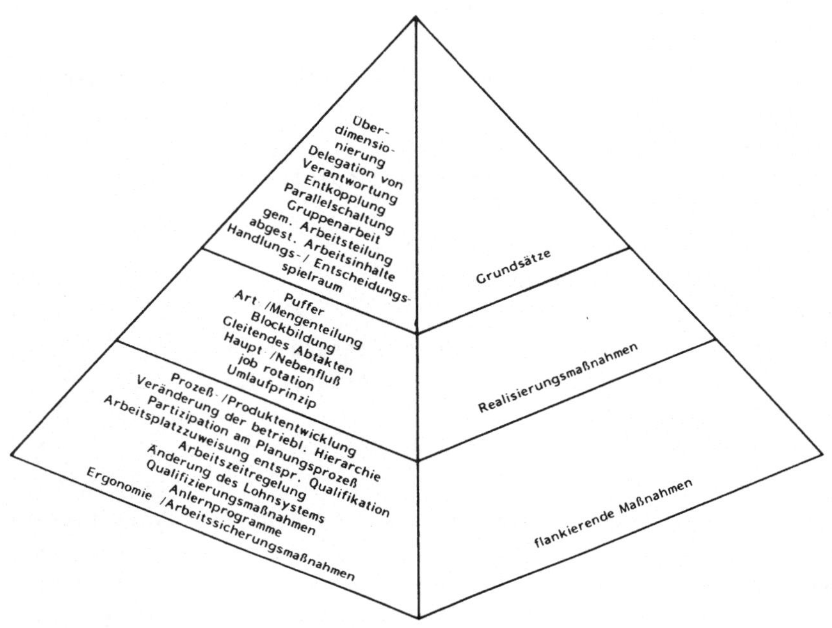

Bild 1.1-5: Instrumentarium der Arbeitsstrukturierung

		Arbeitsstrukturierungsmaßnahmen							
		Überdimensionierung	Puffer	Blockbildung	Nebenflußprinzip	Umlaufprinzip	gleit. Abtakten	job rotation	Gruppenarbeit
Ziel	Aufhebung taktgebundener Arbeit		●	●	●	●	●		
	Einflussmöglichkeit auf Arbeitstempo	●						●	●
	Einflussmöglichkeit auf Reihenfolge des Arbeitsablaufes	●				●		●	●

Bild 1.1-6: Gestaltungsmaßnahmen zur Minderung der Taktbindung

Ziele	Arbeitsstrukturierungsmassnahmen: Mengenteilung	gemischte Arbeitsteil.	job rotation	Gruppenarbeit	Höhere Qualifizierung	Partizipation an der Planung	Mindesttaktzeiten
Arbeitserweiterung	●	●	●	●			●
Arbeitsbereicherung	●	●	●	●	●	●	

Bild 1.1-7: Gestaltungsansätze/-maßnahmen zur Arbeitserweiterung/-bereicherung

ZIELE / ARBEITSSTRUKTURIERUNGSMASSNAHMEN	technisch/wirtschaftliche												arbeitswissenschaftliche										
	Flexibilität bzgl. Typen/Varianten	Flexibilität bzgl. Stückzahl	Flexibilität bzgl. Personaleinsatz	Flexibilität bzgl. Kapazitätsteilung	Möglichkeit zum Kapazitätsausgleich	Fertigungssicherheit	Produktqualität	Reduzierung Durchlaufzeiten	Erhöhung Maschinennutzung	Erhöhung Personalnutzung	Minimierung Investitionsaufwand	Minimierung Platzbedarf	Reduzierung Unfallgefahren	Reduzierung physische Belastung	Reduzierung psychische Belastung	Freiräume zeitlicher Art	Freiräume sachlicher Art	Förderung Informationsaustausch	Arbeitserweiterung	Arbeitsbereicherung	Leistungsrückmeldung	Qualifizierungsmöglichkeit	Belastungswechsel
Überdimensionierung	●	●	●			●	●	○	○	●	○	○			●	●	●	●	●	●	●	●	●
Gemischte Arbeitsteilung	●	●	●	●		●		●			○	○			●	●	●	●	●	●	●	●	
Parallele Arbeitssysteme		●	●	●		●	●				○	○											
Gruppenarbeit		●	●	●		●			●	●					●	●	●	●	●	●		●	●
Puffer	●	●	●	●	○	●		○	●	●	○	○	●		●	●	●						●
Blockbildung		●	●		●						○		●	●	●	●	●		●	●			
Gleitendes Abtakten		●		●		●										●		●				●	
job rotation									●	●				●	●				●	●		●	●
Nebenfluß	●	●	●			●		○				○				●	●	●					
Umlauffluß	●	●	●		●		●	○							●	●	●		●	●			●

Legende: ● positiver Einfluß ○ negativer Einfluß

Bild 1.1-8: Auswirkungen von Arbeitsstrukturierungsmaßnahmen auf technische, wirtschaftliche und arbeitswissenschaftliche Ziele

Mitarbeiter trägt folgende Kennzeichen:

- o Die weitgehende Selbststeuerung der Arbeits- und Kooperationsprozesse, verbunden mit Planungs-, Entscheidungs- und Kontrollfunktionen innerhalb vorgegebener Rahmenbedingungen und
- o den Verzicht auf eine zu starre Arbeitsteilung und demzufolge eine Erweiterung des Dispositionsspielraums für den Einzelnen.

Der Vorteil dieser Arbeitsorganisation ist, daß die Erfahrungen von technisch-fachlichen Qualifikationen und Improvisationsfähigkeiten im Werkstattbereich genutzt werden. Infolge des kurzen Regelkreises resultiert eine hohe Flexibilität bezüglich kurzfristigen Änderungen im Produktionsablauf, d.h. es kann situationsbedingt ohne Einschaltung von zentralen Instanzen reagiert werden. Zudem kann durch die Vermeidung von organisatorischen Reibungsverlusten (Bürokratisierung) zwischen dem indirekten und dem direkten Bereich bzw. durch die bessere qualitative und quantitative Ausnutzung der Mitarbeiter in der Werkstatt "Overhead"-Kapazität eingespart werden. Weitere Vorteile sind in kurzen Durchlaufzeiten, geringen Lagerbeständen und hoher Terminsicherheit zu sehen. Zu berücksichtigen ist bei dieser Arbeitsorganisationskonzeption, daß in Teilbereichen der Maschinenpark nur unzureichend ausgelastet ist, da aufgrund der Produktorientierung Betriebsmittel mehreren Fertigungszellen zugeordnet werden müssen, diese kapazitiv aber nur z.T. ausgelastet sind. Problematisch ist dies besonders bei kapitalintensiven Betriebsmitteln. Durch entsprechende Maßnahmen, wie z.B. Überdimensionierung von Fertigungszellen (bestimmte Produkte können aufgrund der Maschinenausstattung über mehrere Fertigungszellen laufen) lassen sich aber lange Stillstandszeiten und damit geringe Auslastungsgrade weitgehend vermeiden. Aus Mitarbeitersicht haben derartige Arbeitsorganisationen zahlreiche Vorteile. So steigen beispielsweise die notwendigen Qualifikationsanforderungen gegenüber einer "konventionellen" Arbeitsorganisation mit hoher Arbeitsteilung drastisch an. Potentiale besonders bezüglich Betriebsmittel-, Organisations-, diagnostisch-analytischen und Steuerungskenntnissen sind vorhanden.

1.1.4 Industrieroboter und Arbeitsorganisation

Mit dem Einsatz von Industrierobotern wird zwar in der Regel Personal ersetzt, jedoch ganz ohne Personal geht es nicht. Der Industrieroboter kann in Teilbereichen manuelle Arbeit und hier vorwiegend Handhabungs- und Bearbeitungstätigkeiten übernehmen, er verlangt aber, u.a. wegen seiner heute noch unzureichenden Sensorik, für seinen Betrieb verschiedene Vorbereitungs- und Unterstützungstätigkeiten, wie z.B. Ordnen, Programmieren, Einlegen und Wartung. Es muß daher auch beim Einsatz von Industrierobotern das arbeitsorganisatorische Zusammenspiel von Industrieroboter und Mensch geregelt werden. Die verbleibenden manuellen Tätigkeiten müssen so organisiert werden, daß das kostenintensive Betriebsmittel Industrieroboter effektiv genutzt werden kann. Mit anderen Worten ist auch bei der Automatisierung eine Gestaltung der Arbeitsorganisation von großer Bedeutung.

1.1.4.1 Gestaltbarkeit des Industrieroboter-Einsatzes

Will man die Auswirkungen des Industrieroboter-Einsatzes darstellen und beurteilen, so muß als erstes festgestellt werden, daß die Auswirkungen des Industrieroboter-Einsatzes in erster Linie nicht industrieroboterbedingt, sondern abhängig vom Umfeld und den Einsatzbedingungen sind. Zu beachten sind Einflußgrößen wie Managementeinstellung, Fertigungskomplexität, Produkt-, Personal- und Betriebsstruktur, die maßgeblich darauf einwirken, ob beim Industrieroboter-Einsatz arbeitsorganisatorische Maßnahmen mit positiven Auswirkungen auf die Arbeitsituation ergriffen oder unterlassen werden (also auch die Planungsvorgehensweise). Es geht somit darum, zwischen zwingenden und nicht zwingenden Auswirkungen zu unterscheiden. Ansatzpunkt ist die Differenzierung zwischen Industrieroboter-Einsatzvoraussetzungen und Industrieroboter-Einsatzmaßnahmen. Industrieroboter-Einsatzvoraussetzungen sind beispielsweise

- o eindeutige Vorherbestimmtheit des Arbeitsablaufes,
- o mehrfache Wiederholung der Arbeitsvorgänge,
- o getaktete Objektbereitstellung,
- o Auslagerung der Kontrolle maschineller Einrichtungen und der Werkstücke aus dem Aufgabengebiet (Funktionsumfang) des Industrieroboters.

Als Auswirkung des Industrieroboter-Einsatzes ergibt sich die arbeitsteilungsvertiefende Wirkung (Mensch/Technik) und der Freisetzungseffekt, die aus der Automatisierung einzelner Funktionen aus bislang zusammengehörigen Aufgaben und Funktionskomplexen resultieren. Die sonstigen Einsatzvoraussetzungen bedingen zwar planerische

Restriktionen/Randbedingungen, können jedoch durch entsprechende Gestaltungsmaßnahmen weitgehend eliminiert werden.

Pauschalisiert werden diese Aussagen im Bild 1.1-9 zusammengefaßt. Durch Verlagerung von produktiven zu indirekten Tätigkeiten ergeben sich in Abhängigkeit des Automatisierungsgrades folgende grundsätzliche Tendenzen. Je höher der Automatisierungsgrad beim Industrieroboter ist, desto weniger Leute braucht er zu seiner Unterstützung, aber desto höher muß deren Qualifikation sein. Der Industrieroboter verschiebt/verändert also die Tätigkeitszeitanteile, die Qualifikationsstruktur und die Zeitsouveränität. Zu beachten ist, daß bei Teilautomatisierung einfache Resttätigkeiten mit geringen Qualifikationsanforderungen entstehen können. Dies ist aber durch Ergreifen von Arbeitsstrukturierungsmaßnahmen vermeidbar. Arbeitsstrukturierungsmaßnahmen, die heute vielfach als kontrovers zur Automation angesehen werden, sind also als Ergänzung der Automation im Sinne einer Verbesserung der Arbeitsqualität, einer Einführungserleichterung und der Vermeidung von Gefahren/Risiken zu sehen.

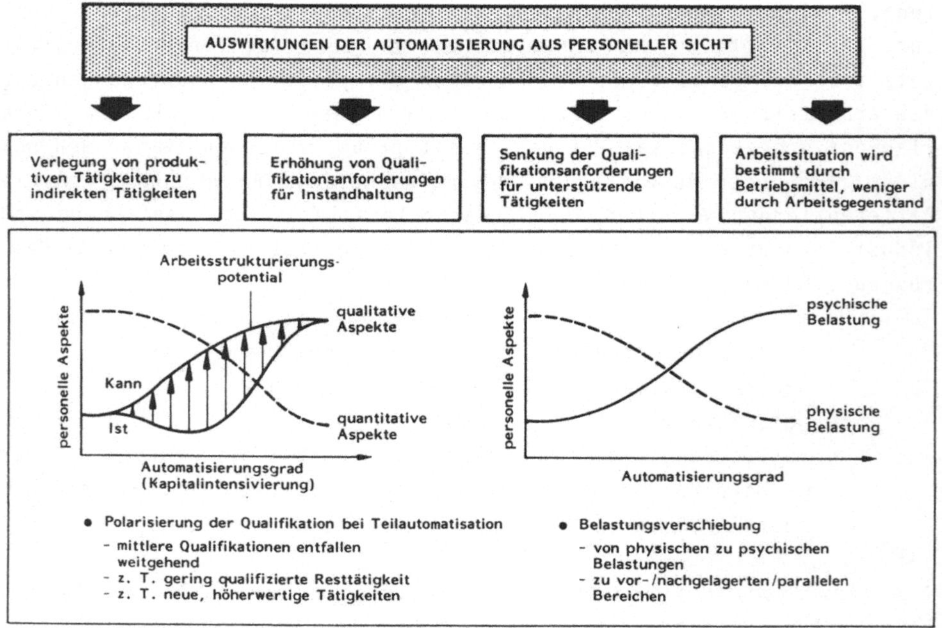

Bild 1.1-9: Auswirkungen der Automatisierung aus personeller Sicht

1.1.4.2 Auswirkungen des Industrieroboter-Einsatzes, Ist-Zustand

Klassifizierung von Industrieroboter-Einsatzfällen

Will man die Auswirkungen des Industrieroboter-Einsatzes näher beschreiben, so ist es wichtig, die Auswirkungen auf das Gesamtsystem mit Sub-/Teilsystem zu kennen. Um dieses zu erleichtern, bietet sich ein systemorientierter Modellansatz zur Beschreibung von Arbeitssystemen und zugehörigen Gestaltungsbereichen an. Mit der systemorientierten Beschreibung lassen sich Fertigungsaufgaben bzw. die einer Gestaltung zugänglichen Elemente und Beziehungen eindeutig aufzeigen und auch entsprechende industrieroboterbedingte Auswirkungen ableiten. Zu unterscheiden sind Produkt-, Technologie-, Organisations- und Personalsysteme.

Wie bereits erwähnt wurde, sind die Auswirkungen des Industrieroboter-Einsatzes maßgeblich von

- o betrieblichen Einflußgrößen,
- o Einsatzvoraussetzungen und
- o Einsatzmaßnahmen

abhängig. Untersucht man Industrieroboter-Einsatzfälle in bezug auf arbeitsorganisatorische Sachverhalte, so lassen sich die in Bild 1.1-10 aufgeführten Aussagen treffen. Realisierte organisatorische Lösungen werden in erster Linie durch die Gestaltungsaspekte

- Automatisierungsgrad
- Systemkomplexität und
- Integrationsgrad

beeinflußt, da hieraus technisch-organisatorische Randbedingungen für die Arbeitsorganisation resultieren (Bild 1.1-11). Zu beachten ist ferner, daß sowohl auf die technisch-organisatorischen als auch arbeitsorganisatorischen Maßnahmen bestimmte Einflußgrößen einwirken. Bei ersterem sind dies vor allem die betriebliche Programm-, Technologie-, Organisations- und Personalstruktur zusammen mit der längerfristigen unternehmerischen Zielsetzung; bei letzterem vor allem die Einstellung von Management, Betriebsrat, Mitarbeiter und die vorhandenen Rahmenbedingungen bezüglich der Aufbau- und Ablauforganisation. Wesentlich aus gestalterischer Sicht ist dabei, daß die prinzipiellen Gestaltungsspielräume dadurch drastisch eingeschränkt werden.

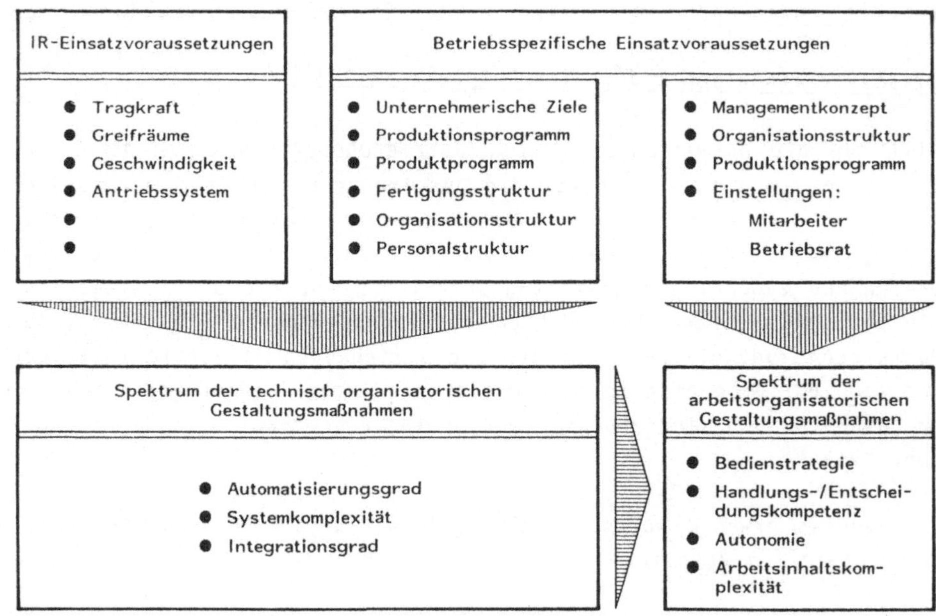

Bild 1.1-10: Auswirkungen auf die Arbeitsorganisation

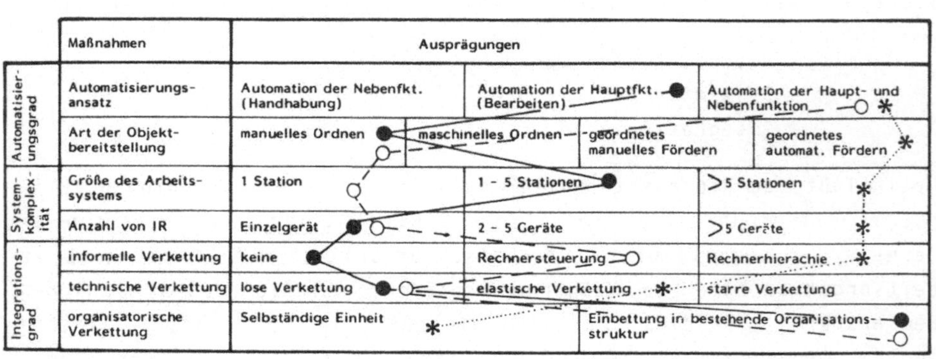

Bild 1.1-11: Technisch-organisatorische Einsatzmaßnahmen

Die Auswirkungen der technisch-organisatorischen auf die arbeitsorganisatorischen Gestaltungsmaßnahmen lassen sich einfach ableiten. So werden durch die Festlegung des Automatisierungsgrades die Arbeitsfunktionen und Arbeitsbedingungen weitgehend bestimmt. Auch wird der Andienungscharakter festgelegt; es entscheidet sich, ob eine zyklische, intermittierende oder keine manuelle Unterstützung des Industrieroboters notwendig ist.

Die Systemkomplexität hat zusammen mit dem Integrationsgrad einen wesentlichen Einfluß darauf, wie verbleibende Arbeitsfunktionen verteilt werden. Beispielsweise werden bei kleinen Systemen und geringem Integrationsgrad Kontroll-und Überwachungsfunktionen aus ökonomischen Gründen - Nutzung vorhandener Personalkapazität - häufig als Nebenfunktionen Mitarbeitern innerhalb des Industrieroboter-Arbeitssystems oder vor- bzw. nachgelagerter Arbeitssysteme übergeben. Die Ausführung dieser Funktionen erfolgt neben der eigentlichen Hauptaufgabe. Die Funktionen werden vom eigentlichen Bearbeitungsvorgang getrennt und bestehen als Restfunktion in der Bearbeitungsperipherie weiter. Dabei werden bei großen Systemumfängen tendenziell die erwähnten Tätigkeiten als Hauptfunktion sogenannten Anlagenführern bzw. Sichtprüfern übergeben, die in der Regel für mehrere automatisierte Anlagen zuständig sind. Vielfach ist diese Entwicklung auch die Folge eines hohen Automatisierungsgrades; die fehlende notwendige Andienung verursacht die Bildung von speziellen Arbeitsplätzen für Kontrolle und Überwachung. Die Tätigkeiten werden hier vollständig von den produktiven Funktionen gelöst und erhalten den Charakter von produktionsbegleitenden Funktionen. Ein Überblick über mögliche Veränderungen durch den Industrieroboter-Einsatz bzw. betroffene Bereiche im Sinne einer systemtheoretischen Betrachtung zeigt Bild 1.1-12 /6/.

So überraschend die Vielschichtigkeit der Einflußnahme des Industrieroboter-Einsatzes auf den ersten Blick erscheint, so einleuchtend wird dies, wenn man sich die zahlreichen Schnittstellen eines Arbeitsplatzes zu anderen Arbeitsbereichen bzw. Arbeitsplätzen vor Augen hält.

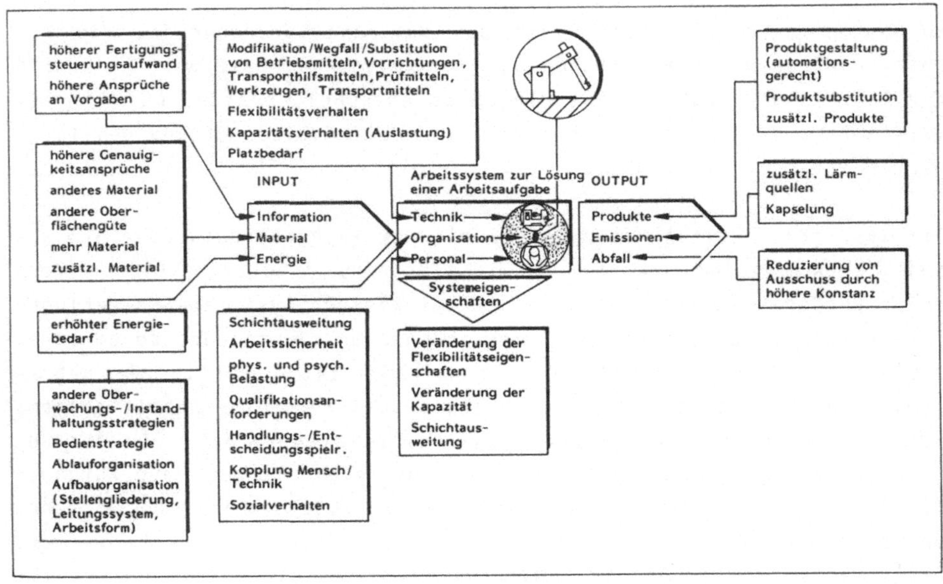

Bild 1.1-12: Veränderungen produktiver Funktionen beim Industrieroboter-Einsatz

Organisatorische Auswirkungen des Industrieroboter - Einsatzes

Veränderung der Ablauforganisation

Die Darstellung der Auswirkungen des Industrieroboters auf die Ablauforganisation soll sich an der allgemein üblichen Unterteilung der "Produktion" in die Bereiche Konstruktion, Arbeitsvorbereitung, Beschaffung, Fertigung und Montage orientieren.

Zur Produktgestaltung ist zu sagen, daß mit zunehmendem Automatisierungsgrad die Anforderungen an eine automatisierungsgerechte Produktkonstruktion steigen. Während bei der Automatisierung von Nebenfunktionen (Handhaben) eine greifer- und magazinierungsgerechte Werkstückform wichtig ist, ist es bei der Automatisierung von Bearbeitungsfunktionen von Bedeutung, die Anzahl von Spannvorgängen und Bearbeitungsvorgängen zu reduzieren, eine Zugänglichkeit der Werkzeuge zu ermöglichen und die Kontrolle automatisierbar zu gestalten. Aufgrund der mit der Automatisierung im Zusammenhang stehenden Produktstrukturierung/-standardisierung ist z.T. eine Produktsubstitution zu beobachten.

Bei der Fertigungsplanung ist zu beachten, daß der Industrieroboter einen erheblichen Einfluß auf technisch-organisatorische Schnittstellen, Kapazität, Flexibilität bzw. Schichtbetrieb hat, der bei Anbindung an vor- und nachgelagerte Bereiche zu berücksichtigen ist (beispielsweise zeitliche, örtliche Materialbereitstellung). Wichtig ist auch, daß ein steigender Automatisierungsgrad einen erhöhten Anspruch an die arbeitsplanerischen Vorgaben impliziert. Dies betrifft vor allem den Detaillierungsgrad. In diesem Zusammenhang soll erwähnt werden, daß zudem der Aufwand bezüglich der Planung der technischen Nutzung steigt. Auch alternative Fertigungsverfahren müssen zunehmend in die Überlegungen aufgenommen werden.

Bei der Entlohnung wird sich aufgrund des Industrieroboter-Einsatzes der Trend zur Prämienentlohnung verstärken, da sich die Dominanz bezüglich der Fertigungsleistung vom Mensch auf die Technik verschiebt und der Mensch vor allem die zeitliche Nutzung und Verfügbarkeit positiv beeinflussen muß.

Bezüglich der Fertigungssteuerung resultiert aus dem steigenden Automatisierungsgrad ebenfalls ein erhöhter Aufwand. Einerseits müssen die kapitalintensiven Betriebsmittel ausgelastet, andererseits bei integrierten Systemen die Durchlaufzeiten reduziert werden, um die Produktionskosten zu minimieren. Zudem wächst die Anzahl der kapazitiv zu disponierenden Funktionsträger bzw. Arbeitsgegenstände (mehr zusätzliches Material, Bereitstellung von Programmen, Bereitstellung von typenspezifischen Peripherieeinrichtungen wie Greifer, Transportmittel, Transporthilfsmittel). Darüber hinaus werden die Genauigkeitsansprüche an das bereitgestellte Material wesentlich erhöht werden, da die zulässigen Toleranzen der Werkstücke und Spannelemente beim Einsatz der Industrieroboter im Vergleich zum Menschen wesentlich kleiner sind. Dies hat beispielsweise auch Auswirkungen auf die Beschaffung.

Insgesamt kann zur Fertigungssteuerung bemerkt werden, daß beim Industrieroboter-Einsatz die Tendenz in Richtung EDV-Unterstützung geht; es ist jedoch keine prinzipielle Forderung. Aus Sicht der Fertigung kann aufgeführt werden, daß infolge des Einsatzes von Industrierobotern sich bezüglich Werkzeugmaschinen, Vorrichtungen, Werkzeugen und Verfahren z.T. drastische Änderungen ergeben. Von eigentlicher Bedeutung ist hier jedoch, daß sich die Systemeigenschaften wesentlich ändern können. Beeinflußt werden u.a.

- o die Fertigungssicherheit z.B. bei starrer Kopplung an vor-/nachgelagerte Bereiche oder Einsatz des Industrieroboters als Engpaßmaschine (technisches Zentrum),
- o die kapazitive Abstimmung von gleichen Arbeitsgängen, Wechselschichtbetrieb (Industrieroboter zweischichtig, restliche Fertigung einschichtig), geringere Taktzeiten infolge höherer Leistung etc.,
- o die Flexibilitätseigenschaften z.B. geringere Flexibilität bezüglich Typen/Varianten.

Veränderung der Aufbauorganisation

Die oben beschriebenen allgemeinen Auswirkungen der Automatisierung treffen auch auf den Industrieroboter-Einsatz zu. Bei teilautomatisierten Lösungen tritt in der Regel bei heutigen Einsatzfällen eine Polarisierung der Qualifikationsanforderungen auf, die eine Gruppenarbeit verhindert. Durch entsprechende Arbeitsstrukturierungsmaßnahmen läßt sich jedoch auch in dieser Automatisierungsphase die bei vollautomatisierten Industrieroboter-Einsatzfällen anzutreffende, partizipative Zusammenarbeit von Spezialisten in Gruppen realisieren. Infolge einer Gruppenarbeit mit heterogener Qualifikationsstruktur ist es möglich, einerseits dem sprunghaften Anstieg an erforderlichem theoretischen Wissen zu begegnen, andererseits das rasche Eingreifen bei Störungen zu gewährleisten. In diesem Zusammenhang ist auch zu verstehen, daß sich bei höherautomatisierten/ -integrierten Industrieroboter-Lösungen die Organisationsstruktur tendenziell zur Matrixorganisation oder zu technologischen Teams entwickelt. Der qualitative und quantitative Aspekt läßt sich wie folgt beschreiben: Durch Automatisierung des Bearbeitungsvorganges und Entkopplung des Menschen von der Maschine wird die Nutzbarkeit der menschlichen Arbeit verbessert. Mit steigendem Automatisierungsgrad wird also der Freisetzungseffekt immer stärker zunehmen. Davon sind z.T. auch die indirekten Bereiche betroffen. Allerdings ist zu beachten, daß eine Verschiebung von direkten zu indirekten Tätigkeiten entsteht, also indirekte Tätigkeiten neu hinzukommen.

Arbeitsorganisatorische Folgen

Will man die arbeitsorganisatorischen Folgen im Hinblick auf die in Bild 1.1-13 aufgeführten arbeitsorganisatorischen Einsatzmaßnahmen ableiten, so ist eine Unterscheidung in eine Anlaufphase und eine Normalbetriebsphase notwendig. Während bei ersterem sich der Einsatz der Mitarbeiter an der Bewältigung technologischer Anlaufprobleme orientiert, stellt sich bei letzterem das Ziel einer hohen technischen und zeitlichen Auslastung und Verfügbarkeit. Entsprechend dieser unterschiedlichen Intentionen treten auch arbeitsorganisatorische Differenzen auf. Bei der Anlaufphase werden bei einfachen Einsatzfällen die Industrieroboter zwar in die vorhandene Werkstattstruktur (Verrichtungsprinzip) integriert, sie bilden jedoch vielfach eine separate Mechanisierungsinsel /7/. Die Einführung dieser Art von Industrieroboter-Einsatzfällen wird in der Regel von Mitgliedern der Stammbelegschaft vorgenommen. Vorzugsweise werden zur Maschinenbedienung qualifizierte Facharbeiter herangezogen, um so das notwendige Know-how für die Werkstatt zu entwickeln. Nach kurzen Einweisungskursen bei den Herstellern sollen sich diese Mitarbeiter das notwendige

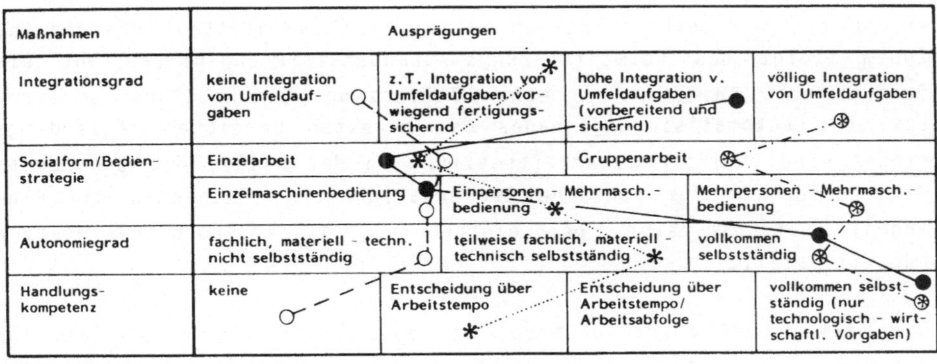

Bild 1.1-13: Arbeitsorganisatorische Einsatzmaßnahmen

Wissen selbst aneignen. Die Mitarbeiter - vorwiegend handelt es sich um Einzelarbeit - haben eine weitgehende Handlungskompetenz in Verbindung mit einer weitgehenden Autonomie. Der Integrationsgrad ist ebenfalls sehr hoch; so sind wesentliche Elemente der Planung, Durchführung und Kontrolle Bestandteil der Arbeitsinhalte.

Mit größer werdendem Automatisierungs-/Integrationsgrad verschiebt sich aber schon in der Einführungsphase die Dominanz vom Werkstattbereich in die Arbeitsvorbereitung. Dies ist darauf zurückzuführen, daß derartige Industrieroboter-Einsatzfälle vorwiegend bei den Anwendern mit Einsatzerfahrung zustande kommen und der planerische Aufwand die Planungskapazität bzw. das Know-how im Werkstattbereich übersteigt. Das Problem ist hier weniger die Technologiebeherrschung, sondern die Beherrschung der organisatorischen Verknüpfung. Folglich ist die Arbeitsorganisation schon in der Einführungsphase vergleichsweise stark ausgeprägt und unterscheidet sich nur geringfügig vom Normalbetrieb. Im Normalbetrieb kehrt sich bei einfacheren Einsatzfällen das beschriebene Bild um. Aufgrund der oben aufgeführten Einflußgrößen wird überwiegend auf eine Zentralisierung der indirekten Bereiche gesetzt; Instandhaltung, Programmierung, Qualitätskontrolle und Einrichten werden oft von selbstständigen Einheiten (Spezialisten) übernommen. Zudem steigt das Formalisierungs-/Standardisierungsniveau an. Die Tendenz geht insgesamt zu einer Abgrenzung der Handlungskompetenz bzw. des Automatisierungsgrades des direkten Bereiches. Allerdings findet eine vollkommene Arbeitsteilung in der Weise, daß angelernte Mitarbeiter nur für einfache Bedientätigkeiten (Entnehmen und Einlegen) zuständig sind, bei einfacheren Industrieroboter-Einsätzen nur z.T. statt.

Dies ist darauf zurückzuführen, daß zur sinnvollen Nutzung des Industrieroboters eine entsprechende Mindestqualifikation erforderlich ist. Gefragt ist eine möglichst breite Qualifikation (weniger sensomotorischer als kognitiver Art). Im einzelnen sind dies in Abhängigkeit der übertragenen Tätigkeitselemente planerische (Vorrichtungsbau, Programmieren), technisch-fachliche (z.B. Störungserkennung, Erkennen von Materialfehlern) und soziale Qualifikationen (z.B. Mitarbeiter in einer Gruppe)/8/. Dementsprechend existiert eine Vielzahl von Arbeitsplätzen, die zwar einer gewissen technischen und zeitlichen Kopplung durch die Arbeitsvorbereitung (AV) unterliegen, da Arbeitsablauf und -reihenfolge vorgegeben sind, dennoch aber eine Vielzahl von dispositiven, ausführenden und kontrollierenden Tätigkeiten beinhalten (z.T. Mehrmaschinenbedienung).

Arbeitsorganisationen mit ausgeprägtem polarisiertem Einsatz von Mitarbeitern (hohe Arbeitsteilung) finden sich derzeit hauptsächlich bei komplexeren Industrieroboter-Einsätzen. Infolge einer exakten technischen und zeitlichen Vorplanung durch die AV und einer hohen Arbeitsteilung im Werkstattbereich werden gleichzeitig einfache Arbeitsplätze wie z.B. Spanner/Einleger und komplexe Arbeitsplätze wie Anlagenführer/Einrichter installiert. Die Tätigkeitselemente der einfachen Arbeitsplätze beschränken sich auf Beschickung und Überwachung der Industrieroboter (vorwiegend angelernte Mitarbeiter); bei den komplexeren Arbeitsplätzen werden den Mitarbeitern komplizierte Programmier-, Instandhaltungs- und z.T. einfache Fertigungssteuerungsaufgaben übertragen (qualifizierte Facharbeiter).

Arbeitsorganisationen mit ausgeprägter dezentralistischer Tendenz treten derzeit nur selten auf. Derartige Arbeitsorganisationen verzichten weitgehend auf eine zentrale Planung, Steuerung und Kontrolle. Dem Mitarbeiter im Werkstattbereich werden komplexe Aufgaben wie Programmierung, kurzfristige Fertigungssteuerung, Wartung/Inspektion und Qualitätskontrolle übertragen; die AV-Vorgaben beschränken sich auf die Festlegung von Endterminen. Ebenso ist die Autonomie, Handlungs- und Entscheidungsfreiheit stark ausgeprägt. Da die Qualifikationsanforderungen dabei das Erfüllungsniveau eines einzelnen Mitarbeiters übersteigen, werden meist Gruppen gebildet. Diese Art der Arbeitsorganisation deckt sich mit dem oben definierten Begriff "Fertigungszelle". Arbeitsorganisationen im Sinne von Fertigungszellen werden überwiegend bei komplexeren Industrieroboter-Einsätzen wie z.B. Fertigungsinseln oder Industrieroboter-Schweißstraßen verwirklicht. Nur sehr selten treten Fertigungszellen bei einfacheren Industrieroboter-Einsätzen auf.

1.1.4.3 Auswirkungen des Industrieroboter-Einsatzes auf HdA-Zielsetzungen

Die technisch-organisatorischen Maßnahmen wirken sich wie folgt aus: Die Automatisierung führt tendenziell zu einer Senkung der Umgebungsbelastung (Trennung Mensch/Maschine) und der physischen Belastungen. Dagegen ist infolge der Automatisierung von Tätigkeiten mit vergleichsweisen hohen Qualifikationsanforderungen und damit dem Verbleib von wenigen, einfachen Tätigkeiten ein Anstieg der psychischen Belastungen zu verzeichnen. Entsprechend sinken auch die Qualifikationsanforderungen im direkten Bereich. Zu beachten ist, daß der Industrieroboter beim Einsatz als automatische Bearbeitungseinheit eine taktbindende, beim Einsatz als Handhabungseinheit eine taktverlängernde Wirkung hat (vor-/ nachgelagerte Bereiche). Das Durchschlagen der Taktbindung ist abhängig von der Art der Objektbereitstellung und der Pufferung der Bereitstellungseinrichtungen. Beim maschinellen Ordnen bzw. bei geordnetem automatischem Fördern sind beispielsweise keine negativen Auswirkungen auf die im System tätigen Mitarbeiter zu verzeichnen.

Die Systemgröße entscheidet im wesentlichen darüber, ob eine Kooperation-/Kommunikation möglich/notwendig ist. Ferner hat sie maßgeblichen Einfluß auf die Übertragung von Kontroll-/Überwachungsaufgaben als Haupt-/Nebenfunktion; sie bestimmt letztlich den Anstieg der psychischen Belastungen. Bei kleineren Systemen werden diese Aufgaben in der Regel auf Nebenfunktionen übertragen. Durch die zusätzlich zu den Hauptaufgaben auszuführende Funktion müssen die Mitarbeiter ihre Aufmerksamkeit neben der eigentlichen Aufgabe (z.B. Handhaben) noch weiteren Objekten (Industrieroboter und/oder Werkstücke) zuwenden. Die Auslagerung der Kontrolle als Hauptfunktion, die bei größeren Systemen favorisiert wird, führt zur Bildung von Arbeitsplätzen (z.B. Sichtprüfstationen), die durch besonders hohe, einseitige psychische Belastungen gekennzeichnet sind; denn hier muß die Konzentration - aufgrund entfallender Vorkontrollen - verschiedenen Prüfmerkmalen bei gleichzeitiger hoher Intensität der Prüffolge zugewendet werden.

Arbeitsplätze mit Überwachungsaufgaben als Hauptfunktionen zeichnen sich durch psychische Belastungen aus, die nach WOBBE-OHLENBURG als Anforderung nach dem ständigen "Auf-dem-Sprung-sein-müssen" beschrieben werden können.

Der Integrationsgrad beeinflußt (zusammen mit der Systemgröße) die Arbeitsinhaltsgestaltung. Bei Integration in die vorhandene Organisationsstruktur werden vielfach, infolge des Problems der Teilbarkeit der Arbeit und der Diskrepanz zwischen qualifikatorischem Anforderungsniveau und Erfüllungsniveau, nur geringwertige Arbeitsinhalte realisiert.

1.1.5 Planung des Soll-Zustandes

Wie wichtig und notwendig es ist, "anders" als bisher zu planen, und daß es hierzu Alternativen gibt, haben die bisherigen Ausführungen gezeigt. Das "Warum" ist bekannt, das "Wie" soll in den folgenden Kapiteln noch vermittelt werden. Wichtigste Prämissen dieser "anderen" Planungsvorgehensweise sind die ganzheitliche Betrachtung (Berücksichtigung und Nutzung aller relevanten Anforderungen und Gestaltungsparameter), die Stärkung der konzeptionellen Phase (Vergrößerung des Planungszeitraumes zu der Produktlebenszeit), ein erweitertes Zielsystem (Einbeziehung von nicht/schwer quantifizierbaren sach- und personalbezogenen Kriterien), Entwickeln von Alternativen (alternative Prinziplösungen, ausgehend vom Soll-Zustand durch Ideenkonferenz) und bereichsübergreifende Teamarbeit (Projektmanagement). Ziel ist es, die Planungsdurchführung und die Planungsergebnisse zu verbessern, um so neben den Kosten vor allem auch der Qualität der Arbeitsplätze in den geplanten Fertigungssystemen gerecht zu werden. Dies vor dem Hintergrund, daß der Gestaltung der Planung im Vergleich zur Konstruktion und Fertigungssteuerung bisher zuwenig Aufmerksamkeit geschenkt wurde (Bild 1.1-14).

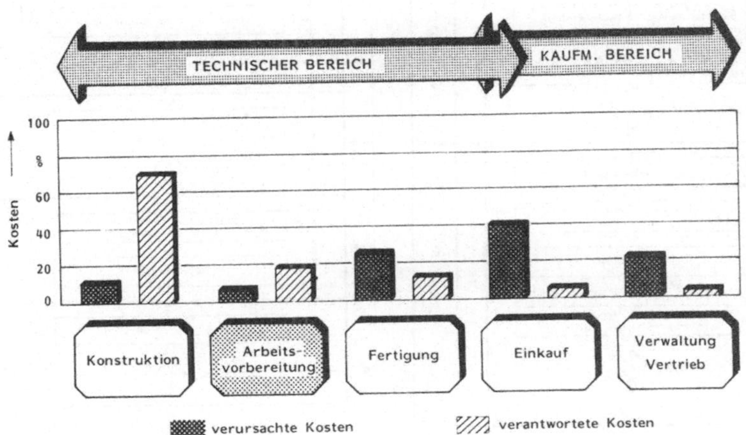

Bild 1.1-14: Kostenverantwortung und -verursachung der einzelnen Produktionsbereiche /9/

Einen Planungsprozeß, der diese Sachverhalte beinhaltet, ist in

Bild 1.1-15 dargestellt. Er unterteilt sich in

- Festlegung der Planungsaufgabe,
- Grobstrukturierung,
- Feinstrukturierung,
- Realisierung.

Nach einzelnen Phasen und teilweise auch innerhalb der Phasen sind Entscheidungsschnittstellen vorgesehen, in denen zum einen eine Bewertung der jeweils erarbeiteten Planungsergebnisse vorgenommen wird, zum anderen Entscheidungen bezüglich des weiteren Vorgehens getroffen werden. Die Planung erfolgt damit als iterativer Prozeß.

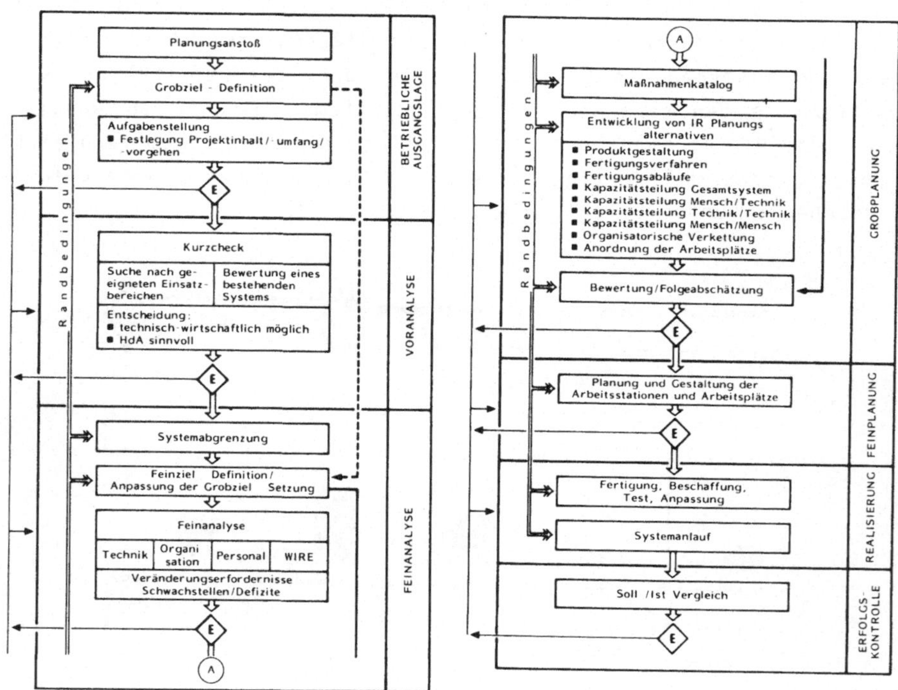

Bild 1.1-15: Planungssystematik

Bei der Festlegung der Planungsaufgabe werden zunächst die Systemgrenzen der Planung definiert und die Randbedingungen und Einflußgrößen ermittelt. Im Anschluß daran wird von einem für die Planung verantwortlichen Team die Planungsziele konkretisiert; dies bedeutet, daß Ziele erhoben und gewichtet werden.

Im Rahmen der Grobstrukturierung werden auf der Basis charakteristischer, d.h. eine Erzeugnisgruppe repräsentierender Erzeugnisse, alternative Fertigungsabläufe entwickelt. Hierzu können verschiedene Methoden und Hilfsmittel /10/ wie z.B. die Vorranggraphentechnik /11/ eingesetzt werden. Auf der Grundlage der unterschiedlichen Fertigungsabläufe werden alternative Fertigungssysteme geplant.

Diese Planungsstufe wird als der Schwerpunkt der konzeptionellen Phase des Planungsprozesses betrachtet. Für diese alternativen Fertigungssysteme erfolgt anschließend eine Bewertung mittels Wirtschaftlichkeitsrechnung und Nutzwertanalyse, aufgrund deren Ergebnisse die Auswahl des "Optimalen" durch den Entscheidungsträger vorgenommen werden kann.

In der Feinstrukturierung werden zunächst die jeweiligen in der Grobstrukturierung nicht berücksichtigten Typen und Varianten eingeplant, um daran anschließend die Arbeitsplatzgestaltung /12/ unter Einbeziehung der Sonder- (Vorrichtungen) und Universalbetriebsmittel (Maschinen) durchzuführen. Nach der Arbeitsplatzgestaltung kann durch die genaue Festlegung der Dimensionen der Arbeitsplätze das Fertigungssystem präzisiert werden, indem die Verkettung und die Speicher feingeplant werden. Die bis dahin erstellten Planungsunterlagen sind die Basis für die Realisierung des Fertigungssystems.

Die Realisierung hat der Fertigungsplaner terminlich, kapazitiv und kostenorientiert zu leiten und zu überwachen. Außerdem hat er in dieser Phase den Systemverlauf zu betreuen und die dabei erkennbaren Mängel zu beseitigen. Im Rahmen des Betriebs und der Erfolgskontrolle des Fertigungssystems obliegt dem Planungsbereich die Serienbetreuung durch z.B. Rationalisierungs- und Anpassungsplanungen wie die Initiierung des Soll-Ist-Vergleichs durch das Controlling. Die Inhalte der erstellten Planungsschritte zusammen mit den Gestaltungsparametern bzw. einsetzbaren Hilfsmitteln werden später dargestellt.

1.1.6 Literaturverzeichnis zu Kapitel 1.1

/1/ o.V. "Maschinen wollen sie - uns Menschen nicht". Bestandsaufnahme des Vorstandes der IGM, Abteilung Automation und Technologie, 1984.

/2/ o.V. REFA Lexikon, Berlin-Köln-Frankfurt/M , Beuth Verlag GmbH.

/3/ o.V. Entwicklumg personalorientierter Maßnahmen zur längerfristigen Erhöhung der Atraktivität der Arbeitsplätze und der Efizienz der Arbeitsorganisation.
Unveröffentlichter Forschungsbericht des IAO im Auftrag der AKOI-NSU-AG, Neckarsulm, Stuttgart 1984.

/4/ Kern, H.; Schuhmann,M.: Neue Produktionskonzepte haben Chancen. Vortrag im Rahmen der DFG Kolloquienreihe "Industriesoziologischer Technikbegriff" am 25.11.1983 im Institut für Sozialforschung, Frankfurt.

/5/ o.V. Neue Fertigungsprozesse und Arbeitsstrukturen bei Audi, Folge I, II, III.
Humane Produktion 6/83 S.12-16; 8/83, S. 32-35; 9/83, S. 12-15.

/6/ o.V. Unveröffentlichte Untersuchungsergebnisse des Beratungszentrums Industrieroboter (BZI); HdA-Forschungsprojekt "Anwenderberatung für flexible Handhabungssysteme ".

/7/ Winter-Hoss,R.; Hölldampf,K.; Hallwachs,U.: Tendenzen bei der Gestaltung von IR-Systemen in Deutschland;
FB/IE 35(1986)2, S. 56-63.

/8/ Knickriem,D.; Veränderung der Qualifikationsanforderungen durch neue Fertigungssysteme
FB/IE 31 (1982) 2, S. 125 -131.

/9/ Bullinger,H.J.: Vorgehensweise zur Planung und Realisierung von Fertigungssystemen.
Vortrag auf der IAO Arbeitstagung 22.-23.11.1983 Böblingen.

/10/ Dittmayer,S.: Arbeits- und Kapazitätsteilung in der Montage
Berlin: Springer-Verlag 1981.

/11/ Ammer,E.-D.: Rechnerunterstützte Vorranggraphenerstellung, ein Schritt zur rationellen Montageplanung
Industrieanzeiger 104 (1982) Nr. 14.

/12/ Haller,E.: Rechnerunterstützte Gestaltung ortsgebundener Montagearbeitsplätze, dargestellt am Beispiel kleinvolumiger Produkte
Berlin: Springer-Verlag 1982.

1.2 Arbeits- und sozialwissenschaftliche Aspekte der Industrierobotertechnik

Betriebliche Planer sehen sich, durch wachsenden technischen und wissenschaftlichen Fortschritt, in der betrieblichen Praxis mit steigenden Anforderungen an ihr planerisches Können konfrontiert. Bei der Gestaltung moderner Technik genügt es seit langem nicht mehr, ausschließlich oder wesentlich nur technische Probleme zu lösen. Wie vielfältig planerische Aspekte und mögliche Blickwinkel sein können, gibt folgende Aufstellung wieder:

o Wirtschaftliche Kategorien: ("Der Mensch als Zahl"),
  - Kostenorientierte Beschreibungen
    (z.B. Lohnkosten)
  - Investitionsorientierte Beschreibungen
    (Humankapitalrechnung)

o Technische Kategorien: ("Der Mensch als Instrument"),
  - Verrichtungsorientierte Beschreibungen
    (z.B. Tätigkeiten am Produkt wie Führen, Positionieren, Fügen)
  - Zeitorientierte Beschreibung
    (z.B. nach REFA, MTM)

o Ergonomische Kategorien: ("Der Mensch als biologischer Organismus"),
  - am Bewegungsapparat orientierte Beschreibung
    (z.B. Anthropometrie, Kräfte, Geschwindigkeiten)
  - am Sinnesapparat orientierte Beschreibung
    (z.B. Sehen, Hören)
  - am organischen System (Physiologie) orientierte Beschreibung
    (z.B. Klima, Lärm, Reizstoffe)

o Psychologische Kategorien: ("Der Mensch als aktives, denkendes und bewertendes Individuum"),
  - an der Informationsverarbeitung orientierte Beschreibung
    (z.B. Niveau der Informationsverarbeitung, Repetivität, Konzentration)
  - anforderungsorientierte Beschreibung
    (z.B. Denkleistungen, Verantwortung)
  - an der individuellen Entwicklung orientierte Beschreibung
    (z.B. Persönlichkeitsförderlichkeit von Arbeit)
  - am subjektiven Befinden orientierte Beschreibung
    (z.B. Arbeitszufriedenheit, Anspruchsniveau, Situationskontrolle)
  - sozialpsychologische Beschreibung

(z.B. Kommunikation, Kooperation)

o Soziologische Kategorien: ("Der Mensch im sozialen Kontext"),
- an Entscheidungsprozessen orientierte Beschreibung (z.B. Normorientierung, Konfliktstrukturen)
- Beschreibung der sozialen Beziehungen (z.B. Hierarchien, Gruppen, Normen, Interessen)
- Beschreibung der gesellschaftlichen Prozesse (z.B. technischer und organisatorischer Wandel und Qualifikation)

o Pädagogische Kategorien: ("Der Mensch als Lernender"),
- Beschreibung nach Qualifikationsgerechtheit und Qualifizierungsrelevanz (z.B. Anlernmöglichkeiten, Nutzung von Fähigkeiten)
- Beschreibung im Hinblick auf den Abgleich von Qualifikationsanforderungen und vorhandene Qualifikationen (z.B. Konzeption von Qualifizierungsmaßnahmen).

Alle diese Beschreibungen haben ihre Berechtigung; es bleibt der menschlichen Entscheidung überlassen, welche Sichtweisen konkret in einem Arbeitsgestaltungsprojekt zum Zuge kommen. Es stellt sich in der Arbeitsgestaltung demnach das Problem, die unterschiedlichsten Sichtweisen von menschlicher Arbeit und die mit ihnen verbundenen Interessen unter den Restriktionen

- begrenzter Ressourcen für Planung und Maßnahmen und
- hinsichtlich gewachsener sozialer Gegebenheiten und Interessenslagen

zu berücksichtigen. Aus der obigen Aufstellung wird deutlich, daß Technikgestaltung sich nicht auf rein technische Aspekte reduzieren läßt.

Bild 1.2-1 verdeutlicht potentielle Folgen von Industrieroboter-Einsätzen. Daraus ist zu sehen, daß sowohl positive als auch negative Auswirkungen durch Robotereinsätze zu erwarten sind. Welche Folgen überwiegen, hängt entscheidend von der aktuellen Gestaltung des technischen Systems ab. Aus empirischen Unterrsuchungen ist bekannt, daß Arbeitnehmer, die z.B. geistig entweder unterfordert oder überfordert sind, eine kurze Verweildauer in den Betrieben haben. Es besteht außerdem ein enger Zusammenhang zwischen der Qualität der Arbeitssituation

Auswirkungen bezüglich	Beim HHS-Einsatz Möglichkeiten der Verbesserung	Beim HHS-Einsatz Möglichkeiten der Verschlechterung
Unfallgefahren	größere Entfernung vom Gefahren-ort senkt Unfallgefahr (IR über-nimmt gefährliche Tätigkeit)	für Reparaturpersonal steigt Unfallge-fahr, wenn bei Reparaturen Sicher-heitseinricht. abgeschaltet werden
negative Umge-bungseinflüsse	größere Entfernung von negativen Umgebungseinflüssen vermindert derenWirkung (speziell bei Hitze, Schmutz, Staub) ; wenig Ver-änderung bei Lärm zu erwarten, da dieser meistens weitreichender (außer bei Kapselung)	durch Hydraulik kann neue Lärm-quelle entstehen, neue Belastungs-quelle bei fehlender Abschirmung
physische Belastung	Abbau schwerer bzw. einseitiger körperlicher Arbeit	bei Resttätigkeiten (z.B. Einlegen) Entstehen einseitiger Muskelbelastung
psychische Blastung	- Möglichkeit durch Entkoppelung die Abhängigkeit von der Ma-schine zu verringern - mehr Handlungsspielraum und Abwechselung denkbar durch Aufgabenbereicherung (Ma-schinenüberwachung, Ein-richten, Programmieren, usw.)	- Gefahr erhöhter Monotonie bei Resttätigkeiten - Anwachsen von Kontrolltätigkeiten mit erhöhten Konzentrationsanford. - Arbeitsintensivierung durch erhöhte Arbeitsgeschwindigkeit d. Maschine - stärkere Taktbindung
Beschäftigung	- bei 3-Schichtbetrieb könnte die 3. Schicht automatisch ablaufen (Frage von Material-bereitstellung, Magazinen, usw.)	- es ist in jedem Fall mit Freisetzung zu rechnen - Bedingungen verbessern sich für die Freigesetzten nicht
Lohn	- Lohnerhöhung bei höher quali-fizierten Tätigkeiten	- Abgruppierung speziell bei analyti-scher Arbeitsbewertung zu erwarten
Arbeitsinhalte, Auto-nomie, Entfaltungs-möglichkeit, Hand-lungsspielraum	- Einbeziehung kurzfristiger Fer-tigungssteuerung erweitert Dispositionsmöglichkeiten - vergrößert Handlungsspiel-raum bei Arbeitsbereicherung	- oftmals Verringerung - schwer automatisierbare Resttätig-keiten bleiben übrig (manuelle)
Qualifikation	- Erhöhung bei Reparatur-und Wartungspersonal - Qualifikationserhöhung bei Produktionsarbeitern als Folge arbeitsstrukturierender Maß-nahmen	- oftmals Verringerung - Verkürzung von Anlern-und und Einarbeitszeit, wenn nur Restarbeiten bleiben
Sozialverhalten	- bei Entkoppelung Möglichkeit zu mehr Kommunikation	- Verringerung von Kooperation und Kommunikation d. verstärkte Isolat.

Bild 1.2-1: Zusammenstellung der Chancen und Risiken des Industrieroboter-Einsatzes für die unmittelbar Betroffenen (Arge HHS II)/7/

und dem Qualitätsbewußtsein der Arbeitnehmer. Mangelnde fachliche Kontakte beeinflussen das Qualitätsbewußtsein negativ. Es ist darauf zu achten, daß die technisch-organisatorische Gestaltung der Arbeitsplätze soziale Kontakte ermöglicht und soziale Isolation vermeidet.

Auch aus rein technisch-funktionaler Sicht gibt es gute Gründe, die Fähigkeiten und Fertigkeiten der Arbeitnehmer zu berücksichtigen. Die Bilder 1.2-2 bis 1.2-4 zeigen Einschätzungen durch Manager bzgl. künftiger Qualität der Arbeitnehmerqualifikation. Danach wird mangelnde Qualifikation als Automatisierungshemmnis eingestuft. Entsprechend wird von den Betrieben erwartet, daß die Anteile der Facharbeiter und qualifizierten Angelernten künftig höher als bisher sein werden. Die Meinungen sind deshalb besonders interessant, weil insgesamt mit einem Rückgang der Anzahl an Montagearbeitnehmern zu rechnen ist.

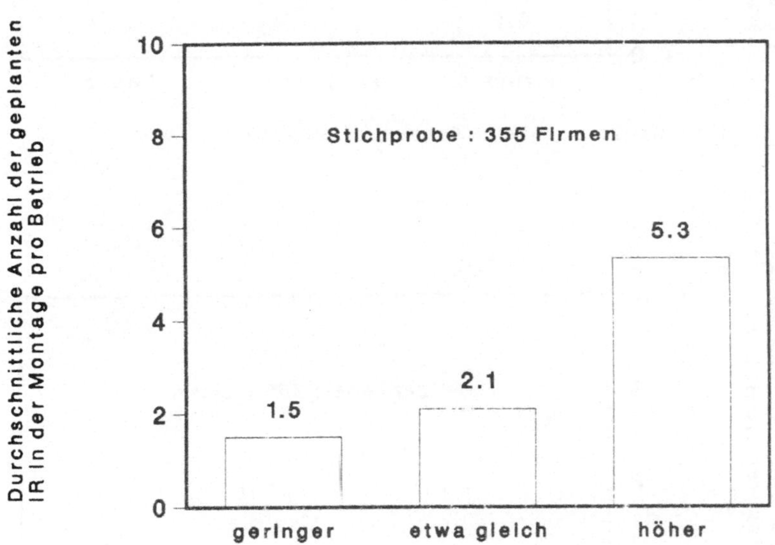

Bild 1.2-2 : Automatisierungshemmnisse /8/

Es ergibt sich hieraus die Konsequenz, daß Arbeitnehmer auch aus technisch-funktionaler Sicht zu qualifizieren sind. Dies deckt sich zudem mit Erfordernissen, die sich aus handlungsregulatorischen Erkenntnissen ergeben. In diesem Punkt besteht im positiven Sinne eine Übereinstimmung von Notwendigkeiten aus technischer und sozialer Sicht.

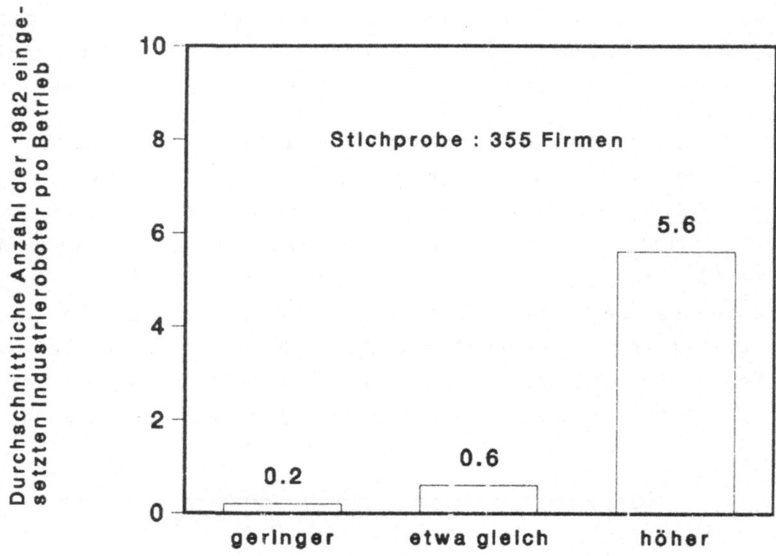

Bild 1.2-3 : Entwicklung des Facharbeiteranteils /8/

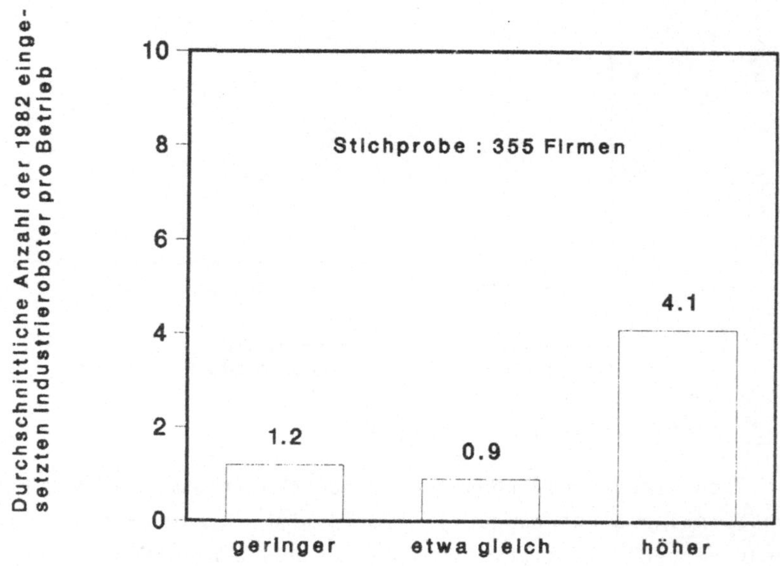

Bild 1.2-4 : Entwicklung des Anteils von Qualifizierten Angelernten /8/

1.2.1 Begriffe der Arbeits- und Sozialwissenschaft

1.2.1.1 Arbeitsbedingungen

Sämtliche Bedingungen, unter denen Arbeit verrichtet wird, können zu Belastungen des Arbeitenden führen. Belastend können sich somit nicht nur mangelhaft gestaltete Arbeitsplätze auswirken, sonder z.B. auch eine unangemessene Arbeitsorganisation oder schlechte Kooperationsbeziehungen. Normalerweise treten mehrere Belastungen gleichzeitig auf, so daß man von Mehrfachbelastungen bzw. von der Gesamtbelastung sprechen muß. Nach DIN wird der Belastungsbegriff wie folgt definiert:

"Die Arbeitsbelastung ist die Gesamtheit der erfaßbaren Einflüsse im Arbeitssystem, die auf den Menschen einwirken" (DIN 33400, Entwurf).

In Bild 1.2-5 werden die Arbeitsbedingungen dargestellt, die zu Belastungen führen können.

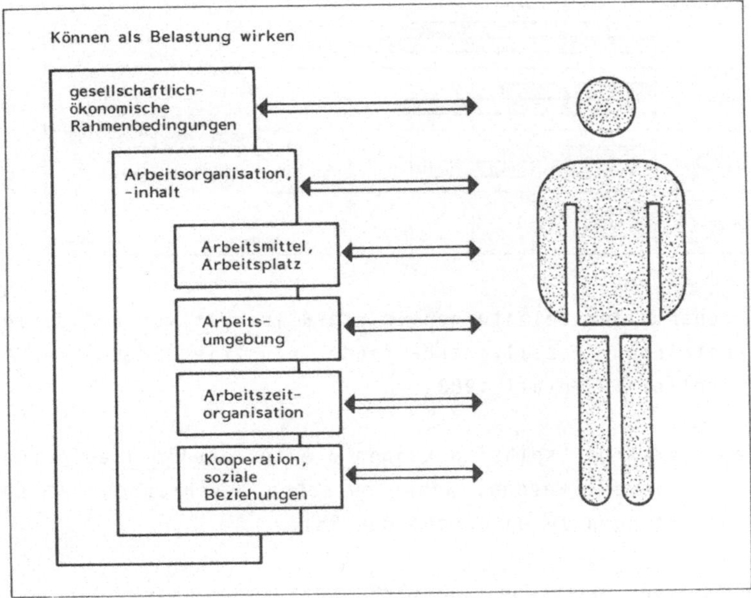

Bild 1.2-5: Arbeitsbedingungen und Belastungen nach /9/

Die weit verbreitete Vorstellung, nach der die Anwendung neuer Technologien quasi im Selbstlauf zur Verringerung von Arbeitsbelastungen führt, ist leider nachweislich falsch. Höchstens in manchen Bereichen ist eine Verringerung gewisser körperlicher Belastungen, z.B. bedingt durch das Tragen und Heben schwerer Lasten, zu beobachten. Für die meisten Belastungen gilt das Gegenteil: Eine Untersuchung in ca. 1000 Betrieben der Metallindustrie belegt, daß in "stark innovativen" Betrieben, also solchen mit einer überdurchschnittlich fortgeschrittenen technischen Struktur, eine deutlich stärkere Zunahme von Belastungen stattfand, als in weniger stark technisierten Betrieben (Bild 1.2-6).

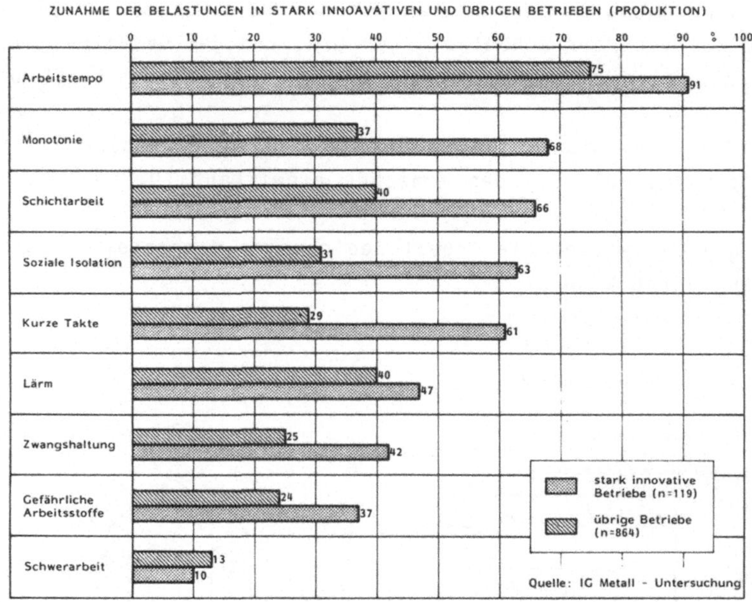

Bild 1.2-6: Zunahme der Belastungen in stark innovativen und übrigen Betrieben (Metallverarbeitende Industrie, Produktion; Quelle: IG Metall 1983)

An Industrieroboter-Arbeitsplätzen können die in Tabelle 1 aufgeführten Belastungen relevant werden, wobei zwischen psychischen und physiologischen Belastungen zu unterscheiden ist.

In Abhängigkeit von individuellen Voraussetzungen (körperliche und geistige Leistungsfähigkeit, Kooperationsfähigkeit, Selbstbewußtsein usw.) führen Belastungen zu Beanspruchungen. Belastungen können sich somit für jeden einzelnen unterschiedlich stark beanspruchend auswirken; ein Sachverhalt, der für die Arbeitsgestaltung höchst bedeutsam

Arbeitsbedingungen	**mögliche Belastungen**
Gesellschaftliche und betriebliche Rahmenbedingungen	- Arbeitsplatzunsicherheit - Fremdbestimmung - etc.
Arbeitsorganisation und Arbeitsinhalt	- Einseitige Muskelbelastung - Konzentration, Aufmerksamkeitsleistungen - Störungen, Unterbrechungen - Verantwortung - Überforderung wegen ungenügender Qualifizierung - Zeitdruck und enge Zeitbindung - unklare/widersprüchliche Arbeitsanweisungen - etc.
Arbeitsmittel, -platz und -gegenstand	- schlechte Handhabbarkeit (z.B. von Bedienelementen) - mangelnde Erkennbarkeit von Signalen - Unfallgefahren - gefährliche/schädliche Werkstoffe - etc.
Arbeitsumgebung	- Klima - Lärm - Schadstoffe - etc.
Kooperation/soziale Beziehungen	- Isolation durch Einzelarbeit - Konflikte mit Vorgesetzten oder Kollegen - fehlende Hilfeleistung - etc.

Tabelle 1: Relevante Belastungen an Industrieroboter-Arbeitsplätzen

ist. Die Gestaltung von Arbeitsbedingungen darf sich nicht an einem fiktiven "Standardmenschen" orientieren, sondern hat individuelle Unterschiede zu berücksichtigen.

Der Zusammenhang von Belastung und Beanspruchung darf allerdings nicht als simples Reiz-Reaktions-Modell betrachtet werden. Der Mensch reagiert auf bestimmte Belastungen nicht immer in derselben Weise. Die jeweiligen Beanspruchungsauswirkungen von Belastungen hängen vielmehr davon ab, wie der Arbeitende sie bewältigt. Die Entstehung von Beanspruchungen ist also ein Prozeß, in dem der Mensch mit allen seinen Fähigkeiten und Einstellungen eine aktive Rolle spielt. Inwiefern ist dies für den Arbeitsgestalter von Bedeutung? Wenn das Verhalten des Arbeitenden in Belastungssituationen die tatsächlich wirksame Beanspruchung bzw. deren Bewältigung mitbestimmt, dann sind Handlungsspielräume eine wichtige Voraussetzung zur positiven Beeinflussung der individuellen Beanspruchung. Insofern hat Arbeitsorganisation eine wichtige Funktion für die Bewältigung und Verringerung von Beanspruchungen.

Beispiel: Ein Industrieroboter wird zum Beschicken von Bearbeitungsmaschinen eingesetzt. Die Arbeit ist folgendermaßen organisiert:

- die Programmierung sowie Programmänderungen und Programmwechsel werden von der Arbeitsvorbereitung durchgeführt,
- sämtliche Wartungs- und Instandhaltungsaufgaben werden von der entsprechenden Fachabteilung durchgeführt,
- das Bereitstellen des Materials erfolgt von einer angelernten Arbeitskraft, die gleichzeitig auch auf Störungen achten soll,
- Qualitätskontrollen werden in dem vorliegenden bzw. in dem darauffolgenden Fertigungsabschnitt vorgenommen.

Erforderlich wäre in diesem Fall erstens eine Reintegration der Qualitätskontrolle in das Arbeitssystem, so daß durch die Beobachtung von Qualitätsveränderungen Störungen präventiv erkennbar werden. Zweitens müßte durch Qualifizierungsmaßnahmen die Überwachungsperson befähigt werden, z.B. einfache Störungsstillstände zu beheben.

1.2.1.2 Beanspruchung und Beanspruchungsfolgen

Jede Arbeit ist mit Beanspruchungen verbunden; folglich sind Beanspruchungen mit "positiven" und solche mit "negativen" Beanspruchungsfolgen zu unterscheiden. Eine positive Beanspruchung liegt beispielsweise dann vor, wenn Arbeitsanforderungen und Belastungen erfolgreich bewältigt werden oder Fähigkeiten und Fertigkeiten in der Arbeit weiter entwickelt werden. Hinsichtlich negativer Belastungsfolgen ist zunächst zwischen Folgen kurz- und langfristiger Art zu differenzieren. Eine typische kurzfristige Folge von Beanspruchungen ist die Ermüdung. Langfristige Folgen sind beispielsweise Beeinträchtigungen des Wohlbefindens und der Gesundheit, körperliche und psychische Schädigungen bis hin zu Veränderungen des Sozialverhaltens. Diese Aufzählung macht deutlich, daß eine weitere Unterscheidung, nämlich zwischen

- reversiblen und
- irreversiblen

Belastungsfolgen bzw. gesundheitlichen Auswirkungen notwendig ist.

Reversible, also ausgleichbare bzw. heilbare Belastungsfolgen sind beispielsweise Ermüdungs- und Monotoniegefühle, Blutdrucksteigerung, nachlassende Arbeitsleistung und Minderung der Denkfähigkeit, aber auch Muskelverspannungen und -entzündungen. Eine wichtige Aufgabe der Arbeitsgestaltung besteht darin, entweder die Ursachen solcher Beeinträchtigungen zu beseitigen, oder zumindest mildernde, kompensierende Maßnahmen zu ergreifen, z.B. durch Pausengestaltung. Geschieht dies nicht rechtzeitig, dann können irreversible, also weder ausgleichbare noch heilbare, Schädigungen entstehen (z.B. bleibende Lärmschwerhörigkeit, Bandscheibenschäden durch ungünstige Körperhaltung bzw. Heben schwerer Werkstücke; psychosomatische Beschwerden; etc.).

1.2.1.3 Ansätze zur Belastungsminderung

Anhand eines ausgewählten Beispiels sollen im folgenden arbeitsgestalterische Möglichkeiten zur Vermeidung von Belastungen an Industrieroboter-Arbeitsplätzen demonstriert werden.

Die psychische Handlungsregulation als Mittler zwischen Belastung und Beanspruchung

Bis in die jüngste Zeit wurde als Folge tayloristischen Denkens und tayloristischer Arbeitsteilung das Arbeitshandeln als Ergebnis von durch Vorgesetzte gesteuerten Reaktionen der Arbeitnehmer angesehen. Arbeitshandeln und Lernhandeln wurden als bloße Verkettung einzeln erworbener Aktionselemente gedacht, die vom Individuum passiv, weil aufgezwungen, hingenommen werden.

Die Folgen für die Arbeitnehmer, die aufgrund dieses realitätsfernen Denkens entstehen, zeigen sich überall dort, wo tayloristisches Denken zu negativer Beanspruchung führt und Folgen wie Monotonie, Streß,

Über- oder Unterforderung, Absentismus, Arbeitsunzufriedenheit, hohe Fluktuation oder Erkrankung bewirkt. Zum Verständnis des Entstehens negativer Belastungsfolgen ist die Kenntnis notwendig, daß jeder Arbeitnehmer seine Wahrnehmung und Bewertung der vorgefundenen - von Technikern gestalteten - Arbeitssituation handelnd, also aktiv, zu bewältigen hat.

Das Arbeitshandeln, Lernhandeln - und damit auch die dadurch bedingten Beanspruchungen - sind somit keine passiven Reaktionen auf oktroyierte Bedingungen. Arbeit ist ein Grundaspekt menschlicher Realität für jeden Arbeitnehmer. Deshalb ist es wichtig, daß der Mensch nicht als Lückenbüßer im Maschinensystem betrachtet wird, sondern die Möglichkeit hat, Kenntnisse, Fähigkeiten und Fertigkeiten in den Arbeitsprozeß einzubringen und zu erweitern.

Je mehr er sich als Person einbringen kann, desto förderlicher ist dies seiner Persönlichkeit und der subjektiven Belastbarkeit. Je mehr der Arbeitnehmer auf wenige Funktionen reduziert wird, mit widersprüchlichen Anforderungen konfrontiert, über- oder unterfordert wird, desto mehr steigt die Wahrscheinlichkeit der Fehlbeanspruchung, die sich sowohl für die Arbeitnehmer als auch für den Betrieb und die dort eingesetzte Technik als disfunktional erweist.

Dagegen stellt die erfolgreiche Bewältigung von Arbeitsanforderungen und -belastungen, wenn sie den persönlichen Arbeitsvoraussetzungen des betreffenden Arbeitnehmers entsprechen, eine positive Beanspruchung dar. Das gleiche gilt für die Sammlung von Erfahrung und die Weiterentwicklung von Fähigkeiten und Fertigkeiten in der Arbeit. Ähnliches gilt auch für den Zusammenhang von Qualifikationsanforderungen und Qualifikationen der Arbeitnehmer. Höhere Qualifikation trägt dazu bei, Arbeitsanforderungen besser bewältigen zu können und ebenso Beanspruchungen zu reduzieren. Durch Höherqualifizierung lassen sich bei entsprechender Arbeitsgestaltung mangelnde Motivation, Monotonie und Streß mindern. Die obengenannten Zusammenhänge lassen sich anhand einer psychologischen Handlungstheorie - einer Theorie, die die Prozeßstruktur und Entwicklungslogik des menschlichen Handelns zu erklären versucht - verdeutlichen. Diese Handlungsstrukturierungstheorie geht von drei hierarchisch und vertikal angeordneten Hauptebenen der individuellen Handlungsregulation aus:

o die intellektuelle Regulationsebene,
o die perzeptiv-begriffliche Regulationsebene,
o die sensomotorische Regulationsebene.

Die höchste Form der Handlungsregulation geschieht auf der intellektuellen Regulationsebene. Die intellektuelle Regulation umfaßt die Gesamtheit des vorbereitenden, begleitenden oder nachbereitenden Denkens einer Handlung. Vorgänge auf dieser Ebene sind bewußtseinspflichtig. Die auf dieser Ebene antizipatorisch-planerische, handlungsregulierende und -kontrollierende intellektuelle Analyse stützt sich auf erfahrungsbezogene Annahmen über Zustand- und Prozeßmerkmale, die ihrerseits im Verlauf der Handlung verändert werden.

Auf dieser Ebene finden komplexe Situationsanalysen statt, einschließlich eines geistigen Probehandelns anhand eines Modells der Realität. Hieraus folgen taktische und strategische Pläne, die ein System von verallgemeinerten Verfahren für komplexe Handlungen beinhalten. Die nächstniedere Ebene stellt die perzeptiv-begriffliche Regulationsebene dar. Hier finden wir unselbständige Handlungseinheiten, die unter einem Namen gespeichert, der Handlungssituation angepaßt werden. Dies können so alltägliche Handlungen wie z.B. Essen, Waschen und Einkaufen sein. Für jede dieser Handlungen gibt es entsprechende Handlungsmuster, die der Realität entsprechend modifiziert werden. Es sind stets bewußtseinsfähige aber nicht grundsätzlich bewußtseinspflichtige Abbilder der Realität. Auf dieser Ebene werden die Handlungen im engeren Sinne reguliert. Individuell verfügbare Handlungssysteme auf dieser Ebene werden als Formen des "Könnens" bezeichnet. Die unterste Regulationsebene stellt die sensomotorische Ebene dar. Hier verlaufen Vergleichsvorgänge und Bewegungsentwürfe, die nicht bewußtseinspflichtig sind. Individuell verfügbare Bewegungsentwürfe zur Ausführung von Handlungsstereotypen bezeichnet man als "sensomotorische Fertigkeiten".

Zu diesem Modell ist anzumerken, daß die Trennung in drei Regulationsebenen individueller Handlung nur eine analytische Trennung darstellt. In der Realität findet die Regulation menschlichen Handelns auf allen Ebenen gleichzeitig statt, wenn auch nicht in gleichem Maße (Bild 1.2-7). Damit kommen wir zu den Problemen, die sich aus der Unter- oder Überforderung der einen oder anderen Handlungsregulationsebene und damit des Menschen ergeben.

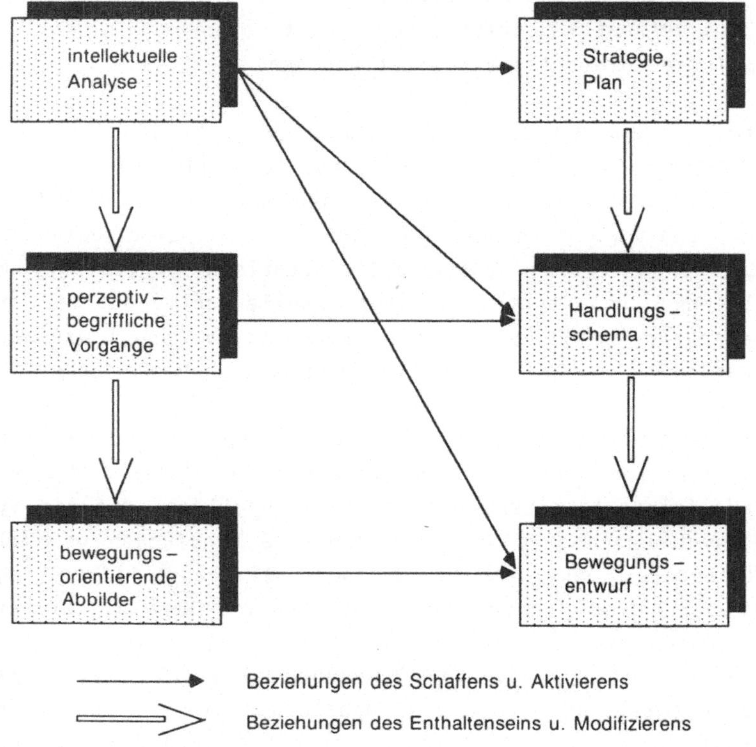

Bild 1.2-7: Schematische Darstellung der Beziehungen zwischen handlungsvorbereitenden und -realisierenden Regulationskomponenten auf verschiedenen Regulationsebenen (nach /10/)

In einem stark arbeitsteiligen und kurzzyklischen Arbeitssystem beobachten wir z.B. häufiger Monotonie bei den Arbeitnehmern. Monotonieempfinden läßt sich dadurch erklären, daß die höchste, die intellektuelle Regulationsebene, in ihren Entwicklungs- und Einsatzmöglichkeiten beschränkt ist. Die dieser Ebene zugeordneten Planungsvorgänge sind durch die Produktions- und Arbeitsvorbereitung vorweggenommen und damit vom Individuum nicht mehr gefordert.

An die Stelle der Beherrschung der Gegebenheiten und des Überblicks tritt die Perspektivlosigkeit und das Beherrschtwerden durch eine technische Anlage. Die intellektuelle Regulationsebene nimmt ihre Funktion nicht voll wahr. Die Tätigkeiten vollziehen sich vorwiegend auf dem niedrigeren Niveau der perzeptiv-begrifflichen oder sensomotorischen Regulationsebene. Dem Individuum gelingt die Durchdringung der Arbeitsaufgabe und ihrer technischen Bedingtheit nicht. Das verhindert die persönliche Sinnerfüllung und bewirkt Monotonie, weil die Arbeit eingeengt und eintönig verläuft. Dieses Monotonieerleben stellt eine qualitative Unterforderung der intellektuellen Regulationsebene dar. Diese ist praktisch "arbeitslos".

Die Folge davon ist, daß der Handelnde seine intellektuellen Fähigkeiten auf andere Bereiche lenkt, er kann tagträumen oder zumindest seine Aufmerksamkeit dem aktuellen Geschehen entziehen. Diese Unterforderung der höchsten Handlungsregulationsebene ist häufig mit der Überlastung der anderen Ebenen verbunden. Der Arbeitnehmer wird einseitig physisch und nervlich überbeansprucht.

Das obengenannte Beispiel zeigt ausschnittweise, daß die Unkenntnis und Vernachlässigung der menschlichen Handlungsregulation zu Folgen führt, die dem Individuum und letztlich auch der Funktionalität und Produktivität von Arbeitssystemen schadet.

Arbeit und Qualifikation

Arbeit ist mehr als das Verrichten weniger Handgriffe. Arbeit fordert immer den ganzen Menschen. Durch Arbeitsgestaltung kann deshalb der arbeitende Mensch über- oder unterfordert werden. Durch die gestaltete Arbeit wird ebenso die Entwicklung der Persönlichkeit wesentlich beeinflußt. Arbeitsfreude und Selbstbewußtsein oder Nervosität und Krankheit können das Ergebnis tagein-tagaus ausgeführter Arbeit sein. Diese Aspekte wirken sich über den Arbeitstag hinaus bis in die Privatsphäre der Arbeitnehmer aus. Arbeit birgt Zwang und Belastung, aber auch eine Chance zur Selbstverwirklichung. Das eine zu verringern und das andere zu ermöglichen, ist ein wesentliches Ziel der Humanisierung des Arbeitslebens. Restriktive Arbeitsinhalte und geringe Qualifikationsanforderungen stehen letzterem Ziel entgegen. Lernen und die Entwicklung der Persönlichkeit hören nicht mit dem Abschlußzeugnis oder Facharbeiterbrief auf. Beides dauert ein Leben lang. Weil die Arbeit im Leben eines jeden eine zentrale Rolle einnimmt, besitzt sie auch eine dementsprechend große Bedeutung für jeden Menschen. So ist z.B. eine Untersuchung über Automobilarbeiter aus den USA bekannt, die zum Ergebnis hatte, daß diejenigen Arbeiter, die unqualifizierte und gleichförmige Arbeiten verrichten, im Vergleich zu ihren Kollegen mit höherwertigen Arbeiten psychisch weniger gesund waren. Auch unter Beachtung der betrieblichen Interessen läßt sich sagen, daß Mitarbeiter, die entsprechend ihren Fähigkeiten qualifizierte Tätigkeiten verrichten, zufriedener mit ihrer Arbeit sind und gesteigertes Interesse an ihrer Arbeit zeigen, was funktionalen Charakter z.B. für die Produktqualität besitzt. Innerhalb einer hochgradigen Arbeitsteilung werden die Arbeitnehmer gehindert, sich Qualifikationen anzueignen und zu nutzen, die dann unter angemessenen Bedingungen realisiert werden könnten. Auch unter motivationalen und qualifikatorischen Aspekten, so wird hier deutlich, ist es kontraproduktiv, -funktional und letztlich gegen die Erfordernisse des Menschen gerichtet, extrem arbeitsteilig arbeiten zu müssen. Nur wenn Handlungs- und Entscheidungsspielräume objektiv gegeben sind, kann der Mitarbeiter eine sachbezogene Motivation zur Arbeitsaufgabenbewältigung entwickeln. Dazu gehört, daß die Arbeitsaufgabe keine qualitative Überforderung für den Arbeitnehmer darstellt, d.h. er muß über die erforderlichen Qualifikationen verfügen.

Für die Mehrheit der Arbeitnehmer ergibt sich aus allem bisher Gesagten, daß eine Höherqualifizierung oder Weiterbildung, die einmal eine Verbreiterung des Qualifikationsniveaus, zum anderen eine Erhöhung des Qualifikationsniveaus anstrebt, unabdingbar ist.

Diese Forderungen nach Qualifizierung des Personals hat nicht nur aus menschlichen Erwägungen ihre Berechtigung. Wie Ergebnisse einer empirischen Studie zeigen (Montagestudie 1983 /13/), sehen es Firmen, bedingt durch den Einsatz moderner Technologien, als notwendig an, qualifiziertes Personal einzusetzen. Für den Planer von Arbeitssystemen ergeben sich aus allem folgende Forderungen:

1. Es sind die größtmöglichen technischen und arbeitsorganisatorischen Gestaltungsspielräume zur menschengerechten Arbeitsgestaltung zu nutzen.
2. Technik und Arbeitsorganisation müssen so umgestaltet werden, daß inhaltsreiche Arbeitstätigkeiten entstehen.
3. Parallel zu obigen Maßnahmen müssen Qualifizierungsmaßnahmen durchgeführt werden.

Dazu ist es hilfreich zu wissen, daß die Qualifikationsanforderungen Merkmale des Arbeitsinhalts sind und somit Ergebnis der Arbeitsinhaltsplanung. Die Qualifizierung der Mitarbeiter ist der Prozeß der

Vermittlung oder Aneignung von Qualifikationen. Letztere sind Merkmale der Person und können in Fertigkeiten, Kenntnisse und Fähigkeiten unterteilt werden. Fertigkeiten zu besitzen bedeutet, Handlungsvollzüge zu beherrschen. Kenntnisse sind z.B. das Wissen vom Produkt, seinen Materialien, dem Produktionsverfahren.

Die Fähigkeiten beinhalten Pläne, Strategien oder allgemein anwendbare Regeln zur Problemlösung. Im Englischen bezeichnet der Begriff "Know-how" (Gewußt-wie) treffend das oben ausgesagte.

Diese drei Begriffe sind den Ebenen der sensomotorischen (Fertigkeiten), der perzeptiv-begrifflichen (Kenntnisse) und der intellektuellen Handlungsregulation des Menschen zuzuordnen. Aber auch hier gilt, daß diese Ebenen nur analytisch voneinander zu trennen sind. In der Praxis gilt nach wie vor, daß auch "einfache " Arbeiten besser erlernt und ausgeführt werden, wenn Kenntnisse über Material und Verfahren etc. vorhanden und außerdem Pläne oder Strategien über geeignete Vorgehensweisen bekannt sind. Dieser Sachverhalt gilt auch umgekehrt. Bereits erworbene Fähigkeiten und Strategien helfen beim Erwerb von Fertigkeiten.

Beurteilung von Qualifikationsanforderungen

In der Arbeitswissenschaft und Qualifikationsforschung existiert eine Vielzahl von Ansätzen zur Lösung der obigen Fragestellung. Allerdings haben davon nur wenige Ansätze breitere Anwendung gefunden, und in der betrieblichen Praxis spielen sie leider so gut wie keine Rolle. Für den Praktiker sind diese Methoden, wie z.B. REFA, zwar vertraut und gut beherrschbar, aber die Aussagekraft dieser Verfahren hinsichtlich der Qualifikationsanforderungen ist höchst eingeschränkt. Die Ansätze dagegen, die in der Wissenschaft Beachtung gefunden haben, besitzen den Nachteil, daß zu ihrer Anwendung sozialwissenschaftlich geschultes Personal erforderlich ist und somit ihre Praktikabilität im betrieblichen Alltag in Frage gestellt ist.

Es gibt zur Zeit zwei Verfahren:

Ein Tätigkeitsbewertungssystem, mit dem Arbeitsinhalte hinsichtlich ihrer "Persönlichkeitsförderlichkeit" analysiert werden können. Es stammt von Baars, Hacker und Richter (1980) /11/.

Ein anderes Verfahren, welches sich mit dem obengenannten auszugsweise überschneidet, zielt auf die Ermittlung von Regulationserfordernissen der Arbeitstätigkeit ab und nennt sich "VERA" /12/.

Beide Verfahren basieren auf der Handlungsregulationstheorie, die hier bereits am Anfang vorgestellt und besprochen wurde. Sie erheben Merkmale der Arbeitstätigkeit, nicht die Merkmale einer Person! Auch diese Verfahren benötigen eine Einweisung in ihr Instrumentarium, das an dieser Stelle nicht dargestellt werden kann. Um dennoch einen Einblick zu bekommen und die wesentlichsten Kategorien aufzuzeigen, die erfaßt werden sollten, wird eine Kurzdarstellung von Lothar Zimmermann /9/ empfohlen, die nachstehend auszugsweise dargestellt ist.

Qualifikationsanforderungen ergeben sich danach wie folgt:

A <u>Einfache und schwierige Anforderungen an Fertigkeiten</u>

a) Gleichförmige Tätigkeit mit kurzer Zykluszeit und geringer Präzision.
b) Gleichförmige Tätigkeit mit kurzer Zykluszeit und hoher Präzision.
c) Geringe Zahl und Unterschiedlichkeit von Teilvorgängen, geringe Präzision.
d) wie c), aber hohe Präzision.
e) Hohe Zahl und Unterschiedlichkeit von Teilvorgängen, geringe Präzision.
f) wie e), aber hohe Präzision.

Hier ist zu beachten:

1. Wieviele Aspekte des Arbeitsinhalts gleichzeitig vom Arbeitnehmer zu berücksichtigen sind
2. Wie genau müssen die Bewegungen des Arbeitnehmers zur Bewältigung des Arbeitsinhalts sein?
3. Wieviele verschiedene Tätigkeiten sind auszuführen?
4. Wie häufig wird zwischen den Verrichtungen gewechselt?

B Einfache Denk- und Entscheidungsanforderungen

a) Geringe Komplexität der Arbeitsverfahren:
Wenige Merkmale (Signale, Informationen) zu beachten; diese sind eindeutig und klar identifizierbar, erlauben eindeutige Rückschlüsse; Konsequenzen von Handlungen sind unmittelbar ersichtlich.
b) Wie a), aber: viele Merkmale.
c) Wie b), aber: Informationen sind symbolisch, erfordern "Übersetzung".
d) Wie b), aber: Schluß von Informationen auf Handlungserfordernisse nicht unmittelbar möglich. Kombination und Schlußfolgerung aufgrund von Wissen (Kenntnisse, Berufserfahrung) nötig.
e) Wie d), aber: Fehlhandlungen sind nicht unmittelbar ersichtlich, weil Konsequenzen erst zu einem späteren Zeitpunkt auftreten.
f) Wie e), aber: schwerwiegende Konsequenzen von Fehlhandlungen (hohe Verantwortung).

Zu den Denk- und Entscheidungsanforderungen gehören die benötigten Kenntnisse über:

1. Material und Arbeitsgegenstand
2. Arbeitsverfahren und Methoden
3. Qualitätsnormen
4. Fehlerkorrekturmöglichkeiten
5. Verantwortung für Mensch und Sachwerte

C Anforderungen an selbstständiges Planen und Entscheiden

a) Auswahl von vorgegebenen Arbeitsverfahren/-methoden/Planungen, in engem Bereich einsetzbar.
b) wie a), aber: in weiterem Bereich einsetzbar.
c) Flexibler Einsatz von vorgegebenen Arbeitsverfahren/-methoden/Planungen einschließlich geringfügiger Änderungen.
d) Entwicklung von Arbeitsverfahren/-methoden/Planungen.
e) Flexibler Einsatz von Arbeitsmitteln.
f) Entwicklung neuer Anwendungsmöglichkeiten von Arbeitsmitteln bzw. ihre Veränderung.
g) Planung der eigenen Arbeit für kurze Zeitspannen.
h) wie g), aber: größere Zeitspannen.

i) Planung und Koordination einer begrenzten Zahl von arbeitsteiligen Aufgaben.

j) wie i), aber: größere Zahl.

Dieser Block erfaßt die erforderlichen Fähigkeiten eines Arbeitnehmers, d.h. in welchem Maße selbständiges Planen und Entscheiden auf der Basis neuer Kombination vorhandener Kenntnisse erforderlich ist. Dies erfordert

1. viele Informationen, die gleichzeitig verarbeitet werden müssen,
2. Treffen einer Auswahl, welche Informationen bedeutsam sind,
3. selbständige Informationssuche,
4. hypothesengeleitetes und vorbedenkendes Handeln.

1.2.2 Literaturverzeichnis zu Kapitel 1.2

/1/ o.V. Forschungsprogramm Humanisierung des Arbeitslebens. Bundesminister für Forschung und Technologie (BMFT), Bonn, 1974.

/2/ Standfest,E.: Sozialpolitik als Reformpolitik (WSI-Studie 39), Köln 1979.

/3/ Böhle,F.: Humanisierung der Arbeitswelt und Sozialpolitik. Schriftenreihe Humanisierung des Arbeitslebens, Bonn 1977, S. 92-324.

/4/ Pöhler,W.: Damit die Arbeit menschlicher wird. 5 Jahre Aktionsprogramm Humanisierung des Arbeitslebens, Bonn, 1979, S. 9-37.

/5/ o.V. Soziologisches Forschungsinstitut Göttingen; Zentrale wissenschaftliche Einrichtung "Arbeit und Betrieb ", Universität Bremen, Industrieroboter. Bedingungen und soziale Folgen des Einsatzes neuer Technologien in der Automobilproduktion,
Frankfurt/Main, New York, 1981.

/6/ o.V. Forschungsbericht HA 81-003
Studie zur Ermittlung neuer Einsatzbereiche für Handhabungssysteme
Fachinformationstionszentrum Karlsruhe,
Feb. 1981

/7/ o.V. Integriertes Arbeitsanalyseinstrument für HHS-Einsätze, Schriftenreihe Humanisierung des Arbeitslebens, 1981.

/8/ o.V. Einsatzmöglichkeiten von flexibel automatisierten Montagesystemen in der industriellen Produktion: Montagestudie /Arbeitsgemeinschaft Handhabungssysteme (ARGE-HHS) unter Beteiligung d. Fraunhofer-Inst.: IPA, Schriftenreihe Humanisierung des Arbeitslebens; Bd. 61 Düsseldorf, 1984.

/9/ Zimmermann,L. Humane Arbeit - Leitfaden für Arbeitnehmer Reinbeck 1982.

/10/ Hacker,W. Allgemeine Arbeits- und Ingenieurpsychologie Berlin 1983.

/11/ Baars, Hacker, Richter Tätigkeitsbewertungssystem TBS, Berlin 1983.

/12/ Volpert, W. et al Verfahren zur Ermittlung von Regulationserfordernissen in der Arbeitstätigkeit, Köln 1983.

/13/ E.Abele u.a: Einsatzmöglichkeiten von flexibel automatisierten Montagesystemen in der industriellen Produktion - Montagestudie - Schriftenreihe Humanisierung des Arbeitslebens (HdA) Bd. 61, Hrsg. BMFT VDI-Verlag Bonn 1984

1.3 Begriffe der Industrierobotertechnik

1.3.1 Definition

Die Vielzahl der Handhabungsgeräte, die heute gebaut werden, macht eine Definition der Begriffe erforderlich, um quantitative Aussagen über die Anzahl der eingesetzten Geräte in der Industrie machen zu können.
Nach der Definition des Vereins Deutscher Ingenieure (VDI) sind Industrieroboter universell einsetzbare, servogesteuerte Automaten mit mehreren Achsen, deren Bewegungsmöglichkeiten im allgemeinen durch einen oder mehrere Arme realisiert werden, die an ihrem Ende mit weiteren Gelenken ausgerüstet sein können. Ihre Bewegungen müssen hinsichtlich Bewegungsfolge und -wege bzw. -winkel ohne mechanischen Eingriff in die Steuerung programmierbar sein; sie können sensorgeführt sein.

Industrieroboter sind mit Greifern, Werkzeugen, Meßmitteln oder anderen Fertigungsmitteln ausrüstbar und können Handhabungs- oder andere Fertigungsaufgaben ausführen /1/.

Geräte, wie sie z.B. einfache Einleger, Telemanipulatoren oder Master-Slave-Systeme darstellen, fallen somit nicht mehr in diesen Definitionsbereich. Die schon seit langem bekannten Einlegegeräte sind einfache, mit Greifern ausgerüstete, mechanische Handhabungseinrichtungen, die vorgegebene Bewegungsabläufe nach einem festen Programm abfahren (Bild 1.3-1) /2/. Sie sind vorzugsweise in der Massenfertigung zu finden, bzw. in Fertigungen, bei denen ähnliche Varianten gefertigt werden. So arbeiten sie beispielsweise an Pressen, Montagelinien, in der Verpackungsindustrie usw., überall dort, wo über einen langen Zeitraum hinweg dieselbe Handhabungsaufgabe auszuführen ist.

Teleoperatoren sind ferngesteuerte Manipulatoren, die keine Programmsteuerung besitzen. Die Programmsteuerung übernimmt der Mensch, der die Entscheidung trifft und die Bewegungen einleitet. Bei Teleoperatoren kann die Leistung und Reichweite des Menschen weit übertroffen werden. Im industriellen Bereich werden Teleoperatoren dort eingesetzt, wo der Mensch von schwerer physischer Arbeit entlastet werden soll, wie beim Entgraten von großen Gußteilen oder zum Handhaben von schweren Lasten (Bild 1.3-2). Im angelsächsischen Sprachgebrauch findet man oftmals den Begriff der Master-Slave-Systeme. Hierbei handelt es sich um Manipulatoren, bei welchen der Mensch die Bewegungen mit einem Zusatzgestell in gleicher oder verkleinerter geometrischer Abmessung (Master) vormacht und der eigentliche Manipulator (Slave) diese ausführt. Solche Geräte finden vorwiegend in der Kerntechnik Anwendung (Bild 1.3-3).

Bild 1.3-1:
Lineares Zuführgerät

Bild 1.3-2:
Teleoperatoren

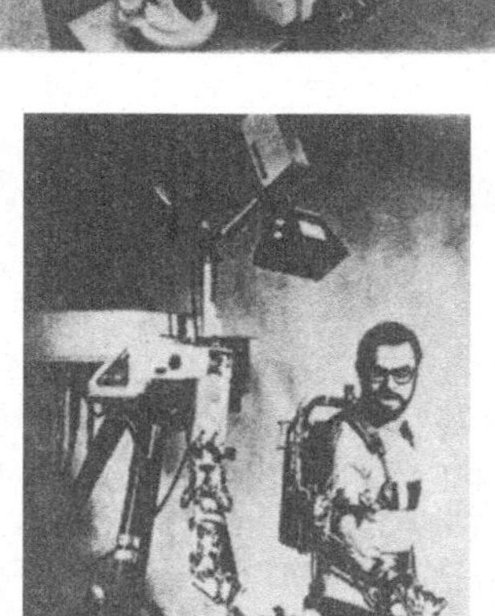

Bild 1.3-3:
Master-Slave-System

1.3.2 Einsatzgebiete und Einsatzzahlen

Bis vor wenigen Jahren wurden Industrieroboter vorwiegend in der Massenfertigung eingesetzt. Seine "klassischen" Einsatzgebiete stellen das Punktschweißen und Beschichten in der Großserienfertigung, insbesondere in der Automobilindustrie, dar. Hier werden jedoch die Möglichkeiten des Industrieroboters nur teilweise genutzt. Der Industrieroboter ersetzt in diesen Fällen aufwendige Sonderkonstruktionen, die bei einer größeren Produktumstellung nicht weiterverwendet werden können. In den letzten Jahren ist eine deutliche Zunahme der Einsatzfälle zu erkennen /3/. Obwohl sich die Anwendungsgebiete für die Industrieroboter deutlich erweitert haben, sind ihre Grenzen bei weitem noch nicht erreicht. Während gegenwärtig ca. 90 % aller Einsatzfälle in der Metallindustrie beheimatet sind, kann damit gerechnet werden, daß zukünftig die Industrieroboter auch außerhalb der Metallindustrie vielfältig eingesetzt werden.

1.3.3 Aufbau von Industrierobotern

Industrieroboter setzen sich aus mehreren Teilsystemen zusammen. Die Wechselwirkungen dieser Teilsysteme untereinander charakterisieren die Flexibilität des Gesamtsystems (Bild 1.3-4) /4/. Die Struktur und Funktion der Teilsysteme wird in den folgenden Kapiteln beschrieben.

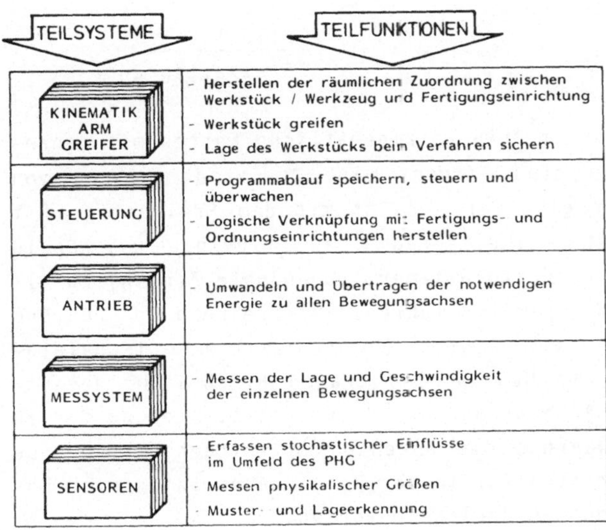

Bild 1.3-4: Teilsysteme und Teilfunktionen eines Industrieroboters

1.3.3.1 Kinematik

Im dreidimensionalen Raum ist die Lage eines starren Körpers durch seinen Ortsvektor und seine Orientierung definiert. Ist ein Körper frei beweglich, so besitzt er sechs Freiheitsgrade und kann durch mindestens drei Rotationen und drei Translationen in eine beliebig andere Lage gebracht werden.

Der Freiheitsgrad f ist die Anzahl der möglichen unabhängigen Bewegungen (Verschiebungen, Drehungen) eines starren Körpers gegenüber eines Bezugssystems (Bild 1.3-5).

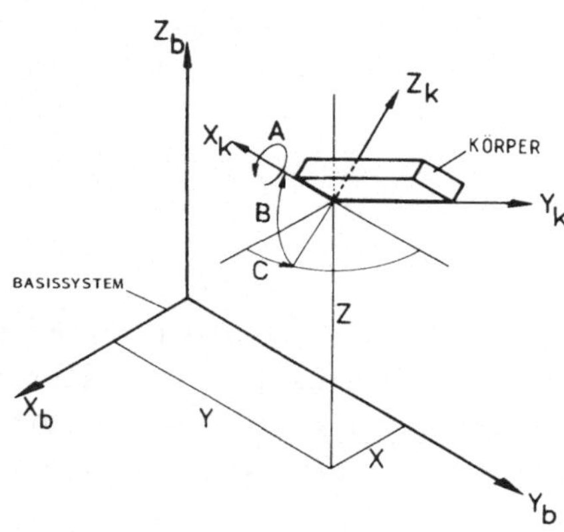

Bild 1.3-5:
Freiheitsgrad f

Bei Handhabungsgeräten, die im Prinzip kinematische Ketten mit mehreren Gliedern und Gelenken sind, findet eine Aneinanderreihung von Bezugssystemen statt. Hier gibt der - nicht mit dem Freiheitsgrad f zu verwechselnde - Getriebefreiheitsgrad F an, wieviele unabhängig voneinander angetriebene, geführte Glieder (sogenannte Achsen) zu einer eindeutigen Bewegung des Gerätes führen. Entsprechend der Führung unterscheidet man rotatorische Achsen (Drehachsen) und translatorische (lineare) Achsen. Die Hauptachsen tragen hierbei im wesentlichen zur Ausbildung des Arbeitsraumes und zur Positionierung der zu handhabenden Teile bei, während die Nebenachsen weitgehend nur zur Orientierung des Objekts beitragen. In der Regel haben Industrieroboter bis zu vier Hauptachsen und drei Nebenachsen.

Aus der Vielzahl der möglichen Achskombinationen sind zur Zeit die in Bild 1.3-6 dargestellten Konfigurationen am häufigsten. Durch die Weiterentwicklung der Steuerungstechnik ist es abzusehen, daß weitere kinematische Ketten entwickelt werden, wie auch am Beispiel des Industrieroboters der Fa. Spine (Bild 1.3-7) zu erkennen ist.

Art der Achsen	3 Translationen	2 Translationen 1 Rotation	1 Translation 2 Rotationen	1 Translation 2 Rotationen	3 Rotationen
Kinematischer Aufbau der Hauptachsen					
Kinematisches Ersatzbild mit Achs-Bezeichnungen	YZX	CZR	CBR	CBZ	CBA
Arbeitsraum	quaderförmig	zylinderförmig	sphärisch	zylinderförmig	torusähnlich kugelförmig

Bild 1.3-6: Kinematische Aufbauarten von Industrierobotern

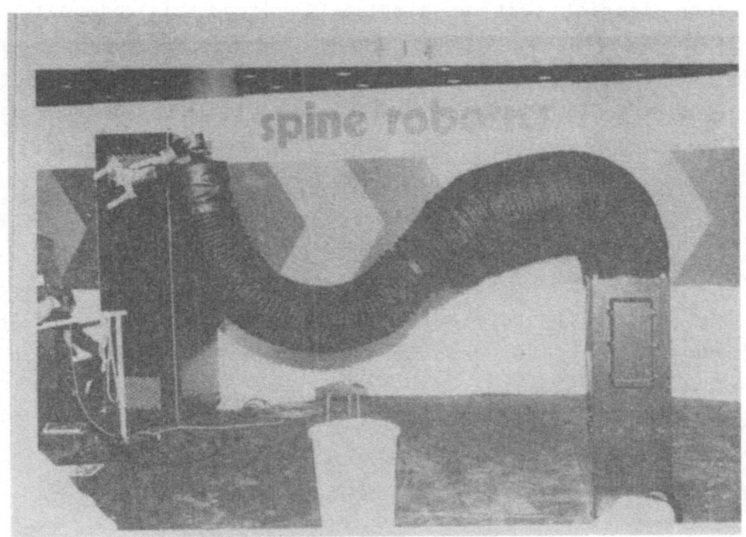

Bild 1.3-7: Multigelenk-Roboter

1.3.3.2 Antriebe

Die Aufgabe des Antriebssystems besteht in der Zuführung der Stellenergie zu den einzelnen Bewegungsachsen. Prinzipiell stehen dazu drei Antriebssysteme zur Auswahl:

1. pneumatische Systeme,
2. hydraulische Systeme,
3. elektrische Systeme.

Neben diesen drei Antriebsarten sind je nach Anwendungsfall Mischkonfigurationen wie z.B. elektro-hydraulische Antriebe möglich.

Pneumatische Antriebssysteme zeichnen sich durch geringe Kosten, einfachen Aufbau und schnelle Reaktionszeiten aus. Die Stellenergie wird in Form komprimierter Luft über Pneumatikzylinder direkt (kein Getriebe) in Armbewegungen umgesetzt. Wegen der kompressiblen Luft in den Zylindern ist die Einstellung von genauen Positionen sowie variabler Armgeschwindigkeiten aufwendig und problematisch. Pneumatische Antriebe sind daher besonders für Punkt-zu-Punkt- Steuerungen mit festen Start- und Zielpunkten (von Anschlag zu Anschlag) geeignet.

Hydraulische Antriebssysteme sind aufwendiger als pneumatische Systeme. Neben steuerbaren Öldruckpumpen sind zur Erzeugung definierter Ölströme Servoventile mit variablen Zwischenstellungen notwendig. Entsprechend der Ölviskosität sind die Reaktionszeiten von hydraulischen Antrieben langsamer. Bei hohen Öldrücken und günstigen Leistungskonfigurationen werden große Kräfte und Momente erzielt. Stufenlose Geschwindigkeitsregelungen bezüglich der einzelnen Bewegungsachsen sowie beliebige Zwischenpositionen sind möglich.

Elektrische Antriebssysteme werden durch eine Vielfalt von Elektromotoren repräsentiert. Die bekanntesten Motorentypen sind:

a) Gleichstrommotoren,
b) Schrittmotoren,
c) Drehstrommotoren.

Gleichstrommotoren zeichnen sich durch kurze Reaktionszeit, das bedeutet schnelles Anlaufen und Bremsen, aus. Ihre Drehzahl ist kontinuierlich steuerbar und weist einen runden Lauf auf. Entsprechend ihres Aufbaus werden Stabankermotoren, Korbläufermotoren und Scheibenläufermotoren unterschieden. Die Forderungen nach kleinen Baumaßen, geringem Gewicht, großem Regelbereich bezüglich Drehzahl und Drehmoment sowie kurzer Reaktionszeit werden von Scheibenläufermotoren gegenwärtig am ehesten erfüllt.

Der elektrische Antrieb wird in der Zukunft sicherlich zunehmen. Dies hat seine Ursache hauptsächlich in

- der besseren Regelbarkeit und
- der auch heute noch problematischen Abdichtung der Hydraulikantriebe.

Durch die Zwischenschaltung von Präzisionsgetrieben, d.h. Getrieben mit hohem Wirkungsgrad und Spielfreiheit, können Elektromotoren auch bei geringen Drehzahlen mit großem Drehmoment verwendet werden /5/. Eine mögliche Getriebeart ist hierbei das Harmonic-Drive-Getriebe. Dieses Getriebe ist einem Planetenantrieb sehr ähnlich. Es ist ein formschlüssiges Getriebe mit Übersetzungsverhältnissen von i = 40 bis i = 360 in einer Stufe (Bild 1.3-8).

Bild 1.3-8: HarmonicDrive Getriebe

Die schnellaufende Welle des Servomotors ist mit dem elliptisch ausgebildeten, sogenannten Wave-Generator mit außenliegenden Kugellagern verbunden. Dieser dreht sich in einem außenverzahnten, elastischen Zylinder mit eingebautem Boden (Flexspline); hierdurch paßt er sich in seiner Form der jeweiligen Stellung des elliptischen Wave-Generators an. Der außenverzahnte Flexspline wiederum steht über die große Ellipsenachse mit einem feststehenden, innenverzahnten Zahnradring (Circularspline) dauernd an zwei Stellen im Eingriff. Bei Drehung des Wave-Generators ergibt sich aufgrund der unterschiedlichen Zähnezahlen zwischen Flexspline und Circularspline am Antrieb des HD-Getriebes (Flexspline) eine Drehbewegung.

1.3.3.3 Meßsystem

Weg- und Geschwindigkeitsmeßsysteme sind an sich nicht unmittelbarer Bestandteil der Steuerung, sondern sie liefern ihr Eingangsgrößen. Die Wegmeßsysteme messen den während einer Bewegung bereits zurückgelegten Weg bzw. die augenblickliche Position in jeder Bewegungsachse. Das Geschwindigkeitsmeßsystem mißt dazu - ebenfalls für jede Achse getrennt - die augenblickliche Verfahrgeschwindigkeit. Man unterscheidet analoge und digitale Wegmeßsysteme. Analoge Systeme verwenden meist Potentiometer. Sie liefern bei entsprechender Beschaltung an ihrem Ausgang eine Gleichspannung, die proportional zum gemessenen Weg ist. Potentiometer sind die preisgünstigste, jedoch auch am wenigsten genaue Lösung. Digitale Systeme messen entweder absolut oder inkremental. In beiden Fällen wird die zu messende Strecke in Wegquanten zerlegt, deren Länge das Auflösungsvermögen des Meßsystems bestimmt und damit die Positioniergenauigkeit des Gerätes begrenzt.

Absolute Wegmeßsysteme (z.B. Winkelkodierer) liefern jederzeit eine vollständige Information über die aktuelle Position. Sie arbeiten mit einer oder mehreren Codierscheiben, die während der Bewegung verdreht und meist fotoelektronisch abgetastet werden. Es besteht jederzeit ein eindeutiger Zusammenhang zwischen dem Drehwinkel der Codierscheibe und damit der Position und dem an die Steuerung ausgegebenen, binär- oder BCD-codierten Zahlenwert.

Wenn ein hohes Auflösungsvermögen gefordert wird, werden solche Meßsysteme groß und gleichzeitig sehr teuer. Daher werden häufiger inkremental messende Systeme verwendet. Solche Meßsysteme zählen, z.B. durch fotoelektronische Abtastung einer rotierenden Schlitzscheibe, nur die während der Bewegung zurückgelegten Weginkremente. Der Stand des Impulszählers in der Steuerung gibt dann die augenblickliche Position einer Achse wieder. Nachteilig ist bei diesem Verfahren, daß der Zählerstand beim Abschalten des Gerätes oder bei einem Spannungsausfall verlorengeht. Der Industrieroboter muß dann in eine Bezugsposition gebracht werden, in der alle Zähler auf Null oder einen definierten Wert gesetzt werden. Die Bewegungsgeschwindigkeit wird entweder direkt mit Hilfe besonderer Tachogeneratoren gemessen oder indirekt durch entsprechende Auswertung der Signale des Wegmeßsystems ermittelt.

Einen Sonderfall stellt der Antrieb von Industrierobotern mit Hilfe von Schrittmotoren dar. Da diese Motoren durch Vorgabe einer bestimmten Anzahl von Weginkrementen exakt in eine gewünschte Position gesteuert werden können, sind Wegmeßsysteme hier überflüssig. Nachteilig ist, daß solche Motoren bei hoher Belastung oder bei Kollisionen mit Hindernissen Schritte verlieren können, d.h. weniger Schritte ausführen, als die Steuerung vorgibt. Dadurch wird die Positionierung in allen nachfolgenden Positionen fehlerhaft.

1.3.3.4 Steuerung

Bei der Steuerung kann neben dem mechanischen Aufbau, sowie der Auslegung der Betriebssoftware, unterschieden werden in

- Steuerungsart und
- Programmierung.

Steuerungsart

Grundsätzlich unterscheidet man bei Industrierobotern zwei Steuerungsarten:

- PTP (point-to-point) Steuerung,
- CP (continuous-path) Steuerung.

Punktsteuerung (PTP)

Punktsteuerungen können in allen Fällen eingesetzt werden, in denen nur einzelne Punkte innerhalb des Arbeitsraumes angefahren werden müssen, also z.B. für Handhabungsaufgaben, wie die Bedienung von Spritz- oder Druckgießmaschinen, Werkzeugmaschinen oder auch das

Handhaben von Punktschweißzangen. Während der Bewegung fährt jede Achse für sich die programmierten Sollkoordinaten an; es besteht kein Funktionszusammenhang zwischen den einzelnen Achsen.

Die Bewegungsbahn des Greifers ist nicht definiert und vor allem bei Geräten mit nicht kartesischem Koordinatensystem für den Programmierer schwer vorhersehbar. Sie hängt außer vom Anfangs- und Endpunkt auch von der programmierten Geschwindigkeit und der Belastung ab. Falls auf dem Weg vom Anfangs- zum Endpunkt bestimmte Hindernisse umfahren werden sollen, müssen Zwischenpunkte programmiert werden. In manchen Steuerungen können solche Punkte im Programm besonders als Hilfspunkte gekennzeichnet werden. Die Bewegung wird dann an diesen Punkten nicht unterbrochen.

Multi-Point-Steuerung

Multi-Point-Steuerungen (MP) sind PTP-ähnliche Steuerungen, die über eine große Speicherkapazität verfügen müssen. Diese Steuerungsart findet vorwiegend beim Beschichten Anwendung /6/.

Bahnsteuerung (CP)

Ist zwischen den Raumpunkten eine definierte Bahn gefordert, so müssen Interpolationsverfahren angewandt werden. Die einfachste Interpolation besteht darin, zwei benachbarte Raumpunkte durch Geraden zu verbinden.

Linearinterpolation

Bei der Linearinterpolation werden in der Programmierphase die gewünschten Raumpunkte sowie die Zeitintervalle bzw. Geschwindigkeiten zwischen den Punkten eingegeben und abgespeichert. Die Eingabe erfolgt über die Roboterweltkoordinaten (rechtwinkliges Koordinatensystem), da das Interpolationsverfahren, angewandt auf Roboterkoordinaten, mit steigender Achsanzahl sehr komplex wird. Je nach Steuerungssoftware werden die Bahnpunkte im Automatikbetrieb ausgelesen und in dem Interpolator durch eine Gerade verbunden oder aber während der Programmierphase werden die Geradenzwischenpunkte berechnet und abgespeichert.

Zwischenpunkte auf der Geraden werden danach zu diskreten Zeitpunkten über die Koordinatentransformation an die Servoregler des Industrieroboters ausgegeben (Bild 1.3-9). Zur weiteren Glättung der Bahnbewegung kann nach der Koordinatentransformation auf die Industrieroboterkoordinaten ein zweiter Interpolator angewandt werden, der die Gelenkübergänge an die Bahnsegmente anpaßt. Diese Art der Bahnsteuerungen kommt vor allem bei langsamer Bewegung zum Einsatz, wo eine hohe Bahngenauigkeit, wie z.B. beim Lichtbogenschweißen, erforderlich ist.

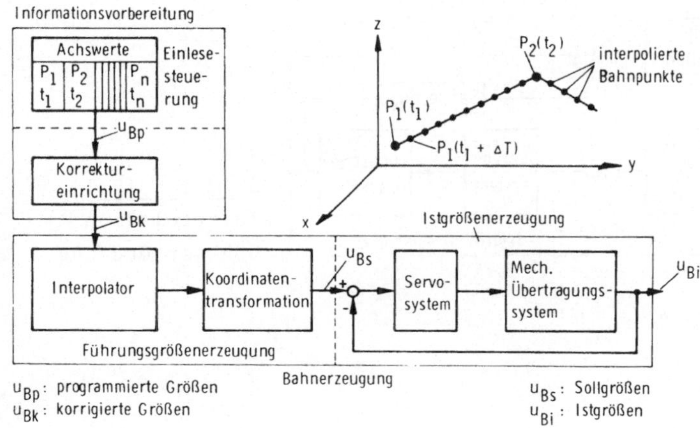

Bild 1.3-9: Prinzip der Steuerung bei Linearinterpolation

Bei schnellen Bewegungen ist der prinzipielle Ablauf derselbe, jedoch wird an den Eckpunkten das Übergangsverhalten von einen Bahnsegment zum nächsten durch Überschleifwerte verändert. Dies ist aber nur dann möglich, wenn die Raumkurve die Eckpunkte nicht unbedingt einhalten muß.

Bahnbeschreibung über Polynome

Im Fall differenzierter Bewegungsabläufe über definierte Raumpunkte mit definierten Geschwindigkeiten sowie Beschleunigungen ist es notwendig, die Bahnen als Zeitfunktion vorzugeben. Aus diesen Zeitfunktionen kann durch zeitliche Ableitung die korrespondierende Geschwindigkeit sowie die Beschleunigung berechnet werden. Zur Vermeidung hoher Polynomgrade reduziert man die Interpolation auf jeweils zwei benachbarte Bahnpunkte und interpoliert so sukzessive die gesamte Trajektorie (Bild 1.3-10).

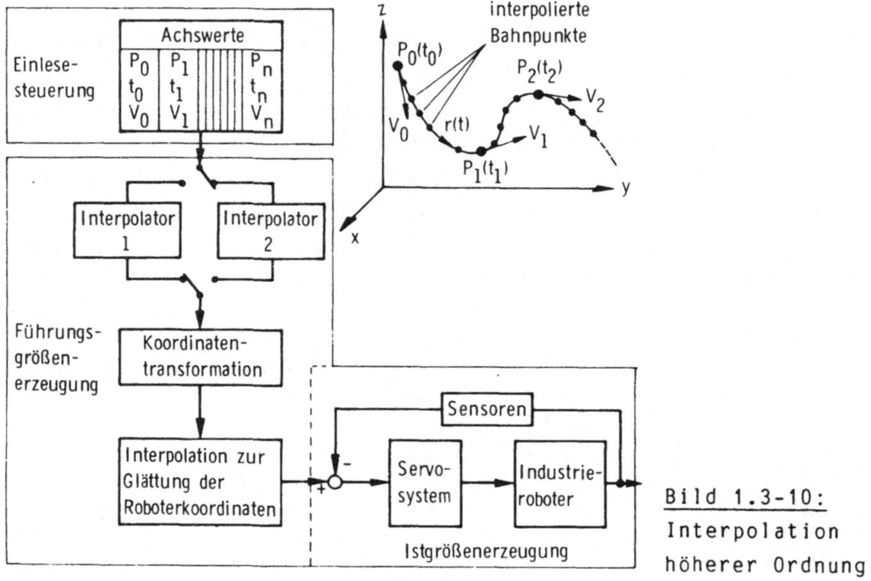

Bild 1.3-10: Interpolation höherer Ordnung

1.3.3.5 Programmierung

Programmaufbau

Das Bewegungsprogramm eines Industrieroboters ist eine Folge von Anweisungen, die nach steuerungsintern festgelegten Vorschriften ausgeführt werden. Ein Programmschritt enthält in der Regel alle Anweisungen und Informationen, die für eine Bewegung von einer Position zur nächsten erforderlich sind, also mindestens Verfahrbefehle für alle Achsen, die bewegt werden sollen. Weiterhin kann ein Programmschritt Geschwindigkeitssollwerte, Verweilzeiten, Verkettungsein- und -ausgangsbefehle, Sprungbefehle und einige weitere Zusatzfunktionen enthalten. In den meisten Einsatzfällen werden alle Programmschritte nacheinander in immer der gleichen Reihenfolge ausgeführt. Neue Steuerungen bieten jedoch auch die Möglichkeit von Verzweigungen im Programmablauf, um auch komplexeren Aufgabenstellungen, etwa der Zusammenarbeit eines Industrieroboters mit mehreren Maschinen verschiedener Taktzeiten, gerecht werden zu können. Eine Gliederung des Bewegungsprogrammes in ein Haupt- und mehrere Unterprogramme erleichtert in solchen Fällen eine übersichtliche Programmierung und erhöht die Flexibilität des Gerätes vor allem dann sehr stark, wenn die Unterprogramme von außen (gesteuert durch den Prozeß) aufgerufen werden können.

Programmierverfahren

Industrieroboter werden im Gegensatz zu Werkzeugmaschinen fast immer an ihrem Arbeitsplatz programmiert. Bei einigen Geräten werden Bewegungsablauf und Positionsdaten getrennt programmiert; das Ablaufprogramm kann somit unabhängig vom Industrieroboter erstellt werden. Eine externe Programmierung sämtlicher Positionsdaten ist bis heute noch nicht vollständig möglich, da die geometrische Zuordnung von Industrieroboter, Werkstück und z.B. zu bedienender Maschinen im allgemeinen nicht genau genug bekannt ist und außerdem in das oft sehr unübersichtliche Koordinatensystem der Roboterachsen umgerechnet werden müßte.

Beim Programmieren am Arbeitsplatz (On-Line Programmieren) wird das Programm immer mit Hilfe des Industrieroboters selbst erstellt. Das Gerät ist daher in der Programmierphase anderweitig nicht nutzbar. Man unterscheidet zwei Programmierverfahren, die allerdings fast immer miteinander vermischt werden.

Anfahren und Speichern

In der Terminologie der Industrieroboterhersteller findet man für dieses Programmierverfahren die unterschiedlichsten Bezeichnungen, z.B. "Teach-In-Programmierung".

Bei punktgesteuerten Industrierobotern wird das Gerät mit Hilfe besonderer Bedienungselemente von einer anzufahrenden Position zur nächsten bewegt. In jedem Punkt werden die Positionskoordinaten durch Tastendruck als Sollwerte abgespeichert. Bei den meisten Geräten können zugleich auch weitere Informationen wie Sollgeschwindigkeiten, Verkettungssignale, Verweilzeiten mit eingegeben werden. Die zur Programmierung notwendigen Bedienelemente sind oft auf einem beweglichen tragbaren Programmierhandgerät untergebracht, so daß der Programmierer die Positionierung direkt am Greifer oder Werkzeug beobachten kann. Informationen, die nicht während des Programmierablaufes aufgezeichnet werden können, werden über eine Tastatur o. ä. eingegeben.

Abfahren und Speichern

Speziell beim Beschichten wird das Programmierverfahren "Abfahren und Speichern" - in engl. Literatur als Play-back-Verfahren bezeichnet - verwendet. Bei diesem Verfahren wird während der Programmierphase das Gerät auf der gewünschten Bahn geführt und dabei gleichzeitig das Werkstück beschichtet. Damit wird die Genauigkeit des Beschichtungsvorganges und damit die Beschichtigungsqualität im wesentlichen dem Vermögen des Programmierers überlassen.

Während der Bewegung werden die Koordinaten aller Achsen in einem festen Zeittakt abgetastet und gespeichert und stehen dann für den Arbeitsablauf als Sollposition zur Verfügung. Einfache Zusatzfunktionen wie "Spritzpistole Ein", "Spritzpistole Aus" werden während des Programmierablaufes mit aufgezeichnet.

Von Nachteil bei diesem Programmierverfahren ist, daß

- das Programm in einzelnen Programmabschnitten nicht, oder nur bedingt korrigierbar ist und
- das Bewegen des oft schwergängigen Industrieroboters für den Programmierer schwierig und kräfteraubend ist.

Aus diesen Gründen wurden Systeme entwickelt, welche

a) die Möglichkeit haben, das Industrieroboter-Gestell zu bewegen. Hier bewegt der Programmierer den Industrieroboterarm direkt, welcher zu diesem Zweck in den Hydraulikantrieben drucklos gemacht wird. Trotz Gewichtsausgleich am Arm, drucklosem Hydraulikkreislauf und Abhängen von Linearzylindern ist diese Programmierung kompliziert und erlaubt dem Lackierer nicht die flüssige Bewegung, welche er vom manuellen Führen der Lackierpistole gewöhnt ist.

b) ein Zusatzgestell verwenden. Bei dieser Methode wurde zur Erleichterung der Führung ein den geometrischen Abmessungen gleiches, jedoch in der Bauweise sehr viel leichteres Gestell entwickelt. Dieses Gestell ist mit Weg- und Geschwindigkeitsmeßsystemen ausgestattet und kann auf den eigentlichen Industrieroboter nachjustiert werden, so daß sich zwischen Programmieren und Automatikbetrieb keine Abweichung ergibt.

c) oder eine Kombination beider Verfahren haben.

Programmerstellung mittels Programmiersprachen

Unter textueller Programmierung versteht man die symbolische Beschreibung von Operationen und Daten, die in Form von Zeichenfolgen eingegeben werden. Diese Definition deckt ein weites Feld ab, das von der maschinennahen Kodierung bis zu höheren Programmiersprachen reicht. In jedem Fall gibt der Programmierer einen Text ein, der von einem Programm gelesen und dekodiert werden muß. Dies kann ohne den Roboter erfolgen, was dann jedoch zu dem Problem führt, wie der Programmierer die Position und Orientierung für die Bewegungsbahn beschreibt. Eine prinzipielle Lösung stellt die textuelle Koordinatenangabe (meist kartesische oder Zylinderkoordinaten sowie Rotationsangaben um Bewegungsachsen) dar. Für das Ermitteln dieser exakten Koordinatenwerte müßte der Programmierer jedoch zuvor die Position und Orientierung ausmessen, wie dies bei der NC-Programmierung üblich ist, da man sich auf die von der Konstruktion her bekannten Daten der Werkstücke beschränken kann.

Die textuelle Programmierung unterscheidet sich durch folgende prinzipiellen Unterschiede von den Programmierverfahren Anfahren bzw. Abfahren und Speichern:

- Das Programm ist für den Programmierer und andere Anwender lesbar, d.h. mitteilbar.
- Der Programmtext kann in lesbarer Form gespeichert werden (Dokumentation).
- Das Programm kann Variablen enthalten (d.h., die Daten sind beim Programmieren nur in ihrer Struktur, nicht ihrem Wert nach festgelegt).
- Das Programm ist beliebig änderbar, auch von anderen Programmierern (Korrekturen und Erweiterungen).
- Das Programm kann offline ohne Roboter erstellt und übersetzt werden.

Off-Line Programmierung

Unter Off-Line-Programmierung versteht man die Art der Programmierung, die ohne direkte Verwendung des Industrieroboters durchgeführt werden kann. Hier sind bislang in der Anwendung zwei unterschiedliche Verfahren, welche prinzipiell jedoch aufeinander aufbauen, bekannt.

Der erste Schritt ist die Verwendung einer Programmiersprache, mit welcher der Programmablauf erstellt wird. Die Geometrieinformationen werden dann durch das "Anfahren und Speichern" eingegeben. Ein weiterer Schritt ist die Anbindung an ein CAD/CAM-System. Das CAM-System übernimmt hierbei die eigentliche Umsetzung der CAD-Geometriedaten in Roboter-Geometriedaten, sowie die Generierung des Ablaufprogramms. Folgende Grundvoraussetzungen müssen hierbei vorhanden sein:

1) Die Industrieroboter-Steuerung muß mit einer entsprechenden Schnittstelle zur Datenübertragung (Programmzuspielung) ausgestattet sein.
2) Im CAM-System muß die gesamte Zelle modelliert sein, um einen Funktionszusammenhang darstellen zu können.
3) Sämtliche Systeme, welche zur Bewegung von Werkstück und Industrieroboter notwendig sind, müssen mit ihren geometrischen Daten sowie ihren Positionen zueinander, exakt modelliert sein.
4) Das CAM-System übernimmt bei der Programmierung die Aufgaben der Roboter-Steuerung.
5) Ein- und Ausgänge, die zur Verkettung bzw. zum Ein- und Ausschalten bestimmter Funktionen notwendig sind, müssen bekannt sein, d.h. entsprechende Routinen, welche dies dann berücksichtigen, im Programm vorhanden sein.
6) Expertenerfahrungen, welche die Anforderungen z.B. vom Lackierprozeß her kennen, müssen in das System einfließen und somit bei der Programmierung berücksichtigt werden.
7) Kenntnis sämtlicher Parameter seitens der durchzuführenden Verfahren.

Wie aus dieser kurzen Auflistung ersichtlich ist, tendiert das Programmieren im off-line-Verfahren bei prozeßabhängigen Programmen mehr in Richtung eines Systems mit Expertenunterstützung. Dies setzt dann entsprechende dialogfähige Systeme voraus. Eingesetzt werden solche Systeme vorerst sicherlich nur in der Großindustrie.

Den Zusammenhang der Programmierverfahren veranschaulicht nochmals Bild 1.3-11.

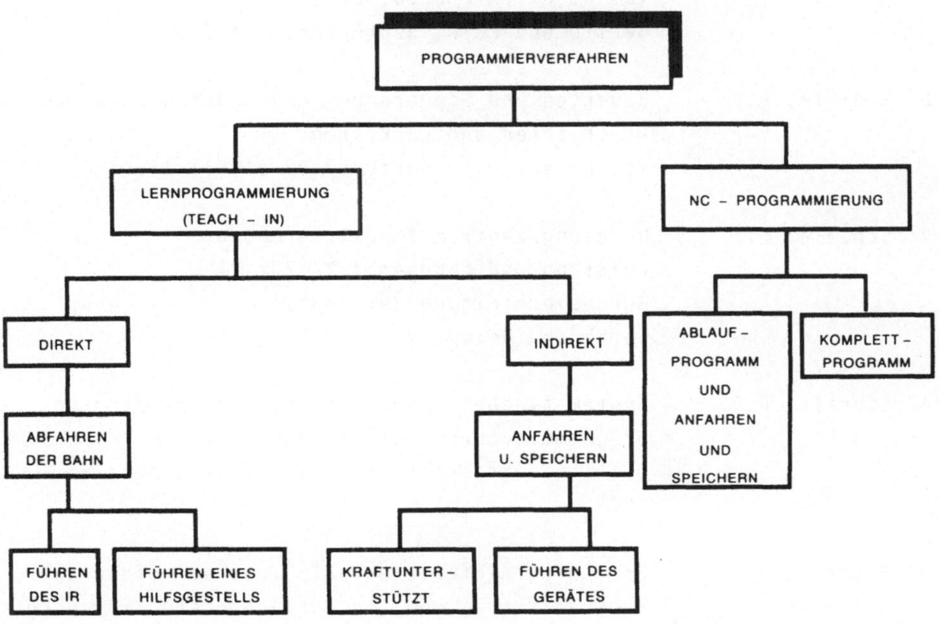

Bild 1.3-11: Programmierarten an Industrierobotern

1.3.4 Literaturverzeichnis zu Kapitel 1.3

/1/ o.V.: Begriffe der Montage- und Handhabungstechnik. VDI-Richtlinie 2860, Blatt 1. Berlin und Köln, Beuth Verlag 1983.

/2/ Schiele, G.: Bauarten und Steuerungen von Indurobotern zum Beschichten und Lackieren. Maschinenmarkt, Würzburg 89 (1983) 74.

/3/ Schiele, G.: Beratungszentrum Industrieroboter. Leistung und Lohn Nr.172/173/174. Bundesvereinigung der deutschen Arbeitgeberverbände Heider Verlag, April 1986.

/4/ Schraft, R.D.: Systematisches Auswählen und Konzipieren von programmierbaren Handhabungsgeräten. Dr.-Ing.-Dissertation Universität Stuttgart, 1976.

/5/ Blume, C.; Dillmann, R.: Frei programmierbare Manipulatoren-Aufbau und Programmierung von Industrierobotern. Würzburg, Vogel-Buch-Verlag 1981.

/6/ Schraft, R.D.; Schiele, G.: Industrieroboter zum Lackieren, Industrie-Lackbetrieb (I-Lack) 50, 1983.

/7/ Volmer, J.: Industrieroboter, Berlin: VEB-Verlag Technik, 1981.

/8/ Schiele, G.; Schmidt, I.: Handhabung in einem flexiblen verketteten Fertigungssystem für Rotationsteile, VDI-Z 122 (1980) S.316-322.

/9/ Wauer,G.; Greller, P.: Schnelles Anpassen von Greifern an unregelmäßigen Werkstücken mit Abformbacken; Fördern und Heben, 26 (1976), Nr. 13, Fachteil mht.

/10/ Warnecke, H.J.; Schraft, R.D. Industrieroboter Mainz, Krauskopf-Verlag 1985.

2 Planungssystematik

2.1 Planungsvorgehensweise

Heutige in der Industrie eingesetzte Industrieroboter wurden vor allem nach technischen und wirtschaftlichen Gesichtspunkten geplant. Der Bedienungsmann wurde hierbei als letzter Faktor oder auch gar nicht in die Planung miteinbezogen.

Um den Mitarbeiter frühzeitig zu berücksichtigen, muß schon in der Analysephase detailliert seine Tätigkeit erfaßt und durch die richtige Wahl der Systemgrenzen gestalterische Freiräume geschaffen werden.

In einzelnen Schritten soll die Vorgehensweise bei der Analyse beschrieben werden. Die Stufen sind hierbei zu untergliedern in

- o Grobauswahl der zu automatisierenden Arbeitsplätze,
- o Definition der Systemgrenzen,
- o Durchführung der Feinanalysen aus organisatorischer und technischer Sicht und
- o Aufzeigen der Automatisierungsmöglichkeiten.

Nach der Bewertung von Automatisierungsmöglichkeiten erfolgt die Wirtschaftlichkeitsberechnung und aufgrund derer die endgültige Auswahl des Systems. Darauf nachfolgend wird die Feinplanung und anschließend die Realisierung durchgeführt.

2.1.1 Vorstellung der Planungssystematik

Ganzheitliche Planung hat zwei Bedeutungen. Zum einen ist darunter zu verstehen, daß bei der Planung durchgängig, d.h. von der Analysephase über die Grob- und Feinplanung bis zur Realisierung gleichrangig

* technisch - wirtschaftliche,
* arbeitsorganisatorische und
* personelle

Aspekte berücksichtigt werden. Zum anderen bedeutet es, daß sich die Planung nicht nur auf den eigentlich unmittelbaren Planungsbereich konzentriert, sondern auch Auswirkungen und somit Schnittstellen in bezug auf andere Betriebsbereiche betrachtet werden. Ziel ist somit die Gesamtoptimierung und keine Teiloptimierung.

So kann eine Problemlösung innerhalb des unmittelbaren Planungsbereiches günstig, insgesamt aber durch negative Auswirkungen auf vor- und nachgeschaltete Bereiche (z.B. bei Automatisierung höhere Anforderungen an die Materialbereitstellung) ungünstig sein. Wichtig für die ganzheitliche Planung ist, daß sämtliche relevanten technischen, organisatorischen und personellen Gestaltungsaspekte in die Planung miteinbezogen werden. Wie zahlreich diese sind, zeigt anschaulich die Morphologie der Gestaltungsspielräume für den Bereich Organisation (Bild 2.1-1).

Hilfsmittel zur Ermöglichung einer ganzheitlichen Planung sind u.a.

- o erweitertes Zielsystem,
- o bereichsübergreifende Teamarbeit und
- o erweiterte Systemgrenzen.

Im Gegensatz zu den der Planung bisher üblicherweise zugrunde liegenden Zielsystemen, die sich auf Mußkriterien (Gesetze, Betriebsvereinbarungen) sowie auf monetär quantifizierbare Sollkriterien (Wirtschaftlichkeitsgesichtspunkte) beschränken, werden bei erweiterten Zielsystemen auch schwer quantifizierbare Kriterien berücksichtigt. Diese beinhalten sowohl sachbezogene als auch personenbezogene Kriterien. Das Zielsystem ist Grundlage für Analyse, Planung (Schwerpunktsbildung) und Auswahl der optimalen Planungsvariante.

Eine bereichsübergreifende Teamarbeit berücksichtigt den Umstand, daß Planungen infolge der zunehmenden Problemvielfalt immer komplexer werden. Durch Beteiligung aller von der Planung betroffenen Bereiche, auch der direkten Mitarbeiter, soll die Gefahr eines eingeschränkten Problembewußtseins vermieden werden. Zudem ist dies auch ein Schritt in eine Auflockerung der Funktionsteilung. Sie ist auch deshalb wichtig, da sich mit der Hinwendung zu neuen Formen der Arbeit die Notwendigkeit ergibt, in interdisziplinärer Zusammenarbeit neue Modelle der Planung und Einführung solcher Arbeitsstrukturen zu entwickeln.

Ein Wort noch zur Partizipation der betroffenen direkten Mitarbeiter am Planungsprozeß. Erfahrungen in zahlreichen Projekten haben gezeigt, daß eine Mitwirkung der direkten Mitarbeiter bei komplexen Planungen problematisch ist, da die fachliche Kompetenz bezüglich neuer Technologien vielfach nicht vorhanden ist; hier bietet sich eine indirekte Beteiligung der Betroffenen durch die Mitwirkung der Arbeitnehmervertreter an. Bei einfachen Planungsaufgaben und vor allem bei der Gestaltung des unmittelbaren Arbeitsbereiches ist dagegen die Mitwirkungsmöglichkeit der direkt betroffenen Mitarbeiter gegeben.

Die Festlegung von sinnvollen Systemgrenzen soll gewährleisten, daß alle relevanten Gestaltungsparameter berücksichtigt werden, die Freiheitsgrade bezüglich der Arbeitsgestaltung nicht unnötig eingeschränkt und eine isolierte Betrachtungsweise vermieden wird. Nicht nur die unmittelbar an einem Arbeitsplatz zu betrachtenden Sachverhalte sind zu berücksichtigen, sondern auch übergeordnete Strukturen, die die Freiheitsgrade der Detailgestaltung bestimmen. Durch bewußte Festlegung der Systemgrenze wird ferner das technische, organisatorische und personelle Zusammenwirken mit anderen Betriebsbereichen transparent.

Betonung der konzeptionellen Phase

Berücksichtigt man den z.T. sehr hohen Kapitaleinsatz bei neuen Technologien zusammen mit der niedrigen Eigenkapitaldecke von Klein- und Mittelbetrieben (zur Zeit ca. 20%) in der Bundesrepublik Deutschland, so wird deutlich, daß an die Qualität von Planungsmaßnahmen sehr hohe Anforderungen gestellt werden müssen, um ein möglichst effizient arbeitendes System von Anfang an sicherzustellen, sowie technische und organisatorische Fehlschläge bzw. Anpassungen möglichst zu vermeiden.

Dies impliziert eine Betonung der konzeptionellen Phase, da mit der Planungstiefe in der Regel auch die Wahrscheinlichkeit steigt, die richtigen/optimalen Gestaltungsmaßnahmen getroffen zu haben. Wesentlich ist, daß alternative Konzepte durchdacht werden, selbst wenn das Risiko besteht, daß manche der Konzepte nicht verwirklicht werden. Oft zeigt es sich aber, daß besonders außergewöhnliche Lösungen trotz einiger sofort erkannter Nachteile beim zweiten Blick unerwartete Vorzüge aufweisen. Selbst wenn diese Lösungen sich trotzdem als nicht wirtschaftlich erweisen sollten, so liefern sie doch häufig Hinweise, wie weniger außergewöhnliche Lösungen verbessert werden können.

Merkmal	Ausprägungen			
ORGANISATIONSFORM				
• Bewegung des Werkstücks	Werkstück ortsfest	Werkstück bewegt		
• Organisationsprinzip	Platzprinzip	Objektprinzip	Verrichtungsprinzip	
• Arbeitsvorgangsfolge	unterschiedlich (Gruppenprinzip)	gleich (Flußprinzip)		
• zeitliche Abhängigkeit	zeitliche Bindung (Taktung)	keine unmittelbare zeitliche Bindung		
der Arbeitsplätze	starr verkettet	lose verkettet	keine Verkettung	
• organisatorische Beziehungen des Arbeitsplatzes	Bearbeitungsstationen werden zu einem Teilsystem zusammengefaßt	Bearbeitungsstationen werden zu einem Gesamtsystem zusammengefaßt		
• Abhängigkeiten zu anderen Bereichen	keine (Integration von Umfeldaufgaben)	vorhanden (keine Integration von Umfeldaufgaben)		
ARBEITSTEILUNG				
• Bedienformen	Einzelarbeit	Gruppenarbeit		
	Einzelmaschinen-bedienung	Einpersonen-Mehr-maschinenbedienung	Mehrpersonen-Mehr-maschinenbedienung	technologisches Team
• Form der Arbeitsteilung	Artteilung	gemischt	Mengenteilung	
ARBEITSINHALTSBILDUNG				
• Bedienfunktion	eine Teilverrichtung	mehrere ähnliche Teilverrichtungen		
• Materialbereitstellung	Holsystem	Bringsystem		
	durch indirekten MA	durch produktiven MA		
• Arbeitsverteilung	fremdsteuernd	selbststeuernd		
• Fertigungsfortschrittsüberw.	fremdsteuernd	selbststeuernd		
• Qualitätsprüfung/-überwach.	Fremdkontrolle	interne Kontrolle	interne Kontrolle mit Eigenverantwortung	
• Rüsten / Einrichten	durch externe Einrichter	einfache Umrüstaufgaben eigenverantwortlich, schwierige Umrüstaufgaben durch externen Einrichter	eigenverantwortlich alle Umrüstaufgaben	
• Wartung und Instandhaltung der Betriebsmittel	durch externe MA	einfache Wartungs- und Inspektionsaufgaben eigenverantwortlich, schwierige Inspektions- und Instandhaltungsaufgaben durch externe MA	alle Wartungs-, Inspektions- und Instandhaltungsarbeiten eigenverantwortlich	
• Informationsbereitstellung/-weitergabe	off-line	batch	on-line	
PERSONALFLEXIBILITÄT	keine	mehrere MA beherrschen mehrere Tätigkeiten	alle MA beherrschen alle Tätigkeiten	
ARBEITSPLATZWECHSEL				
• Umfang des Arbeitsplatzwechsels	kein Wechsel	Wechsel im System, aber ohne Einbeziehung von Umfeldaufgaben	Wechsel im System, Umfeldaufgaben einbezogen	
• Rhythmus des Arbeitsplatzwechsels	regelmäßig	unregelmäßig variabel		
• Vorgabe des Arbeitsplatzwechsels	fremdbestimmt / nach Absprache mit Vorgesetzten	gruppeninterne Absprache	individuell	

Bild 2.1-1: Morphologie der Gestaltungsspielräume

Der systematische Ablauf eines ganzheitlichen Planungsprozesses wird aus Bild 2.1-2 ersichtlich. Grob gliedert sich die Methodik in die Abschnitte

- o Betriebliche Ausgangslage,
- o Voranalyse,
- o Feinanalyse,
- o Grobplanung,
- o Feinplanung,
- o Realisierung und
- o Erfolgskontrolle.

Im folgenden werden die einzelnen Abschnitte der Planungssystematik differenzierter betrachtet.

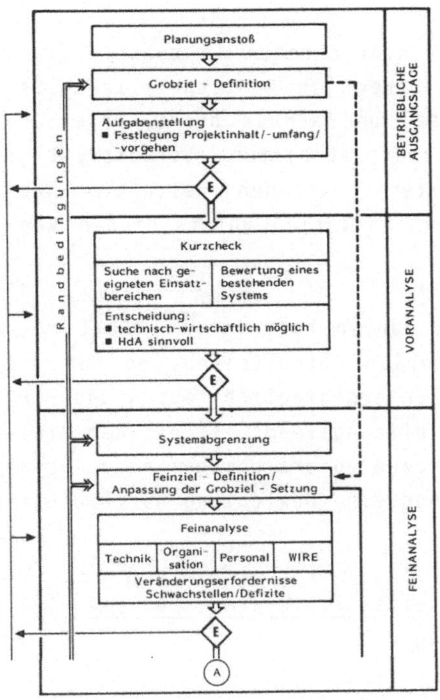

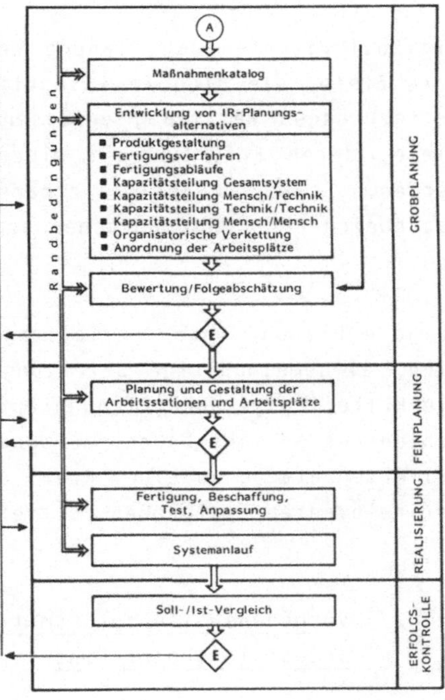

Bild 2.1-2: Planungssystematik

2.1.2 Allgemeine Zielsetzung und Problemdefinition

Aufgabe der Zielsystemermittlung ist es, die wesentlichen Ziele und Bewertungskriterien der Planungsaufgabe zu formulieren. Die Zielformulierung soll einerseits bestehende Probleme der Produktion und andererseits künftige Anforderungen, die sich aus der Unternehmenszielsetzung und aus den Einflüssen des Marktes auf den Betrieb ableiten, berücksichtigen. Die Zielkriterien lassen sich in drei Kategorien einteilen:

o Mußkriterien,
o Wunschkriterien und
o Sollkriterien

Die Mußkriterien umfassen im wesentlichen gesetzliche Bestimmungen, tarifliche Regelungen und festgelegte Standards (z.B. Qualität). Die Wunschkriterien zielen vorwiegend auf angepaßte Veränderungen in anderen Bereichen der Produktion ab.

Die Sollkriterien der Planung werden unterschieden in quantifizierbare Ziele, die sich im wesentlichen direkt in Wirtschaftlichkeitsbetrachtungen wertmäßig erfassen lassen und schwer quantifizierbare Ziele, deren Erfüllung in einer Nutzwertbetrachtung berücksichtigt werden. Schwer quantifizierbare Kriterien können weiterhin nach "sachbezogenen" und "personenbezogenen" Kriterien unterschieden werden.

Da jede Planung ihre speziellen Ausprägungen hat, ist es nicht möglich, allgemeingültige Bewertungskriterien aufzustellen, so daß die Zielkriterien je nach Planungsaufgabe unterschiedlich lauten und verschiedenes Gewicht haben. Aufgabe des Planungsteams ist es, den Zielkriterienkatalog in einem kreativen Prozeß zu erarbeiten, eine Auswahl der relevanten Zielgrößen zu treffen und eine Gewichtung durchzuführen.

2.1.2.1 Vorgehensweise zur Ermittlung eines Zielsystems für die Industrieroboter-Einsatzplanung

Um eine sinnvolle Planung durchführen zu können, wird neben der systematischen Vorgehensweise eine exakte Definition der Planungsaufgabe verlangt. Das Resultat einer solchen Aufgabenstellung muß sich in einem neutralen Pflichtenheft mit Forderungen und Wünschen bezüglich Produkt, Produktion, Personal, Organisation und Terminen wiederspiegeln. Bild 2.1-3 verdeutlicht die relevanten Fragestellungen, die hinter der Definition der Aufgabenstellung stehen.

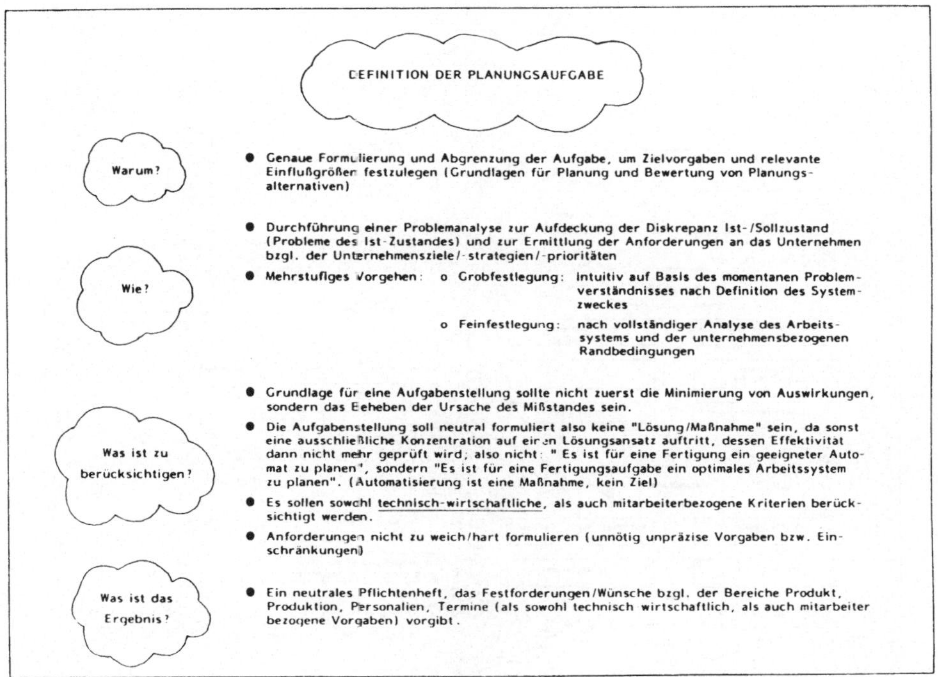

Bild 2.1-3: Definition der Planungsaufgabe

Als Vorgehensweise bietet sich in einem ersten Schritt die Sammlung bzw. Auflistung von Anforderungen, die an das zu planende bzw. zu gestaltende Arbeitssystem gestellt werden, an. Ein Planungsteam sammelt - beispielsweise mit Hilfe der Metaplantechnik - die derzeit an das System gestellten Anforderungen. Bestehende Probleme werden dabei direkt in Anforderungskriterien umgesetzt. Gleichzeitig können zukünftig erwartete Veränderungen in die Liste der Anforderungen mit aufgenommen werden. In einem zweiten Schritt werden die ermittelten Anforderungskriterien nach Oberbegriffen sortiert, so daß schließlich eine geordnete, gleichrangige Zielkriteriensammlung vorliegt.

Bild 2.1-4 zeigt anhand eines Beispiels die abgefragten Anforderungen, die bereits zu übergeordneten Kriterien zusammengefaßt wurden.

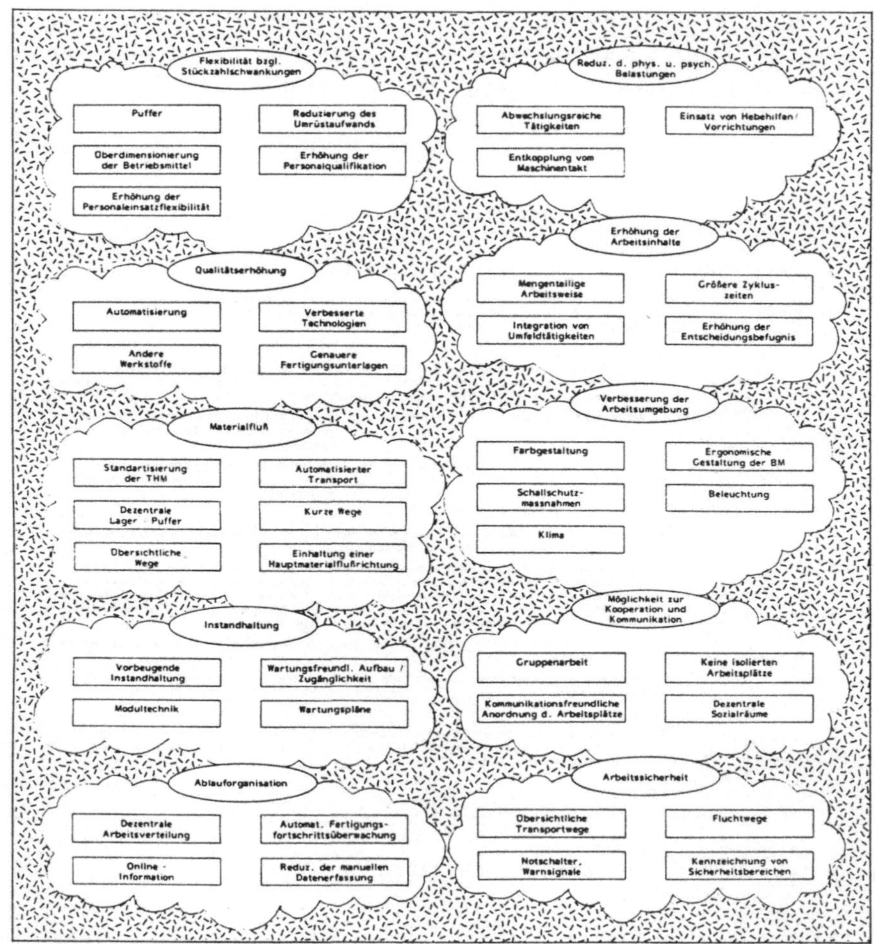

Bild 2.1-4: Anforderungen an das zu planende Arbeitssystem

2.1.2.2 Personelle und technisch-wirtschaftliche Merkmale

Im Sinne einer ganzheitlichen Planung, die als übergeordnetes Ziel ein effizientes, wettbewerbsfähiges Arbeitssystem hat, muß erkannt werden, daß neben der rein nach technisch-wirtschaftlichen Kriterien durchgeführten Planung nur dann ein auf lange Sicht wirtschaftliches Arbeitssystem entstehen kann, wenn die Bedürfnisse und Belange der darin tätigen Menschen in der Planung und Realisierung berücksichtigt werden.

Ein Katalog der technisch-wirtschaftlichen und personell-humanitären Ziele wird im folgenden aufgelistet.

Technisch-wirtschaftliche Ziele

Verbesserung der Wirtschaftlichkeit durch:

- Abbau überhöhter Gemeinkosten,
- Abbau von Stillstands- und Wartezeiten,
- Verminderung der Kosten der Arbeitsteilung,
- Größere Flexibilität bezüglich
    * Stückzahl-/Mitarbeiterveränderung
    * Einarbeitung neuer Mitarbeiter
    * neuer oder geänderter Erzeugnisse
    * neuer Fertigungsverfahren und Technologien
    * Mechanisierungs-/Automatisierungsmöglichkeiten
    * Verlagerungsmöglichkeiten - Senkung der Fehlzeiten (Absentismus)
- Verminderung der Fluktuation,
- Verbesserung der Qualität,
- Bessere Anpassung an den zu erwartenden Arbeitsmarkt und
- Erleichterte Personalbeschaffung.

Humanitäre und personelle Ziele

Verbesserung der Arbeitsbedingungen durch:

- Verbesserte Kommunikationsmöglichkeiten,
- Anspruchsvollere Aufgaben,
- Abwechslungsreichere Tätigkeiten,
- Erhöhung der Arbeitsmotivation und Arbeitszufriedenheit,
- Abbau von Monotoniegefühlen,
- Verminderung von psychischer Belastung,
- Abbau von einseitiger körperlicher Belastung,

- Erhöhung der Attraktivität der industriellen Arbeitsplätze,
- Sicherung eines festen Mitarbeiterstammes,
- Bessere Einarbeitung und Integration neuer Mitarbeiter,
- Möglichkeiten zur Höherqualifizierung der Mitarbeiter im Arbeitssystem,
- Verbesserte Entfaltungsmöglichkeiten für Kreativität und individuelle Leistungsfähigkeit,
- Möglichkeiten zu flexibler Arbeitszeit im Produktionsbereich und
- Verbesserte Anpassungsmöglichkeiten an sozial- und tarifpolitische Entwicklungstendenzen.

Der Einsatz von Industrierobotern kann ohne zusätzliche Gestaltungsmaßnahmen technischer und organisatorischer Art vielfach nur in dem eingeschränkten Bereich zum Abbau von körperlichen Belastungen, Unfallgefahren und negativen Umgebungsbelastungen und zur Verbesserung der Arbeitsbedingungen beitragen. Hingegen bleiben die psychischen Belastungen, Arbeitsinhalte, Handlungsspielräume und Qualifikationsanforderungen dabei unverändert, meistens verschlechtern sie sich. Daher müssen folgende, noch auszudifferenzierende Grobziele schon bei der Planung von Industrieroboter-Einsätzen berücksichtigt werden:

- Beseitigung bzw. Reduzierung psychischer Belastungen, z.B. Monotonie, Über- und Unterforderung,
- Vermeidung von Taktbindung,
- Schaffung von qualifikationsgerechten und persönlichkeitsfördernden Arbeitsinhalten mit erweiterten Tätigkeits- und Entscheidungsspielräumen,
- Vermeidung sozialer Isolation etc..

Eine rein arbeitsplatzorientierte Gestaltung birgt Tendenzen des arbeitsorganisatorisch problematischen, d.h. sowohl unter humanisierungsorientierten als auch betriebswirtschaftlichen Gesichtspunkten nicht angemessenen Arbeitseinsatzes. Denn bei der Gestaltung einzelner Arbeitsplätze orientieren sich die durchgeführten Maßnahmen an vermeintlichen technisch-wirtschaftlichen Sachzwängen, wobei die Technik als festgelegte Größe und die personellen Bedingungen als veränderlich betrachtet werden.

Im Sinne einer Humanisierung erscheint es jedoch angebracht, neben einer an arbeitswissenschaftlich-ergonomischen Kriterien ausgerichteten - v.a. technisch optimale Gestaltung von Werkzeugen, Maschinen,

Anlagen und Arbeitsstätten - Arbeitsgestaltung unter dem Gesichtspunkt der Persönlichkeitsförderlichkeit und des Belastungsabbaus anzustreben.

Gewichtung der Zielkriterien

Die ermittelten Zielkriterien haben je nach Planungsaufgabe und betriebsspezifischen Restriktionen unterschiedliches Gewicht. Aufgabe des Planungsteams ist es, die Zielkriterien zu diskutieren und gegeneinander zu vergleichen. Hilfe für die Ermittlung der Gewichtungsfaktoren bietet die Methode des paarweisen Vergleichs, bei der jeweils ein Kriterium mit allen übrigen verglichen und bewertet wird, bis schließlich für alle Zielkriterien eine Skalierung vorliegt. Das Bild 2.1-5 zeigt am vorangegangenen Beispiel die Anwendung dieser Methode. Dieses sogenannte "Anforderungsprofil" stellt die Grundlage für die Ermittlung der Nutzwerte verschiedener Planungsalternativen dar und wird in einem späteren Planungsabschnitt zur Bewertung herangezogen.

PAARWEISER VERGLEICH DER ZIELKRITERIEN

Nummer des Kriteriums	KRITERIEN	I	II	III	IV	V	VI	VII	VIII	IX	X	GF
I	Flexibilität bzgl. Stückzahlschwankungen											
II	Qualitätserhöhung											
III	Materialfluß											
IV	Instandhaltung											
V	Ablauforganisation											
VI	Reduzierung der phys. u. psych. Belastung											
VII	Erhöhung der Arbeitsinhalte											
VIII	Arbeitsumgebung											
IX	Möglichkeit zur Kooperation und Kommunikation											
X	Arbeitssicherheit											

Legende: GF ... Gewichtungsfaktor
2 : 0 ... Kriterium 1 ist wichtiger als Kriterium 2
1 : 1 ... Kriterium 1 ist gleichwichtig wie Kriterium 2
0 : 2 ... Kriterium 2 ist wichtiger als Kriterium 1

Bild 2.1-5: Paarweiser Vergleich der Zielkriterien

2.1.3 Systemabgrenzung

2.1.3.1 Allgemeiner Systembegriff

Nach REFA besteht ein System aus Elementen und deren Beziehungen, welche eine bestimmte Aufgabe erfüllen (Bild 2.1-6).

In Anlehnung an DIN 33 400 wird ein Industrieroboter-Arbeitssystem nach drei Kategorien definiert:

- Als Arbeitsmittel gilt/gelten der/die Industrieroboter mit Peripherieeinrichtungen, ggf. andere Bearbeitungsmaschinen, zu bearbeitende Gegenstände usw..
- Als Arbeitsplatz wird der räumliche Bereich aller Beschäftigten definiert, die unmittelbar (z.B. Programmierer, Bediener) oder mittelbar (Transportarbeiter, Instandhaltungspersonal, Vorarbeiter, Meister, Arbeitsvorbereitung, usw.) im Arbeitssystem tätig sind.
- Als Arbeitsablauf ist das räumliche und zeitliche Zusammenwirken (Information, Kooperation) der Beschäftigten miteinander und mit Arbeitsmitteln, -stoffen, Energie, etc. definiert.

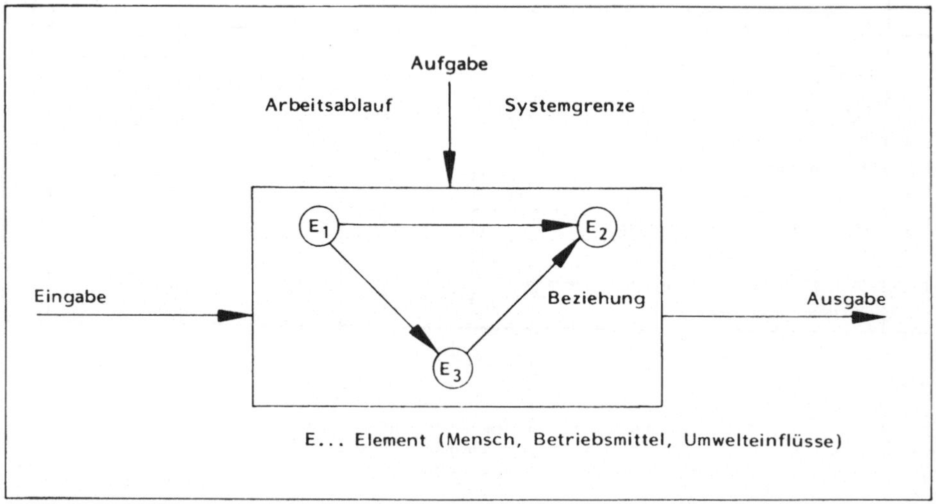

Bild 2.1-6: Beispiel für ein System

2.1.3.2 Arbeitssystem (System "Arbeit")

Definition: Das Arbeitsplatzsystem dient zur Lösung einer Arbeitsaufgabe. Hierbei wirken Menschen und Arbeitsmittel in einer Arbeitsumgebung unter Veränderung der Eingabegrößen zusammen (Bild 2.1-7).

Eingabegrößen sind:
* Information,
* Stoff und
* Energie.

Ausgabegrößen sind:
* Produkt,
* Emissionen und
* Abfall.

Systemelemente sind:
* Mensch,
* Arbeitsmittel und
* Arbeitsumgebung.

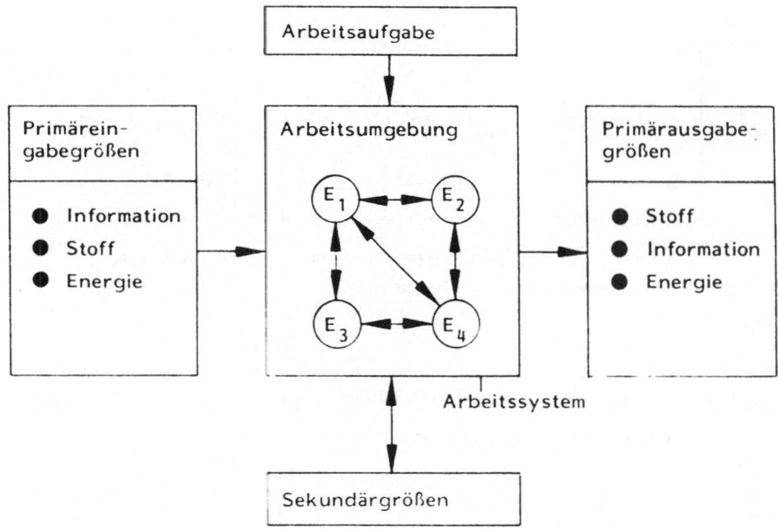

Primärgrößen : Größen, die unmittelbar zur Erfüllung der Fertigungsaufgabe beitragen.
Sekundärgrößen : Größen, die mittelbar zur Gewährleistung der Funktion des Arbeitssystems beitragen.

Bild 2.1-7: Darstellung eines Arbeitssystems

2.1.3.3 Zielsetzung der Arbeitssystembetrachtung

Die Betrachtung des Arbeitssystems wird unter folgender Zielsetzung durchgeführt (Bild 2.1-8).

o Erkennen der Abhängigkeiten und Beziehungen von Systemelementen und Arbeitssystemen um

- eine isolierte Betrachtung zu vermeiden,
- die Grundlage für eine sinnvolle Zusammenfassung von Arbeitssystemelementen zu ermöglichen,
- die Gestaltungsspielräume der Bereiche Produkt, Arbeitsplatz, Betriebsmittel, Organisation, Umgebung und Personal vollständig nutzen zu können.

o Ermöglichung einer einheitlichen, operationalen Vorgehensweise.

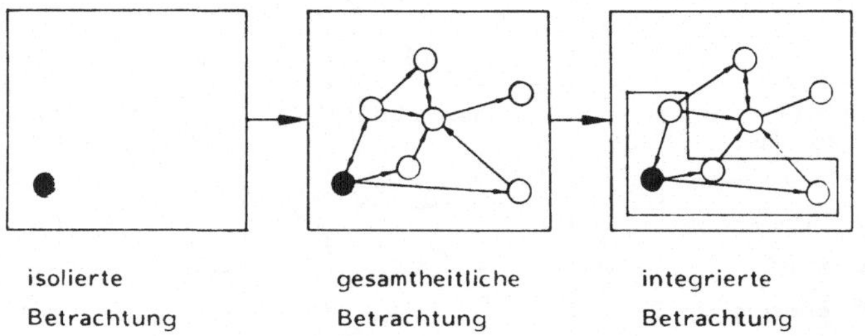

Bild 2.1-8: Beispiel für unterschiedliche Betrachtungweisen eines Arbeitssystems

2.1.3.4 Abgrenzung des Arbeitssystems

Aufbauend auf den betrieblichen Restriktionen bzw. Intentionen, sollen aufgrund der erfaßten Beziehungen vor und nach der Installierung eines Industrieroboters die Arbeitssystemgrenzen so definiert werden, daß einerseits Gestaltungsspielräume soweit wie möglich erfaßt werden, und andererseits die wesentlichen Beziehungen im Arbeitssystem integriert sind.

Wenn man sich von vornherein nur auf einen Problemarbeitsplatz beschränkt, beraubt man sich oft technischer und arbeitsorganisatorischer Lösungsmöglichkeiten, die sowohl eine Verbesserung der Arbeitsqualität als auch der Wirtschaftlichkeit darstellen können.

	BEZIEHUNGEN / SCHNITTSTELLEN DES ARBEITSPLATZES ZU ANDEREN ARBEITSPLÄTZEN BEZIEHUNGSWEISE ARBEITSBEREICHEN		
	Komponenten	Mögliche Ausprägung	Beispiel
Technische Komponenten	Techn. Anbindung an	o vorgelagerte Bereiche / Arbeitsplätze o nachgelagerte Bereiche / Arbeitspl. o Hilfsbereiche / Arbeitsplätze	Lager; Montageband; Fräsmaschine; Instandhaltung, Vorrichtungsbau, Programmierabteilung, QS
	Indirekte technische Beziehungen	o über ähnliche oder gleiche Ver- und Entsorgungseinrichtungen	Klimaanlage; Absaugung; Spänekanal;
	Nachbararbeitsplätze (räumlich)	o ähnliche Arbeitsplätze o gleiche Arbeitsplätze o verschiedene Arbeitsplätze	2 Universal - DM, 1 Kopier - DM, 3 Revolver - DM 1 Bohrwerk, 1 Montagearbeitsplatz
Organisatorische Komponenten	Fertigungsabläufe der Produkte	o vorgeschaltete Arbeitsgänge (zeitl.) o paralelle Arbeitsgänge o nachgeschaltete Arbeitsgänge	P1 : Sägen, P2 : Vordrehen u. Sägen P1 : Lossplittung → Revolver - DM P1 : Fräsen, P2 : Härten
	Bedienstrategie	o Einzelmaschinenbedienung o Mehrmaschinenbedienung o Bediengruppe o Mehrpersonen - Mehrmaschinenbedien.	1 MA 1 MA → 3 Revolver - DM 2 MA bedienen Revolver - DM 3 MA bedienen 3 Revolver- und 2 Universal - DM
	Entlohnungsform	o Abhängigkeit nur vom Arbeitsplatz selbst o Abhängigkeit von vor- / nachgelagerten Arbeitsplätzen o Abhängigkeit aufgrund organisator. Regelungen	1 MA Zeitlohn, 1 MA Einzelakkord Gruppenakkord DM und FM Gruppenprämie (Dreherei)
	Informelle Beziehungen	o Informationsverbund mit anderen Arbeitsplätzen / Arbeitsbereichen	BDE, Steuerungsinformationen, Werkstattpapiere
Personelle Komponenten	Tätigkeiten zur Erfüllung der Arbeitsaufgabe - AV QS - Steuerung (FST) Instandhaltung Transport - Materialbereitstell. - Programmierung - Bedienung	o die vom Arbeitsplatzinhaber an anderer Stelle ausgeführt werden o die von anderen am Arbeitsplatz ausgeführt werden o die von anderen nicht am Arbeitsplatz ausgeführt werden	NC - Programmierung an Programmierplatz in der Werkstatt Voreinstellung der Werkzeuge im Werkzeuglager Instandsetzung, Wartung, Einrichten Qualitätskontrolle Qualitätskontrolle im Meßlabor Materialdisposition
	Arbeitsform	o Gruppenarbeitsplatz	Arbeiten an anderen Arbeitsplätzen

Bild 2.1-9: Schnittstellen

In der Planung sind insbesondere die produktiven Tätigkeiten zu berücksichtigen, wie

- Materialbereitstellung/-disposition,
- Betriebsdatenerfassung,
- Arbeitsverteilung,
- Qualitätskontrolle,
- Programmierarbeiten,
- Wartungs- und Instandhaltungsaufgaben.

Die Berücksichtigung dieser Aufgaben ist vor allem im Hinblick auf die Möglichkeiten zur Arbeitserweiterung und -bereicherung von Bedeutung. Darüberhinaus gibt es enge wechselseitige Beziehungen zwischen diesen, als Dienstleistungsbereiche die Fertigung unterstützenden Funktionen und der Fertigung selbst. Die Nicht-Berücksichtigung dieser Beziehungen hat in der Vergangenheit schon häufig dazu geführt, daß die in den geplanten Anlagen enthaltenen Vorteile beim Betrieb der Anlagen nicht zum Tragen kamen, so daß wichtige Planungsziele nicht erreicht wurden.

Folgende Vorgehensweise zur Abgrenzung des Arbeitssystems bietet sich an:

o Aufzeigen bestehender Beziehungen zu anderen Arbeitsplätzen und Bereichen, und Anpassung der maximal möglichen Systemgrenzen.

o Aufzeigen der Veränderungen der bestehenden Beziehungen, die sich durch den Einsatz eines Industrieroboters ergeben. Die maximale Arbeitssystemgrenze kann durch die Einbeziehung aller Elemente, die von einer Veränderung betroffen sind, festgelegt werden. Die folgenden Aspekte sollen im Hinblick auf ein zukünftig optimal gestaltetes Arbeitssystem mit einfließen:

  - möglichst heterogenes Tätigkeitsspektrum,
  - ausreichende Kommunikationsmöglichkeiten,
  - geschlossene Fertigungsaufgabe bzw. einander ergänzende Fertigungsaufgaben,
  - Möglichkeiten der räumlichen Zusammenfassung von Fertigungsabschnitten,
  - organisatorische Grundgesamtheit.

2.2 Analyse der ausgewählten Bereiche

In der Analysephase sollte versucht werden, lösungsunabhängig die Untersuchung durchzuführen. Hierbei sind zwei unterschiedliche Vorgehensweisen zu berücksichtigen:

1. Die Untersuchung folgt dem Fertigungsablauf eines Produktes.
2. Die Untersuchung betrifft nur einen festgelegten Bereich (z.B. Drehen).

Im Falle der Bereichsuntersuchung ist es oftmals schwierig, eine nach HdA-Gesichtspunkten optimale Analyse durchzuführen, da hier die Systemgrenzen schon zu streng fixiert sind. Folgt man jedoch dem Fertigungsablauf, können die Systemgrenzen nach technisch-organisatorischen Gesichtspunkten festgelegt werden.

2.2.1 Kurzcheck

Der Kurzcheck ist eine Arbeitssystem- und Arbeitsplatzanalyse in vereinfachter Form. Im wesentlichen kommen der Arbeitsanalyse zwei Aufgaben zu. Zum einen soll sie darüber Auskunft geben, wo der Einsatz eines Industrieroboters an einem gegebenen Arbeitsplatz in technisch-wirtschaftlicher Hinsicht oder aus HdA-Gesichtspunkten sinnvoll ist, zum anderen soll sie die Erfassung aller für die Einsatzplanung relevanten Einflußgrößen ermöglichen.

Im allgemeinen sind die Problemarbeitsplätze einer Firma, für die die Automatisierungsmöglichkeiten der Handhabung geprüft werden sollen, bekannt. In den Fällen, in denen das nicht zutrifft, empfiehlt es sich, der eigentlichen Arbeitsplatzanalyse eine "Definitionsphase ", d.h. einen Kurzcheck vorzuschalten, der dem Fertigungsablauf folgt. Hierbei werden an jedem Arbeitsplatz, an dem Handhabungstätigkeiten auszuführen sind die Checklisten

A Wirtschaftlichkeit,
B Arbeitssituation und
C Produktionsdaten erstellt.

Diese Checklisten müssen zusammen erstellt werden, um eine Korrelation von Wirtschaftlichkeit (z.B. hohe Kosten), Belastungsproblemen (z.B. Unfällen) und Technik (z.B. Störungen) ersehen zu können.

Diese drei Problemfelder sind meist eng miteinander verknüpft. Stellt sich z.B. das technische Problem "störanfällige Maschine ", so beeinträchtigt dies zugleich die Wirtschaftlichkeit (Verfügbarkeit) und erhöht möglicherweise dadurch die Arbeitsbelastung des Instandhaltungspersonals.

Ergänzend zu den Kurzchecklisten werden die betrieblichen Voraussetzungen für jeden der möglichen Industrieroboter-Einsatzfälle durch eine weitere Checkliste abgeklärt. Sie gibt einen Überblick über die Stärke gesamtbetrieblicher Hemmnisse im Hinblick auf eine flexible und humanitäre Systemgestaltung. In Bild 2.2-1, 2.2-2, 2.2-3 und 2.2-4 sind diese Checklisten dargestellt. Diese Fragen sollten an verschiedene Personen gerichtet werden, die im System bzw. am Arbeitsplatz tätig sind. Anhand der Häufigkeitsverteilung der unterschiedlichen Punkte je Arbeitsplatz bzw. deren Bewertung kann somit auf die Notwendigkeit einer Automatisierung an bestehenden Arbeitsplätzen geschlossen werden. Auch kann hieraus eine Rangfolge abgeleitet werden.

(A) Wirtschaftlichkeit	Ausprägung			Systeme				
1. Durchlaufzeiten	unter Durchschnitt	durchschnittlich	über Durchschnitt	○	○	○	○	○
2. Fertigungskosten	"	"	"	○	○	○	○	○
3. Materialflußaufwand	"	"	"	○	○	○	○	○
4. Fehlzeiten	"	"	"	○	○	○	○	○
5. Besetzungsprobleme	"	"	"	○	○	○	○	○
6. Flex. bzgl. Stückzahl	über Durchschnitt	durchschnittlich	unter Durchschnitt	○	○	○	○	○
7. Flex. bzgl. Typen/Var.	"	"	"	○	○	○	○	○
8. Produktqualität	"	"	"	○	○	○	○	○

← positiv negativ →
Bereich

Systemveränderung
○ nicht erforderlich
◑ wünschenswert
● dringend erforderlich

Bild 2.2-1: Kurzcheck A; Wirtschaftliche Daten

(B) Arbeitssituation	Ausprägung			Arbeitsplätze				
9. Taktzeit	> 6 min	3 - 6 min	< 3 min	○	○	○	○	○
10. Phys. Belastung	Handhbgsgw.: ♂<12 ♀<7kp Schichtgw.: ♂< 8 ♀<5to	♂ <18 ♀ <12kp ♂ <10 ♀ < 6to	♂ >18 ♀ >12kp ♂ >10 ♀ > 6to	○	○	○	○	○
11. Unfallrisiko	gering	mittel	hoch	○	○	○	○	○
12. Monotonie	gering	mittel	hoch	○	○	○	○	○
13. Emissionen (Lärm, Hitze, Schadstoffe)	keine Beeinträchtigung	Beeinträchtigung, aber unter MAK Werte	über MAK-Werte	○	○	○	○	○
14. Kommunikation	möglich	nur begrenzt möglich	nicht möglich	○	○	○	○	○
15. Freiheitsgrade	rel. gr. Freiraum bei Tempo, Abfolge, Ausführg.art	nur ger. Freir. bei Tempo, Abfolge, Ausführg.art	keine	○	○	○	○	○
16. Einsetzbarkeit des Personals	alle Mitarbeiter für alle Arbeitsplätze	nur best. Mitarbeiter an best. Arbeitsplätzen	nur an festen Arbeitsplätzen, unflexibel	○	○	○	○	○
17. Arbeitsumfang	Kontrolle, kurzfr. FS, Wartg., Inst.hltg.	nur Materialzufuhrg. u./o. reines Überwachen	nur Bediener bzw. Handhabung	○	○	○	○	○
18. neue Arbeitsformen	teilautonome Gruppen bzw. u. job enrichment	nur job rotation bzw./u. job enlargement	keine	○	○	○	○	○
19. formale Qualifikation des Personals	überwiegend Facharbeiter	gemischt	überwiegend An-/Ungelernte	○	○	○	○	○
20. Lernmoglichkeiten	institutionalisierte ausreichende Weiterbildung	nur begrenztes "learning on the job"	keine	○	○	○	○	○
21. Entkopplung	ausreichende Puffer bzw. keine Taktbindung	nur Springer bzw. überlappende Arbeitsplätze	keine	○	○	○	○	○
22. Schichten	1	2	3	○	○	○	○	○

← positiv | negativ →
Bereich

Systemveränderung
○ nicht erforderlich
◑ wünschenswert
● dringend erforderlich

Bild 2.2-2: Kurzcheck B; Arbeitssituation

Nr.	Bewertungskriterien	AUSPRÄGUNG					Automatisierungshemmnis
1	Orientierungszustand der Werkstücke	Position und Orientierung in mindestens 2 Achsen definiert	Position und Orientierung nicht definiert, aber mittels Ordungseinrichtungen herstellbar	Position und Orientierung nicht definiert, aber durch Sensoren erkennbar	Position und Orientierung nicht definiert, Teil liegt jedoch am vorangehenden Arbeitsplatz geordent vor	Position und Orientierung sowohl am geg. als auch am vorhandenen Arbeitsplatz undefiniert und durch marktgängige Einrichtungen nicht herstellbar	○
2	Automatisierungsgrad der Fertigungsmittel	Alle Funktionen automatisch	Spannsystem manuell	Steuerungssystem teilweise manuell (Wege, Geschwindigkeiten, Bearbeitungsfolge)	Antriebssystem manuell	Führungssystem manuell	○
3	Nebenfunktionen	Keine Nebenfunktionen erforderlich bzw. vollautomatisiert	Hilfsstoffzufuhr in kurzen Zeitabständen und bislang manuell	Abfallabfuhr in kurzen Zeitabständen und bislang manuell; Ort und Form des Abfalls definiert	Abfallabfuhr in kurzen Zeitabständen und bilang manuell; Form des Abfalles undefiniert	Abfallabfuhr in kurzen Zeitabständen und bislang manuell; Ort und Form des Abfalls undefiniert	○
4	Prüffunktionen	Keine Prüffunktionen erforderlich, bzw. Prüfung vollautomatisiert, Prüfung verlagerbar	Prüfen der Betriebsbedingungen in kurzen Zeitabständen und bislang manuell	Prüfen des Werkstückes in kurzen Zeitabständen anhand quantifizierbarer Größen	Prüfen des Werkzeuges in kurzen Zeitabständen	Prüfen des Werkstücks in kurzen Zeitabständen anhand nicht quantifizierbarer Größen	○
5	Arbeitsablauf	Der Arbeitsablauf kann mit einem Arm ausgeführt werden und ist zu jedem Zeitpunkt eindeutig definiert	Der Arbeitsablauf kann durch einen oder mehrere nicht simultan arbeitende Arme ausgeführt werden, enthält höchstens einfache anhand quantifizierbarer Größen zu fällende Entscheidungen und ist jederzeit definiert	Der Arbeitsablauf weist zufällige Variationen auf		Der Arbeitsablauf erfordert die simultane Bewegung von mehreren Armen	○
6	Erforderliche Arbeitsgenauigkeit	Positionierfehler ≥ 2,0 mm	1,0 mm ≤ Positionierfehler < 2,0 mm	0,05 mm < Positionierfehler < 1,0 mm	0,01 mm ≤ Positionierfehler < 0,05 mm	Positionierfehler < 0,01 mm	○
7	Erforderliche Traglast	Traglast ≤ 20 kg	20 kg < Traglast < 50 kg	50 kg ≤ Traglast < 100 kg	100 kg ≤ Traglast ≤ 500 kg	500 kg < Traglast ≤ 1500 kg Traglast > 1500 kg	○
8	Umrüsthäufigkeit	Umrüsthäufigkeit ≤ 1/Schicht	1/Schicht < Umrüsthäufigkeit < 4/Schicht	4/Schicht ≤ Umrüsthäufigkeit < 8/Schicht		Umrüsthäufigkeit ≥ 8/Schicht	○
9	Anzahl formunterschiedlicher Werkstücke	Anzahl Werkstücke < 10	10 ≤ Anzahl Werkstücke < 20	20 ≤ Anzahl Werkstücke < 50		Anzahl Werkstücke ≥ 50	○
10	Restlebensdauer der Fertigungsmittel	Restlebensdauer ≥ 5 Jahre	3 Jahre ≤ Restlebensdauer < 5 Jahre	2 Jahre ≤ Restlebensdauer < 3 Jahre		Restlebensdauer < 2 Jahre	○
11	Durchschnittliche Störungshäufigkeit	Störungshäufigkeit ≤ 0,01/h	0,01/h < Störungshäufigkeit < 1/h	1/h ≤ Störungshäufigkeit < 4/h	4/h ≤ Störungshäufigkeit < 10/h	Störungshäufigkeit ≥ 10 h	○
12	Anzahl der Arbeitsschichten	Schichtanzahl > 2	Schichtanzahl = 2		Schichtanzahl = 1		○

←— Automatisierung zunehmend schwieriger —→ ←— Automatisierung sehr kritisch —→

● groß ◐ mittel ◒ klein ○ unbedeutend

Bild 2.2-3: Kurzcheck C; Produktionsdaten

BETRIEBLICHE VORAUSSETZUNGEN				
Kriterien	**Ausprägung**			**Systeme**
Variabilität des Istzustandes (Restlebenszeit)	gering	mittel	hoch	○○○○○
Raumrestriktionen	vorhanden	z.T. vorhanden	nicht vorhanden	○○○○○
Veränderungen am Arbeitsplatzlayout	sehr schwierig kaum durchführbar	bedingt durchführbar	einfach durchführbar	○○○○○
Veränderung an Technologie und BM	sehr schwierig kaum durchführbar	bedingt durchführbar	einfach durchführbar	○○○○○
Veränderung der Organisationsstruktur	sehr schwierig kaum durchführbar	bedingt durchführbar	einfach durchführbar	○○○○○
Veränderung der Personalstruktur	sehr schwierig kaum durchführbar	bedingt durchführbar	einfach durchführbar	○○○○○
Veränderung der materialflußtechnischen Anbindung	sehr schwierig kaum durchführbar	bedingt durchführbar	einfach durchführbar	○○○○○
Übertragbarkeit ("Keimzellenwirkung")	klein	mittel	hoch	○○○○○
Anknüpfungsmöglichkeit (organ.) an vor-/nachgelagerte Bereiche	nicht vorhanden	z.T. vorhanden	sehr gut	○○○○○
Wahrscheinlichkeit von Resttätigkeiten (zukünftig)	hoch	mittel	sehr gering	○○○○○
Autonomiegrad des Fertigungsbereiches	gering	mittel	hoch	○○○○○
Art des Einsatzfalles	Pilotanwendung	teilweise in der Produktion integriert	vollständig in die Produktion integriert	○○○○○
Finanzieller Spielraum (Deckungsbeitrag)	schlecht	mittel	gut	○○○○○
Qualifikation der MA	un/angelernt	gemischt	Facharbeiter/Spezialisten	○○○○○
Integrationsmöglichkeit für Freigesetzte in anderen Bereichen	sehr schwierig	z.T. schwierig	einfach möglich	○○○○○
Realisierungswahrscheinlichkeit (Wettbewerb, Innovation...)	gering	mittel	hoch	○○○○○
Know-how des Betriebes/Bereiches	Neuanwendung neue Branche/Einsatzfall	Neuanwendung bekannte Branche/Einsatzfall IR Anwendung neue Branche/Einsatzfall	IR Anwendung bekannte Branche/Einsatzfall	○○○○○
Qualifikationspotential der indirekten Bereiche für den Einsatzbereich	Bereiche nicht abgedeckt	Bereiche z.T. abgedeckt	alle Bereiche abgedeckt	○○○○○
Möglichkeit zur Teilefamilienbildung	nicht vorhanden	z.T. vorhanden	vorhanden	○○○○○
Möglichkeiten zur Produktmodifikation	nicht vorhanden	z.T. vorhanden	vorhanden	○○○○○
Planungskapazität Qualifikation, Kapazität	nicht vorhanden	z.T. vorhanden	vorhanden	○○○○○

Legende: ○ ungünstig ◐ günstig ● sehr günstig

Bild 2.2-4: Checkliste für betriebliche Voraussetzung beim Industrieroboter-Einsatz

Zusammenfassung

Der Kurzcheck dient dazu, im Fertigungsbereich mit einfachen Mitteln Schwachstellen zu finden. Die damit definierten Arbeitsplätze werden einer Wertung unterzogen und daraus eine Rangfolge abgeleitet. Anhand der Rangfolge kann dann in der nächsten Stufe eine detaillierte Arbeitsplatzanalyse durchgeführt werden. Der Kurzcheck soll nur Hinweise auf die Automatisierungsnotwendigkeit geben. Er gibt des weiteren grobe Hinweise auf den zu erwartenden Schwierigkeitsgrad. Über die eigentliche Realisierungsmöglichkeit kann jedoch nur eine detaillierte Analyse Auskunft geben.

2.2.2 Feinanalyse

Für eine sinnvolle Gestaltung des zu planenden Arbeitssystems sind detaillierte Analysen in den Bereichen

- o Produkt,
- o Produktion,
- o Betriebsmittel,
- o Materialfluß,
- o Organisation,
- o Tätigkeitsstruktur der Mitarbeiter und
- o allgemeine demoskopische Personaldaten

erforderlich. Im Hinblick auf eine effiziente und straffe Datenerfassung wurden Checklisten für die genannten Bereiche erarbeitet (Bild 2.2-5 bis 2.2-16).

2.2.2.1 Checkliste "Produkt- und Produktionsdaten"

Im Hinblick auf einen möglichen Industrieroboter-Einsatz müssen produktspezifische und produktionsspezifische Daten erfaßt werden; einerseits, um handlings- bzw. bearbeitungsrelevante Kenngrößen, wie beispielsweise Handhabungsgewicht oder Werkstoffeigenschaften zu erfassen und andererseits kapazitätsplanungsrelevante Größen, wie etwa Losgrößen und Jahresstückzahlen für die Systemauslegung verfügbar zu haben. (Bild 2.2.-5, 2.2-6, 2.2-7).

CHECKLISTE 1 PRODUKT UND PRODUKTIONSDATEN					
PRODUKT/ TYP/ VARIANTE	GEWICHT (kg)	WERKSTOFF	ABMESSUNGEN L x B x H (mm)	Ø JAHRESSTUCK-ZAHL (STCK/a)	Ø LOSGRÖSSE (STCK)

Bild 2.2-5: Produkt- und Produktionsdaten 1

CHECKLISTE 2 PRODUKT- UND PRODUKTIONSDATEN						
SCHWANKUNGS-BREITE (o/o)	ANTEIL AN PRODUKTION (o/o)	ANTEIL AM UMSATZ (o/o)	ANZAHL VORRICHTUNGEN	ANZAHL WERKZEUGE	ANZAHL ARBEITSGÄNGE	TECHNOLOGISCHE BESONDERHEITEN

Bild 2.2-6: Produkt- und Produktionsdaten 2

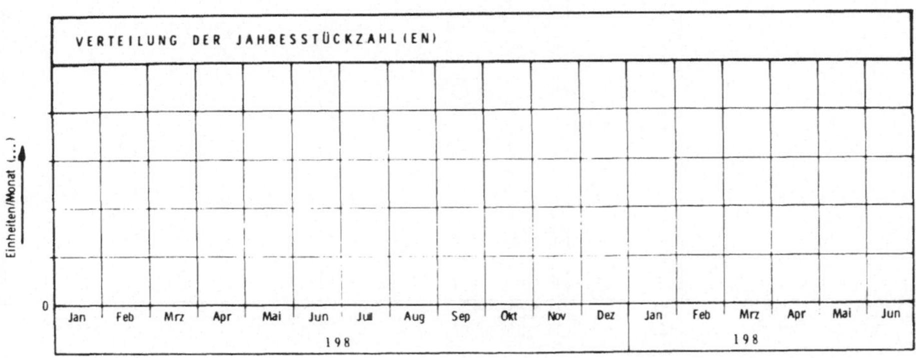

Bild 2.2-7: Verteilung der Jahresstückzahlen

2.2.2.2 Checkliste "Betriebsmittel"

Für die gesamtheitliche Planung des Arbeitssystems spielen betriebsmittelspezifische Daten eine wesentliche Rolle; beispielsweise haben Flächenbedarf und Ver- und Entsorgungseinrichtungen einzelner Betriebsmittel wesentlichen Einfluß auf die Layoutgestaltung. Daten über erforderliche Sicherheitseinrichtungen, wie auch die benötigte Qualifikation des Bedienpersonals müssen für den Planer bereitstehen, um eine sinnvolle Systemplanung durchführen zu können (Bild 2.2.-8,2.2-9).

CHECKLISTE 1 - BETRIEBSMITTEL							
BEZEICHNUNG	BAU-JAHR	ZUSTAND	KATEGORIE	AUTOMATISIERTE FUNKTIONEN	FLÄCHENBEDARF (m x m)	BAUHÖHE (m)	BODENTRAG-FÄHIGKEIT (kg/qm)
		1: Stand der Technik 2: ausreichend 3: ersatzbedurftig	U = Universal S = Sonder	Beispiele Wstck Wechsel Wzg Wechsel Wzg Speicher Wstck Speicher Wzg Messung Wstck Messung	incl. Sicherheits und Bedienbereich		erforderliche Fundamente

Bild 2.2-8a: Betriebsmittel 1

CHECKLISTE 2 - BETRIEBSMITTEL					
VERSORGUNG	ENTSORGUNG	EMISSIONEN	SICHERHEITSEINRICHTUNGEN	MASCHINENSTUNDENSATZ (DM/h)	BEDIENERQUALIFIKATION
Energieart(en) Druckluft Kuhl und Schmiermittel Wasser	Abfälle Späne Emissionen	Larm Hitze Staub Gase Dampfe Vibrationen	Zweihandbedienung Lichtschranke Sicherheitsgitter (tur) Trittplatte Isoliermatten	BASISDATEN Wiederbeschaffungswert Nutzungsdauer kalk. Zins Instandhaltungskosten (satz) Energiekosten Nutzzeit/Jahr (Beiblatt)	A Angelernter F Facharbeiter K kein Bediener

Bild 2.2-8b: Betriebsmittel 2

ALTERSSTRUKTUR DER BETRIEBSMITTEL			
Lfd.Nr.	Betriebs mittel	Nutzungsgrad (Schichten/Tag)	1960 1 2 3 4 1965 6 7 8 9 1970 1 2 3 4 1975 6 7 8 9 1980 1 2 3 4 1985 6 7 8
			Abschreibungsdauer ges. Nutzungszeit

Bild 2.2-9: Altersstruktur der Betriebsmittel

2.2.2.3 Checkliste "Materialfluß"

Der Fragenkatalog soll Aufschluß über vorhandene Fördereinrichtungen, Förderbehälter, Transportmengen und -frequenzen sowie über Materialflußbeziehungen in Form von Entfernungsangaben, Quellen und Senken geben. Dem Planer wird damit die Möglichkeit gegeben, ein materialflußgerechtes Arbeitssystem zu gestalten (Bild 2.2-10, 2.2-11).

MATERIALFLUSS III ORDNUNG							
Fördergut	Förderhilfsmittel	Fördermittel	von...	nach...	Menge	Häufigkeit	Entfernung

Bild 2.2-10: Materialfluß 3.Ordnung

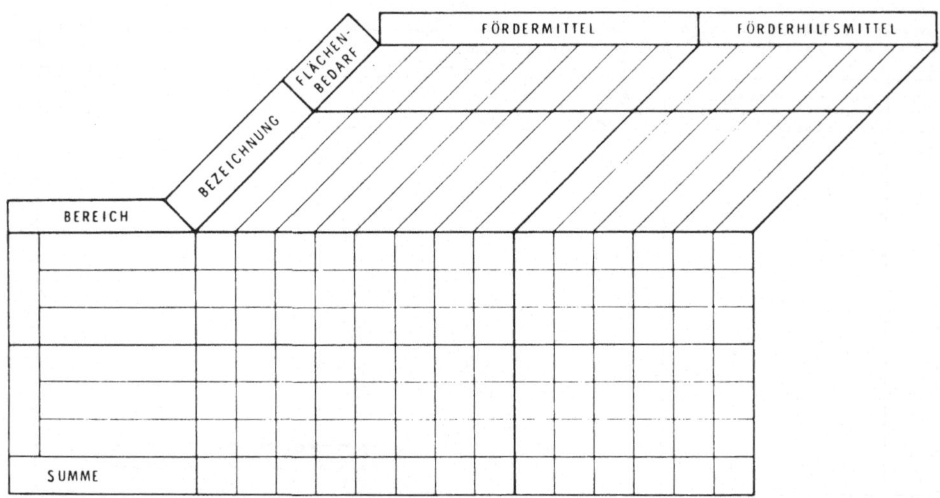

Bild 2.2-11: Bereichscheckliste

2.2.2.4 Checkliste "Organisation"

Hier sollen vorwiegend organisatorische Aspekte, wie beispielsweise ablaufrelevante Daten des Produktionsprozesses oder die Einbettung des betrachteten Arbeitssystems in das gesamtbetriebliche Geschehen in die Planung einbezogen werden. Betriebsmittelanordnungen, Standorte der Fertigungshilfsstellen und Arbeitsfolgen spielen eine ebenso gewichtige Rolle wie verwendete Arbeitspapiere, Bedienstrategien und Arbeitsformen. Die Anbindung an vor- und nachgelagerte Fertigungsbereiche, beispielsweise durch Puffer oder Zwischenlager, muß ebenso berücksichtigt werden, wie etwa die Anzahl der erforderlichen Arbeitsstationen und die Personalbesetzung des Arbeitssystems (Bild 2.2-12).

2.2.2.5 Checkliste "Personal"

Für eine optimale Systemgestaltung darf der Faktor Mensch nicht unberücksichtigt bleiben. Die Checkliste bietet die Möglichkeit, den vorhandenen Personalbestand zu erfassen und hinsichtlich Kriterien wie Qualifikation, Alter, Betriebszugehörigkeit, Nationalität und ausgeübte Tätigkeit zu analysieren. Dem Planer ist damit die Möglichkeit einer nach personalpolitischen Gesichtspunkten ausgerichteten Systemgestaltung gegeben (Bild 2.2-13).

1 Organisationsprinzip

2 Bezeichnung des betrachteten Arbeits - Systems

3 Anzahl und Bezeichnung der Arbeitsplätze im Arbeits - System

4 Anzahl der MA im Arbeits - System

5 Angewandte Arbeitsform

6 Angewandte Bedienstrategie

7 Anordnung der Betriebsmittel, Arbeitsplätze, Lagerflächen, Transportwege, etc. ➡ Layout

8 Arbeitsfolgen inclusive zeitlicher Inhalte

9 Arbeitsfolgen als Materialflußbild (quantitatives Flußdiagramm)

10 Verwendete Arbeitspapiere (direkter Bereich)

11 Vor - und Nachgelagerte Bereiche ➡ Schnittstellen

12 Standort und Stellung der Fertigungs - Hilfsstellen

- Instandhaltung
- Qualitätssicherung
- Fertigungssteuerung
- Werkzeug - und Vorrichtungsbau

Bild 2.2-12: Organisation

CHECKLISTE PERSONAL					Bereich/KST:			
Lfd. Nr.	Tätigkeit	Arbeitsform	Lohnform +Lohnhöhe	Ausbildung	Nationalität	Alter (Jahre)	Betriebszugehörigkeit (Jahre)	Geschlecht
Summe			OLohnhöhe			O Alter	O Betriebszugehörigkeit	Verhältnis M/W
	Beispiele Montieren Materialdisp. Transport Meister Einrichter	E Einzelarbeit P Partnerarbeit G Gruppenarbeit	Z Zeitlohn L Leistungslohn P Prämienlohn	A Angelernter F Facharbeiter	D Deutscher I Italiener G Grieche J Jugoslawe T Türke A Andere			M männlich W weiblich

Bild 2.2-13: Personal

2.2.2.6 Checkliste "Tätigkeitsstruktur"

Im einzelnen werden hier Tätigkeitselemente der Mitarbeiter im Ist-Zustand erfaßt, wie etwa Aufgaben bzgl. Betriebsmittelbedienung, Transportaufgaben, Steuerungstätigkeiten etc.. Für die Planung des neuen Arbeitssystems stellt die Checkliste ein Hilfsmittel für die Festlegung des neuen Arbeitsinhalts der Mitarbeiter dar. Die Kapazitätsteilung Mensch/Mensch und Mensch/Maschine kann mit einfachen Mitteln durchgeführt werden (Bild 2.2-14, 2.2-15, 2.2-16).

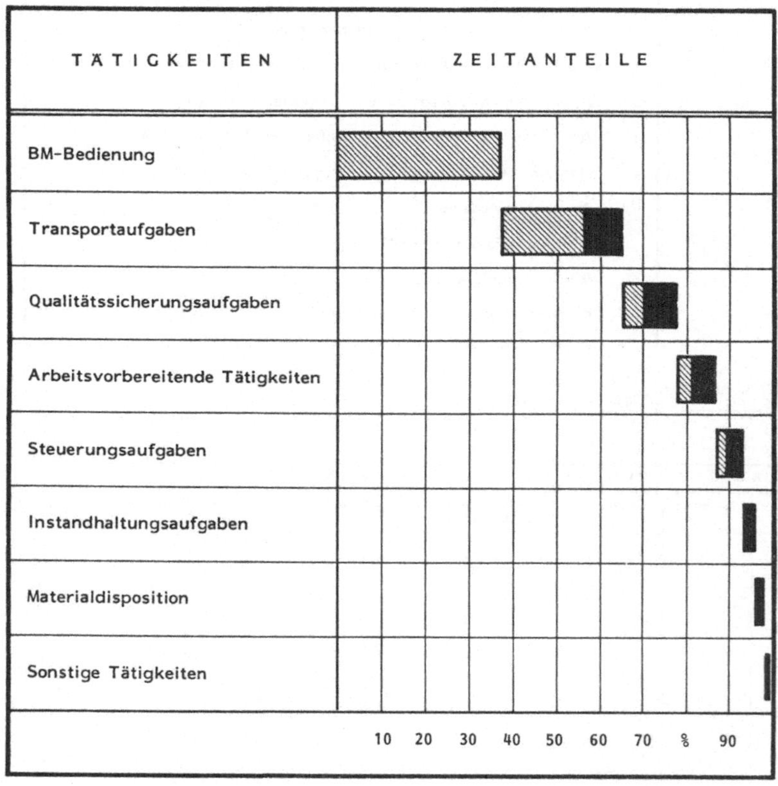

Bild 2.2-14: Zeitanteile

Ist-Zustand	IM SYSTEM TÄTIGE MA									AUSSERHALB DES SYSTEMS TÄTIGE MA								
TÄTIGKEITEN	Mitarbeiter A	Mitarbeiter B	Mitarbeiter C			IR A	IR B			Transport	Instandhaltung	Werkzeugbau	Qualitätssicherung	Einrichter	Werkstattführung			
BETRIEBSMITTELBEDIENUNG																		
• Einlegen des Werkstücks																		
• Entnehmen des Werkstücks																		
• Auslösen des Bearbeitungsvorgangs																		
• Bearbeiten nach Plan/Zeichnung																		
• Magazinierung der Werkstücke																		
• Werkzeugwechsel																		
• Betriebsmittelüberwachung																		
TRANSPORTAUFGABEN																		
• Materialtransport am Arbeitsplatz																		
• Materialtransport im Arbeitssystem																		
• Materialtransport über die Systemgrenzen hinaus																		
MATERIALDISPOSITION																		
• Materialbereitstellung																		
• Bestandsführung																		
• Bestellungen vornehmen																		
INSTANDHALTUNGSAUFGABEN																		
• Wartung																		
• Inspektion																		
• Vorbeugende Instandhaltung																		
• Instandsetzung																		
FERTIGUNGSVORBEREITENDE AUFGABEN																		
• Zeichnung/Werkstattauftrag lesen																		
• Rüsten																		
• Einrichten																		
STEUERUNGSAUFGABEN																		
• Verfügbarkeitskontrolle Personal																		
• Verfügbarkeitskontrolle Material																		
• Verfügbarkeitskontrolle Werkzeuge und Vorrichtungen																		
• Fertigungsfortschrittsüberwachung																		
• Arbeitsverteilung																		
• Arbeitsablauf festlegen																		
• Arbeitsreihenfolge festlegen (Prioritäten)																		
• Belegungspläne erstellen																		
QUALITÄTSSICHERUNGSAUFGABEN																		
• Einfache Prüftätigkeiten																		
• Prüfen nach Plan																		
• Prüfstatistiken führen																		
• Fehlerauswertungen																		
• Entscheidung über Nacharbeit																		
• Nacharbeit veranlassen																		
SONSTIGE TÄTIGKEITEN																		
• Werkstattprogrammierung																		
• Programmoptimierung																		
• Anlerntätigkeiten																		
• Nacharbeit																		

Legende:

○ Nie
◔ Manchmal
◑ Teilweise
◕ Meistens
● Immer

Bild 2.2-15: Tätigkeitsanalyse

Die Tätigkeit wird vom MA
- ◯ nicht
- ◐ teilweise
- ● ausschließlich

wahrgenommen

TÄTIGKEITEN	SYSTEMKOMPONENTEN						
	Mitarbeiter	Betriebsmittel 1	Betriebsmittel 2	Betriebsmittel 3	Betriebsmittel 4	Industrieroboter	Industrieroboter
BETRIEBSMITTEL-BEDIENUNG							
INSTANDHALTUNGS-AUFGABEN							
FERTIGUNGS VORBEREITENDE AUFGABEN							
QUALITÄTS SICHERUNGS-AUFGABEN							
STEUERUNGS-AUFGABEN							
TRANSPORT-AUFGABEN							
MATERIAL DISPOSITION							
SONSTIGE TÄTIGKEITEN							

Bild 2.2-16: Systemkomponenten

2.2.3 Feinanalyse (technischer Ablauf)

In den vorigen Kapiteln wurde die Vorgehensweise bei der Grobanalyse sowie bei der Festlegung der Systemgrenzen beschrieben. Nachdem nun die Systemgrenzen festgelegt sind, kann mit der Analyse des Systems begonnen werden. Um eine schnelle und klar gegliederte Analyse der Tätigkeiten des Personals in Hinblick auf die technischen Funktionen zu ermöglichen, empfiehlt es sich, den Verhältnissen der Praxis entsprechend von der Dreiteilung selbstständiger Einheiten, die über eigene Antriebs-, Bewegungs- und Steuersysteme verfügen, auszugehen.

Selbstständige Einheiten sind

- das Bearbeitungssystem, dessen Funktion in der Änderung der Werkstück- oder Werkstoffeigenschaften durch unmittelbares Zusammenwirken von Werkzeug oder Werkstück besteht,
- das Handhabungssystem, mit dem Lage- und Ortsveränderungen der Werkstücke ausgeführt werden und
- das Kontrollsystem, mit dem die Einhaltung gewisser Zustände oder Abläufe überwacht und angezeigt wird.

Diese Tätigkeitsanalyse reicht zwar aus, um eine Entscheidung über die technische Möglichkeit eines Industrieroboter-Einsatzes zu fällen, sie läßt jedoch keine Beurteilung der Wirtschaftlichkeit eines derartigen Einsatzes zu. Hierzu bedarf es der Erfassung wirtschaftlicher und organisatorischer Kenndaten des gegebenen Arbeitsplatzes sowie der Art der Verkettung zu vorhergehenden und nachfolgenden Arbeitsplätzen. Weiterhin müssen im Rahmen der Analyse die Arbeitsbedingungen und die möglichen Unfallgefahren festgestellt werden. Diese Kenngrößen geben darüber Aufschluß, inwieweit aus sozialen Gesichtspunkten eine Automatisierung erforderlich bzw. wünschenswert ist. Schließlich können noch allgemeine, vor allem für statistische Zwecke benötigte Angaben erfaßt werden.

Wenn man weiterhin die Untersuchung des Handhabungssystems in eine Analyse des Handhabungsablaufes und eine Analyse des Handhabungsgutes unterteilt, ergeben sich damit acht Abschnitte für eine Arbeitsplatzanalyse. Diese Abschnitte sind zusammen mit ihren wichtigen Unterabschnitten in Bild 2.2-17 dargestellt.

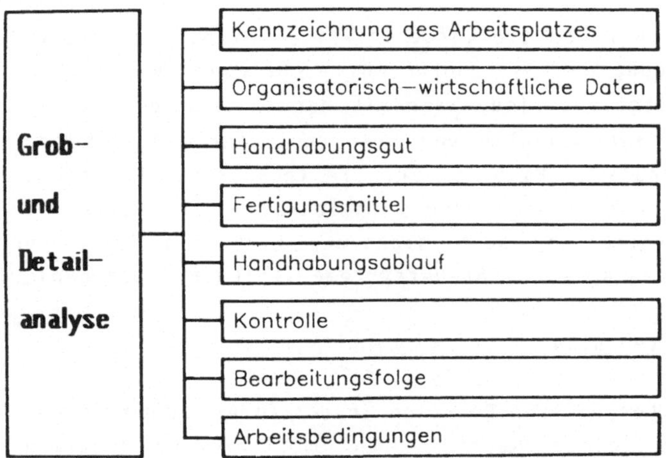

Bild 2.2-17: Gliederung der Grob- und Detailanalysen

Als Hilfsmittel für die Durchführung der Arbeitsplatzanalyse wurden Datenerfassungsformulare erstellt. Die in diesen Formularen enthaltenen Merkmale ermöglichen in Verbindung mit den arbeitsplatzspezifischen Planungsunterlagen wie

- Arbeitsplänen,
- Werkstückzeichnungen und
- Werkzeugzeichnungen

eine vollständige Beschreibung der Ausgangssituation.

Mit Hilfe der Datenerfassungsformulare können über 200 quantifizierbare und nicht quantifizierbare Kenngrößen erfaßt werden. Während die quantifizierbaren Merkmale durch Eintragung der jeweiligen Zahlenwerte in die dafür vorgesehenen Datenfelder festgehalten werden, geschieht die Dateneingabe der nicht quantifizierbaren Merkmale durch Ankreuzen der zutreffenden Alternative in einer Auswahlliste, die jeweils neben den Merkmalen in den Formblättern aufgeführt ist.

Zur Erfassung der räumlichen Verhältnisse am Arbeitsplatz sowie des Handhabungsablaufes wurde eine zeichnerische Darstellung gewählt. Diese umfaßt die folgenden Schritte:

1. Festlegung eines raumfesten und eines werkstückbezogenen Koordinatensystems (Bezeichnung der Achsen: U, V, W und U', V', W').

2. Annäherung der Grundrisse der Maschinen und der zu berücksichtigenden baulichen Gegebenheiten durch Polygonzüge und Bestimmen der Koordinatenwerte ihrer Eckpunkte in bezug auf das raumfeste Koordinatensystem.

3. Kennzeichnung und Numerierung der anzufahrenden Positionen in der Reihenfolge des Arbeitszyklusses und Bestimmen ihrer Koordinatenwerte in bezug auf das raumfeste Koordinatensystem.

4. Kennzeichnung der Werkstückorientierung in jeder anzufahrenden Position durch Einzeichnung der Orientierung des werkstückbezogenen Koordinatensystems U', V', W'. In Bild 2.2-18 ist diese Vorgehensweise anhand eines Beispiels verdeutlicht.

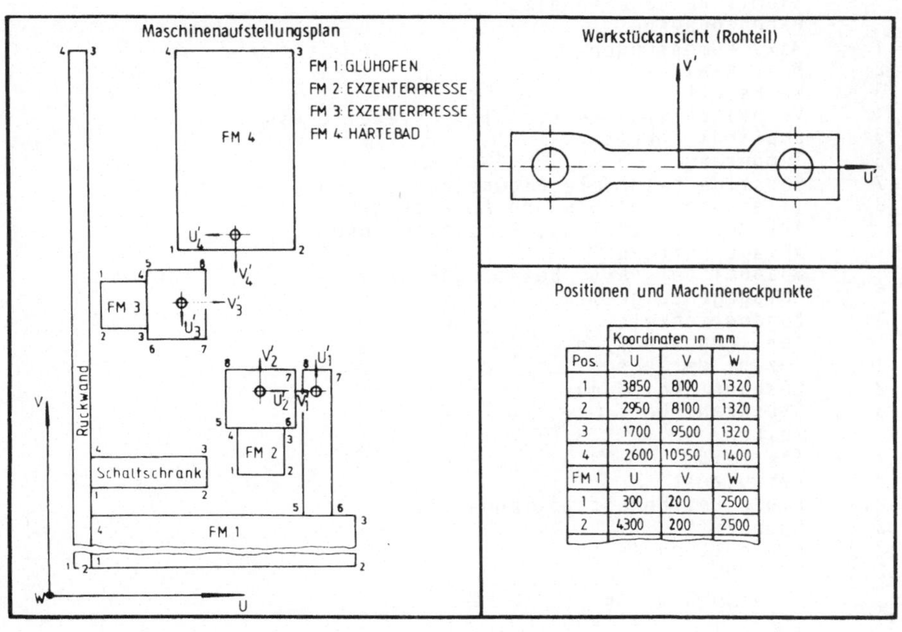

	Koordinaten in mm		
Pos.	U	V	W
1	3850	8100	1320
2	2950	8100	1320
3	1700	9500	1320
4	2600	10550	1400
FM 1	U	V	W
1	300	200	2500
2	4300	200	2500

Bild 2.2-18: Beispiel zur Erfassung der geometrischen Gegebenheiten

Anhand von zwei Beispielen

- Handhabung von Werkstücken (Tab. 1) und
- Bahnschweißen (Tab. 2)

soll auf die Problematik der Erfassung der relevanten Daten kurz hingewiesen werden. Im Rahmen einer theoretischen Abhandlung ist es nicht möglich, detailliert auf alle einzelnen Punkte einzugehen. Es ist jedoch anzunehmen, daß eine entsprechende Planung von geschultem Fachpersonal durchgeführt wird, das dann diese Parameter sicherlich verstärkt betrachten kann. Die Tabellen sollen kurz veranschaulichen, daß eine für alle Fälle einheitliche Erfassungsliste nicht erstellbar ist.

Fallstudie Handhabung (Tab.1)

1	Arbeitsplatzanalyse (Istzustand)
1.1	Beschreibung des Arbeitsplatzes
1.2	Arbeitsorganisation
1.3	Räumliche Gegebenheiten
1.4	Handhabungsgut
1.4.1	Max. Abmessungen
1.4.2	Max. Gewicht
1.4.3	Werkstoff
1.4.4	Verhaltenstyp (Kegelteile, Pilzteile usw.)
1.4.5	Empfindlichkeit
1.4.6	Temperatur
1.4.7	Sonstige besondere Eigenschaften (naß, verölt usw.)
1.4.8	Toleranzen in Form und Abmessungen
1.5	Art der Speicherung, Bereitstellung
1.6	Ablageposition
1.6.1	Spannmittel (Art, Betätigungsort)
1.6.2	Ablagegenauigkeit
1.6.3	Zugänglichkeit
1.7	Fertigungsanalyse
1.7.1	Anzahl der Lose
1.7.2	Loshäufigkeit/Jahr
1.7.3	Stückzahl/Los
1.8	Zeiten
1.8.1	Taktzeit
1.8.2	Zykluszeit
1.8.2.1	Einzelteilbereitstellungszeit
1.8.2.2	Spannzeit
1.8.2.3	Bearbeitungszeit
1.8.2.4	Entnahmezeit
1.9	Fertigungsmittel
1.9.1	Art der Verkettung
1.9.2	Art des Fertigungsmittels (Stanze, Drehmaschine, usw.)
1.9.3	Vorgeschalteter Bereich
1.9.3.1	Tätigkeiten
1.9.3.2	Transportmittel
1.9.4	Nachgeschalteter Bereich
1.9.4.1	Tätigkeiten
1.9.4.2	Transportmittel

Fallstudie Schweißen (Tab.2)

1 Arbeitsplatzanalyse
1.1 Zu verschweißende Materialien
1.2 Schweißparameter
1.2.1 Nahtlänge ohne Unterbrechung
1.2.2 Materialstärke
1.2.3 Luftspaltverlauf
1.2.4 Drahtdurchmesser
1.2.5 Gas
1.2.6 Nahtlage
1.2.6.1 Beschreibung der Lage
1.2.6.2 Zugänglichkeit
1.2.7 Nahtquerschnitt
1.2.8 Nahtform
1.2.9 Nahtunterberechungen
1.2.10 Fallend schweißen erlaubt
1.2.11 Zwangslagen z.B. Überkopf
1.3 Werkstück
1.3.1 Fertigteil
1.3.1.1 Gewicht fertig geschweißtes Teil
1.3.1.2 Abmessungen Fertigteil
1.3.2 Rohteil
1.3.2.1 Anzahl der Einzelstücke
1.3.2.2 Abmessungen
1.3.2.3 Art der Vorbereitung
1.3.2.4 Toleranzen innerhalb des Loses
1.4 Spannvorrichtung
1.4.1 Genauigkeit
1.4.2 Spannmittel
1.4.3 Zugänglichkeit beim Schweißen
1.4.4 Lösen von Spannhebeln während des Schweißens
1.5 Fertigungsanalyse
1.5.1 Anzahl der Lose
1.5.2 Loshäufigkeit/Jahr
1.5.3 Stückzahl/Los
1.5.4 Art der Fertigungssteuerung
1.6 Zeiten
1.6.1 Einzelteilbereitstellungszeit
1.6.2 Spannzeit
1.6.3 Abspannzeit
1.6.4 Schweißzeit
1.7 Benachbarte Bereiche
1.7.1 Vorgeschalteter Bereich
1.7.1.1 Tätigkeiten
1.7.1.2 Verkettung
1.7.1.3 Transportbehälter
1.7.2 Nachgeschalteter Bereich
1.7.2.1 Tätigkeit
1.7.2.2 Verkürzung
1.7.2.3 Transportbehälter

Um schon bei der Analyse der Tätigkeiten dem Planer einen Hinweis auf die Realisierungsmöglichkeit zu geben, wurden die in den Bildern 2.2-19 bis 2.2-21d aufgeführten Fertigungsparameter sowie auch einige mögliche Lösungen bzw. Hilfsmittel entwickelt.

Werkstück-parameter	automatisierungs-freundlich	bedingt automati-sierungsfreundlich	schwer auto-matisierbar
Formelemente	Orientierungsmerk-male an der Außen-kontur	teilweise Orientie-rungsmerkmale vorhanden	keine Orientie-rungsmerkmale an der Außenkontur
Ordnungsgrad	Teile geordnet	teilgeordnet	ungeordnet
Schwerpunkts-lage	stabil	mehrere stabile Werkstücklagen	instabil
Vorzugslage	mehrere	ein bis zwei	keine
Positionierung	Teile einzeln	palettiert	gestapelt
Form	kompakt	zusammengesetztes Formteil	Wirrteil
Festigkeit	starr	elastisch	plastisch
Oberfächen-güte	keine besonderen Anforderungen an Krafteinleitung	besondere Anforde-rungen an Kraft-einleitung	Oberfläche rostig, ölig, naß, ver-kratzt, usw.
Temperatur	Raumtemperatur	RT* ± 20 °	WST* heiß
Gewicht	gering	mittel	groß
Hauptzeit	lange	mittel	kurzzyklisch

* RT: Raumtemperatur
* WST: Werkstück

Bild 2.2-19: Analysekriterien der Werkstückhandhabung

Werkstück- parameter	automatisierungs- freundlich	bedingt automati- sierungsfreundlich	schwer auto- matisierbar
Ordnungsgrad der Werkstücke	geordnet keine Hilfs- mittel nötig	teilgeordnet z.B. zentrierende Greifer, Anschlag, Hilfsvorrichtungen	ungeordnet Vibrationstöpfe Schikanen, Sensoren ext. Magazinierung
Formänderungs- grad	niedrig Greifer ändert sich nicht	mittel Öffnungs- und Schließweg d. Grei- fers angepaßt, Dop- pelgreifer, anpass. Greifbacken	hoch zwei Formelemente, Greiferwechsel, zwei HH-Einheiten, Doppelgreifer
Werkstück- form	rotationsymetrisch Greiffläche fest- legen, Zangengreifer möglich	prismatisch Greiffläche fest- legen, Greifele- mente	komplexe Greiffläche fest- legen, Greifele- mente, Orientie- rung ist relevant
Positionierung der Teile	einzeln Greiffl. aus- suchen, Zugänglich- keit in Maschine	palettiert Teile berühren sich nicht: Greifele- ment festlegen; Teile berühren sich: Greiffl. festlegen, 2 Greiferprinzipien, Maschinenzugängl. prüfen	gestapelt Vereinzelung Greiffl. aus- suchen z.B. Saug- greifer, mech. Greifer

Bild 2.2-20: Hilfsmittel zur Automatisierung der Werkstückhandhabung in Abhängigkeit der Werkstückparameter

Art	Werkstück-parameter	automatisierungs-freundlich	bedingt automati-sierungsfreundlich	schwer auto-matisierbar
Schleifen, Entgraten	Rohteil	WST* bearbeitet	WST aus Metall-form mit Graten	WST aus Sandguß mit Steiger, Anguß und Grat
	Werkzeug-verschleiß	gering	WZ* mit bekann-tem Verschleiß	Verschleiß un-regelmäßig
	Schleifan-triebsleistung	gering	mittel	groß
	Schleifvor-bereitung	WST in Vorrichtung		WST nicht in Vorrichtung
	Schleifbarkeit	gut	mittel	Werkstoff schmiert
	Schleifzeit	gering	mittel	lang
Bohren	Bohrdurch-messer	2-10 mm	1-2 mm und 15-20 mm	bis 1 mm und >20 mm
	Spanbarkeit	gut	mittel	schlecht
	Hilfsstoffe	erforderlich	in geringem Maß	laufend erfor-derlich
	Spanart	Bruchspan		langer Fließ-span
	Bohrvorbe-reitungsgrad	WST in Vor-richtung	WST auf Unter-lage auflegen	WST frei halten
	Bohrungsart	Sackloch	dünnes Material	Durchgangsloch

* WST: Werkstück
* WZ: Werkzeug

Bild 2.2-21a: Kriterien bei der Automatisierung von Fertigungsverfahren an den Beispielen Schleifen und Bohren

Art	Werkstück parameter	automatisierungsfreundlich	bedingt automatisierungsfreundlich	schwer automatisierbar
Punktschweißen	Abmessungen	WST* klein	WST mittelgroß	WST groß
	Punktschweißeigenschaften	gut	mittel	schlecht
	Zugänglichkeit	gut	mittel	Spannvorrichtung bzw. Greifer nötig
	Oberfläche	blank		ölig und verzundert
Bahnschweißen	Zugänglichkeit	Nähte aus mehreren Richtungen zugänglich	Nähte aus einer Richtung zugänglich	Zugänglichkeit ändert sich beim Schweißvorgang
	Brennerform	gleichbleibend	2 Formen	mehrere Formen
	Blechstärke	$d > 5$ mm	2 mm $\leq d \leq$ 5 mm	$d < 2$ mm
	Luftspalttoleranz	gering	mittel	groß
	Spannbarkeit	gut	mittel	schlecht
	Wärmeeinbringung	gering	mittel	hoch
	WST-Lage	WST nicht bewegt	WST-Position in Schritten	WST-Bewegung ist synchron zu IR-Bewegung
	Schweißverfahren	MIG-MAG	Fülldraht	WIG mit Stabdtraht

* WST: Werkstück, d: Blechdicke, b: Luftspalt

Bild 2.2-21b: Prozeßabhängige Kriterien bei der Automatisierung des Punkt- und Bahnschweißens

Art	Werkstück-parameter	automatisierungs-freundlich	bedingt automati-sierungsfreundlich	schwer auto-matisierbar
Punktschweißen	Abmessung	WST* klein: keine Probleme	WST mittel: IR mit großer, weitausl. Zange	WST groß: IR verfahrbar, WST Verfahrb., Zange mit gr. Ausladung
	Oberfläche	sauber: keine Probleme	verschmutzt: Reinigung manuell, z.B. abwischen	stark ver-schmutzt:Bei-zen,Bürsten, Materialwahl
	Zugänglich-keit	gut: kein Problem	mittel: weit auslegende Zange, Zangen-wechsel	schlecht: Spannvorrich-tung, Zangen-gestaltung
	Werkstück-toleranzen	gering: einfache Spanner	mittel: Anzahl der Spanner	groß: Teilevorbe-reitung über-prüfen
Bahnschweißen	Zugänglichkeit	gut: einfacher Tisch	mittel: Dreh-Kipp-Tisch getaktet	schlecht: Dreh-Tisch synchronisiert
	Brennerform	kein Brenner-wechsel	max. zwei Brenner: Greifen der Brenner	mehrere Brenner: automatischer Brennerwechsel
	Spannbarkeit	gut	mittel: Vorrichtungsaus-legung	schlecht: Vorrichtungs-auslegung
	Schweißver-zug	gering	mittel: Vorrichtungs-auslegung	groß: Vorrichtungs-auslegung, Schweißfolge

* WST: Werkstück

Bild 2.2-21c: Möglichkeiten der Peripherieanpassung bei unterschiedlichen Aufgabenstellungen an den Beispielen Punkt- und Bahnschweißen

Art	Werkstück-parameter	automatisierungs-freundlich	bedingt automati-sierungsfreundlich	schwer auto-matisierbar
Schleifen, Entgraten	Rohteil	bearbeitet	mit Graten	aus Sandguß
	Schleifbar-keit	gut	mittel: Werkzeugauswahl und Kühlmittel, Schneidenform, usw.	schlecht: Werkzeugaus-wahl und Kühlmittel, usw.
	Schleifzeit	gering: ohne Kühlung	mittel: eventuell Kühlung	lang: Kühlung naß oder mit Luft
Bohren	Spanbarkeit	gut	mittel Materialauswahl, Spanbrecher,	schlecht Materialaus-wahl, Span-brecher,
	Hilfsstoffe	keine	periodisch: Dosiereinheit	prozeßbedingt: Programm
	Spanart	Kommaspan	Bruchspan	Langspan
	Bohrer-durchmesser	mittel	klein Vorschubprgramm.	groß: Vorschubprogr.

Bild 2.2-21d: Möglichkeiten der Peripherieanpassung beim Schleifen und Bohren

Neben den in den Bildern 2.2-19 bis 2.2-22d aufgeführten Handhabungstätigkeiten gewinnt sicherlich auch die Montage immer mehr Bedeutung bei Automatisierungsaufgaben. Welche Kriterien hierbei berücksichtigt werden sollen, ist in den folgenden Leitsätzen zur Werkstückgestaltung für die Automatisierung mit programmierbaren Montagesystemen aufgeführt. Es lassen sich Gestaltungsrichtlinien aufstellen, die den für die Automatisierung erforderlichen technischen Aufwand in den Bereichen

* Ordnen,
* Zuführen,
* Fügen,
* Kontrollieren

senken und die Montagevorgänge zuverlässiger machen.

1. Ungeordnete Werkstücke dürfen sich nicht miteinander verhaken, verbinden oder verklemmen.
   - Werkstücke sollen keine Löcher und Schlitze einerseits und Zapfen und Haken andererseits in den gleichen Abmessungen aufweisen.
   - Federn sollen ein bis zwei eng anliegende Windungen an den Enden aufweisen.
2. Werkstücke sollen gut stapelbar und aufreihbar sein und dürfen sich beim Aneinanderreihen nicht aufeinanderschieben.
3. Werkstücke sollen möglichst in vielen Dimensionen ausgeprägt symmetrisch oder völlig unsymmetrisch sein. Dadurch wird der Aufwand für das Ordnen geringer.
4. Werkstücke sollen ausgeprägte Stand- und Auflageflächen besitzen und betont abgesetzte Durchmesser haben.
5. Baugruppen sind so zu gestalten, daß nur ein Minimum an Einzelteilen erforderlich ist.
   - selbstschneidende Schrauben machen Muttern unnötig.
   - Schnappverbindungen erleichtern den Fügevorgang und sparen Einzelteile.
   - Spritzgußteile einsetzen.
6. Einzelteilgestaltung soll den Montagevorgang erleichtern und unterstützen.
   - Schnappverbindungen vereinfachen den Fügevorgang.
   - Einführschrägen zum leichteren Positionieren und Einführen.
   - Geeignete Schrauben erleichtern das automatische Schrauben (z.B. Kreuzschlitzschrauben, Schrauben mit konischem Gewindeende).
   - Übereinstimmung vermeiden.
   - Anpassarbeiten vermeiden.
   - Gleichzeitiges Einführen vermeiden.
   - Lange Fügewege vermeiden.
7. Baugruppen und Einzelteile sind so zu gestalten, daß man mit möglichst geringen Genauigkeitsanforderungen auskommt.
   - Die Verwendung von Kerbstiften vereinfacht die Bohrungsherstellung.
   - Keine unnötig kleinen Toleranzen vorsehen.
   - Übereinstimmung vermeiden.
8. Fließgut ist vor Stückgut einzusetzen. Dieses Prinzip begründet sich auf Handhabungsvereinfachungen und den daraus resultierenden Vorteilen bei der Be- und Verarbeitung von Band- und Drahtwerkstoffen sowie Stangen- und Streifenhalbzeugen, denen die besondere Eigenschaft des Fließcharakters zukommt. Dieser ist in der

Fertigung über möglichst viele Prozeßstufen beizubehalten.
Der Fließcharakter läßt sich auch erreichen, wenn von der Möglichkeit des Magazinierens Gebrauch gemacht wird und schwierig zu handhabendes Stückgut durch Aufsetzen, Aufstecken oder Aufkleben auf ein Trägerband in "Quasi-Fließgut" umgewandelt werden kann.

Neben einer automatisierungsgerechten Ausführung der Teile und Baugruppen ist natürlich auch erforderlich, daß

- die Werkstücke keine Fertigungsmängel aufweisen, die zur Blockierung der Werkstückflußkanäle im automatisierten Prozeß führen können, und daß
- die Eigenschaften, die ein Werkstück aufweist, auch voll genutzt werden.

Bei den einzelnen Teilgruppen ist auf folgende Fertigungsmängel zu achten:

- Schnitteile: übermäßige Gratbildung, Beimengungen von Abfallteilen, nicht vollständig ausgeschnittene Teile, verschmutztes Gut (Öl, Fett), Beimengungen von Fremdteilen.
- Biegeteile: Gratbildung, Gratseite nicht beachtet, ungenaue Einhaltung des Biegewinkels.
- Metallgußteile: Verzug, Unebenheiten, Grat an der Formkastentrennstelle.
- Spritzgußteile: Anspritzgrat, Verzug in der Längsachse, Unrundheiten, elektrostatische Aufladung, Oberflächenrauhigkeit, Einfallstellen.
- Bearbeitete Teile: Drehbutzen, Grat, anhaftende Späne, Rückstände von Öl und Bohremulsion, Nichteinhaltung von Toleranzen.
- Gummiformteile: Nichteinhaltung von Toleranzen, unvollständig ausgeformte Teile, Hautbildung an den Formtrennstellen.
- Porzellanteile: Splitter, Grat, Nichteinhaltung der Toleranzen, Oberflächenrauhigkeit.
- Holzteile: krumm, verzogen, abstehende Fasern und Splitter, keine Toleranzeinhaltung.

2.2.4 Beurteilung der Automatisierbarkeit eines gegebenen Arbeitsplatzes

Anhand der Analysenergebnisse ist zuerst zu prüfen, ob der jeweilige Arbeitsplatz den folgenden drei Voraussetzungen, die grundsätzlich bei der Automatisierung der Handhabung erfüllt sein müssen, genügt:

- Gleiche Arbeitsabläufe werden mehrmals wiederholt.
- Die Arbeitsvorgänge sind zu jedem Zeitpunkt eindeutig definiert.
- Die Arbeitsvorgänge enthalten höchstens einfache, anhand quantifizierbarer Größen zu fällende Entscheidungen.

Falls diese Überprüfung positiv ausfällt, ist anschließend der technisch-wirtschaftliche Erfolg des Industrierobotereinsatzes abzuschätzen.

Zur Klärung dieser Frage bietet sich der in Bild 2.2-22 dargestellte Fragenkatalog an. Die dort angeführten fertigungsmittelbezogenen Kriterien eignen sich allgemein zur Beurteilung der Erfolgsaussichten von handhabungsspezifischen Automatisierungsmaßnahmen. Sie beruhen auf der Tatsache, daß der Einsatz eines Handhabungsgerätes nur sinnvoll ist, wenn der gesamte Bearbeitungsvorgang sowie alle ständig auszuführenden Nebenfunktionen automatisch ablaufen. Falls die gegebenen Fertigungsmittel diese Bedingungen nicht erfüllen, müssen sie nachträglich automatisiert bzw. ersetzt werden, wodurch erhebliche Zusatzkosten entstehen können.

Die übrigen in Bild 2.2-22 aufgeführten Kriterien sind hingegen speziell auf den Industrierobotereinsatz zugeschnitten. Die Forderung nach einem 2-Schichtbetrieb des Arbeitsplatzes beruht auf einer Wirtschaftlichkeitsabschätzung, bei der angenommen wurde, daß durch den Einsatz eines Industrieroboters an dem gegebenen Arbeitsplatz ein Werker pro Schicht weniger benötigt wird. Die Kosten für den Beschäftigten wurden dabei mit DM 50.000 und die Investitionskosten für die Automatisierung mit DM 210.000 angesetzt.

Letztere Kosten schlüsseln sich auf in

DM 140.000 für den Industrieroboter (mittlerer Kaufpreis für Industrieroboter im Jahre 1985) und
DM 70.000 für die Peripherie (50% der Industrieroboterkosten).

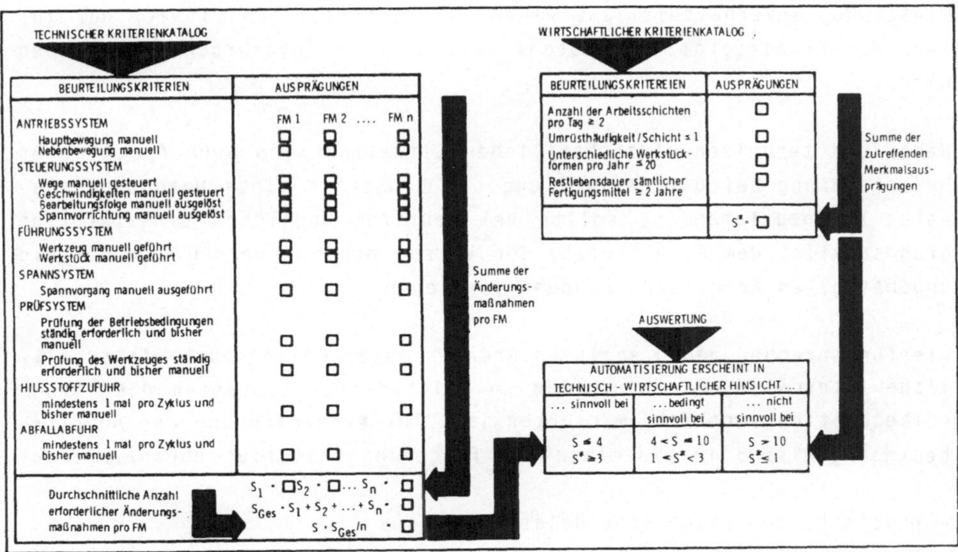

Bild 2.2-22: Kriterienkatalog zum Abschätzen der Realisierbarkeit handhabungsspezifischer Automatisierungsmaßnahmen

Die Forderung nach einer Begrenzung der Umrüsthäufigkeit ist aufzustellen, da bislang der Industrieroboter nicht schneller arbeitet als der Mensch und somit die Rüstzeiten für das Handhabungsgerät in der Größenordnung der persönlichen Verteilzeiten liegen müssen, wenn ohne Einsatz zusätzlichen Personals zum Rüsten gleiche Taktzeiten wie bei manueller Bedienung erreicht werden sollen. Der angegebene Grenzwert berechnet sich für die Annahme einer persönlichen Verteilzeit von 7% und einer Rüstzeit von 0,5 Stunden für den Industrieroboter.

Eine Begrenzung der Werkstückvielfalt ist zu fordern, da bislang noch keine ausreichend flexiblen peripheren Einrichtungen auf dem Markt angeboten werden und somit mit der Anzahl der zu handhabenden Werkstücke der Automatisierungsaufwand wesentlich anwächst.

Die Forderung nach einer minimal zulässigen Restlebensdauer der gegebenen Fertigungsmittel beruht wiederum auf dem gegenwärtigen Verhältnis von Lohnkosten zu Investitionskosten für einen Industrieroboter. Dieses Kostenverhältnis läßt einen wirtschaftlichen Einsatz nur zu, wenn der Arbeitsplatz mindestens zwei Jahre ununterbrochen betrieben wird.

Neben der technisch-wirtschaftlichen Situation sind auch Aspekte der Humanisierung bei der Beurteilung des Einsatzes eines Handhabungsgerätes heranzuziehen. So sollte bei mehreren möglichen Einsatzfällen grundsätzlich dem Arbeitsplatz der Vorzug gegeben werden, an dem die ungünstigsten Arbeitsbedingungen vorliegen.

Hierfür sprechen neben sozialen Gründen letztendlich auch wirtschaftliche Interessen, da naturgemäß an solchen Arbeitsplätzen das Personalbeschaffungsproblem am größten ist. Zur Kennzeichnung der Arbeitsbedingungen sind im einzelnen die folgenden Kriterien heranzuziehen:

- physische und psychische Belastungen,
- Umweltbedingungen,
- Unfallgefahren.

Da diese nicht immer meßbar sind, empfiehlt es sich, ihre Einstufung anhand von festgelegten Beispielen (Bild 2.2-23) oder im direkten Vergleich zu anderen Arbeitsplätzen vorzunehmen. Mit Hilfe der beschriebenen Vorgehensweise kann bereits häufig über die prinzipielle Eignung eines gegebenen Arbeitsplatzes für einen Industrierobotereinsatz entschieden werden.

In manchen Fällen jedoch werden die notwendigerweise sehr vereinfachten Entscheidungskriterien auf diese Frage keine eindeutige Antwort geben können. Dann gilt es, anhand zusätzlicher, in der Grobanalyse gewonnener Informationen, eingehendere Überprüfungen durchzuführen. Hierbei ist insbesondere zu untersuchen, ob die Annahmen, die der Formulierung des obigen Kriterienkataloges zugrunde lagen, im gegebenen Fall tatsächlich zutreffen.

Merkmal / Bewertungsfaktor	BELASTUNG DER SINNE UND NERVEN	MONOTONIE	BELASTUNG DER MUSKELN	LARM
GRUNDLAGE FUR DIE BEWERTUNG	Maßgebend ist die verlangte Anforderung an Sehen, Hören, Fühlen, Tasten zur Erfassung des beobachteten Zustands oder Ablaufs	Monotonie wird gemessen an der Häufigkeit mit der Veränderungen im Arbeitsablauf auftreten, sowie der Notwendigkeit selbständigen Uberlegens und Entscheidens	Maßgebend sind Betrag, Dauer und zeitliche Verteilung der Belastung	Maßgebend sind Lautstärke, Art des Lärms (Frequenz) und zeitlicher Verlauf der Einwirkung
BELASTUNG: HOCH	Ständige Ausführung von schwierigen Kontrollaufgaben an kleinen oder sehr präzisen Teilen	Massenfertigung mit seltenen Änderungen z.B. PKW-Montage	Stehende Tätigkeit mit regelmäßiger Handhabung von Teilen mit über 10 kg Masse	Geräusch von Schmiedehämmern
MITTEL	Ausführung genauer, nicht routinemäßiger Arbeiten z.B. im Werkzeugbau	Mittel- bis Großserienfertigung einfacher Bauteile mit gelegentlichen Programmwechseln, z.B. Beschicken von Pressen zur Blechbearbeitung	Stehende Tätigkeit mit häufigem Bücken und Anheben von Teilen	Geräusch von Pressen bei der Blechbearbeitung
GERING	Beobachten komplexer Abläufe z.B. an NC-Bohr- und Fräswerk	Klein- oder Mittelserienfertigung komplizierter Bauteile mit häufigen Programmwechsel, z.B. an NC-Maschinen	Stehende Tätigkeit Handhabung von leichten Werkstücken	Maschinenlärm ohne besondere Lärmspitzen
SEHR GERING	Beobachten einfacher Abläufe	Einzelfertigung größerer Bauteile oder Strukturen, z.B. von Pressenwerkzeugen	Sitzende Tätigkeit, Handhabung von leichten Werkstücken	Keine oder geringe Maschinengeräusche, z.B. im Kontrollraum

Bild 2.2-23: Beispiele für die Bewertung der Arbeitsbedingungen

2.2.5 Literaturverzeichnis zu Kapitel 2.2

Schmidt-Streier, U.: Einsatzplanung von Industrierobotern - Interaktives grafisches Rechnersystem hilft. Technische Rundschau, (1980), Nr. 27.

Hermann, G.: Analyse von Handhabungsvorgängen im Hinblick auf deren Anforderungen an programmierbare Handhabungsgeräte (PHG) in der Teilefertigung. Dr.-Ing.-Dissertation Universität Stuttgart, 1976.

Brodbeck, B.; Schmidt-Streier, U.: Neue Handhabungssysteme als technische Hilfe für den Arbeitsprozeß. Abschlußbericht (Teil 2) zum gleichnamigen Forschungsvorhaben des Bundesministeriums für Forschung und Technologie, Juli 1980.

Warnecke, H.-J.; Weiss, K.: Katalog Zubringeeinrichtungen - Hilfsmittel zur Planung von Handhabungssystemen. Mainz: Krauskopf-Verlag 1970.

Konold, P.; Kern, H.; Reger, H.: Arbeitssystem Elemente Katalog - Hilfsmittel zur Planung von Arbeitssystemen. Mainz: Krauskopf-Verlag 1977.

Zangenmeister, L.: Grundzüge der Nutzwertananlyse in der Systemtechnik. München: Wittemannsche Buchhandlung 1970.

Warnecke, H.-J.; Schraft, R.D.: Industrieroboter Katalogband. Mainz: Krauskopf-Verlag 1980.

Warnecke, H.-J.; Schraft, R.D.: Handbuch Handhabungs-, Montage- und Industrierobotertechnik. Landsberg: MI-Verlag 1984.

Schmidt-Streier, U.: Einsatzplanung von Industrierobotern - Interaktives grafisches Rechnersystem hilft. Technische Rundschau, (1980), Nr.27.

Taha, H.: Operations Research.
New York: Macmillian Company, 1971.

Conolly, B.: Future Notes on Queuing Systems.
New York, London: John Wiley & Sons, 1975.

A N H A N G

FORMBLÄTTER ZUR

ARBEITSPLATZANALYSE

ARBEITSPLATZANALYSE		
MERKMALE	ALTERNATIVEN ERLÄUTERUNGEN	SPEZIFIKATIONEN
Allgemeine Angaben		
1. Arbeitsplatz Nr.		
2. Analyse bei Firma		
3. Datum der Analyse		
4. Bearbeiter		
Kennzeichnung Arbeitsplatz		
5. Aufgaben für IR	Werkstückhandhabung (WSH)	☐
	Werkzeughandhabung (WZH)	☐
	WZH mit Werkstückandhabung	☐
	WZH mit Bearbeitung	☐
6. Fertigungsverfahren	Urformen	☐
	Umformen	☐
	Trennen	☐
	Fügen	☐
	Stoffeigenschaften ändern	☐
	Beschichten	☐
	Handarbeitsplatz	☐
Organisatorische - Wirtschaftliche Daten		
7. Arbeitsstunden / Tag		
8. Arbeiter / Schicht		
9. Gleichart. Arbeitsplätze	in derselben Firma	
10. Anzahl verschiedener Werkstücke pro Jahr		
11. Losgröße (Stück)	im Durchschnitt	
12. Taktzeit (min)	im Durchschnitt	
13. Umrüsthäufigkeit /h		

ARBEITSPLATZANALYSE			
MERKMALE	ALTERNATIVEN ERÄUTERUNGEN	SPEZIFIKATIONEN	
Handhabungsgut		Rohteil	Fertigteil
14/15 Anzahl gleichartiger Werkstücke je Zyklus			
16/17 Anzahl verschiedener Werkstücke je Zyklus			
18/19 Maximales Werksstück - gewicht (kg)	bei mehreren gleichzeitig gehandhabten Werk - stücken: Summe der Werkstückgewichte		
20/21 Maximale Ab - messung (mm)			
22/23 Aggregatzustand	starr deformierbar flüssig gasförmig	☐ ☐ ☐ ☐	☐ ☐ ☐ ☐
24/25 Art des Werkstückes			
26/27 Werkstoff			
28/29 Empfindlichkeit	keine bruchempfindlich oberflächenempfindlich schlag-, stoßempfindlich sonstiges	☐ ☐ ☐ ☐ ☐	☐ ☐ ☐ ☐ ☐
30/31 Temperatur (T)	T = Raumtemperatur T = - 200 C - 200 C < T < 0 C 0 C < T < 400 C 400 C < T < 800 C T > 800 C	☐ ☐ ☐ ☐ ☐ ☐	☐ ☐ ☐ ☐ ☐ ☐
32/33 Sonstige besondere Eigenschaften	keine störenden naß verölt, verfettet Späne Porösität Sonstiges	☐ ☐ ☐ ☐ ☐ ☐	☐ ☐ ☐ ☐ ☐ ☐

ARBEITSPLATZANALYSE			
MERKMALE	ALTERNATIVEN ERÄUTERUNGEN	SPEZIFIKATIONEN	
Handhabungsgut		Rohteil	Fertigteil
34/35 Sichtkontrolle am Werkstück	Ja	☐	☐
	Nein	☐	☐
36/37 Kontrolle der Abmessungen	nicht erforderlich	☐	☐
	mit Universalmeßeinrichtung manuell	☐	☐
	mit fest eingestellter Prüfeinrichtung manuell	☐	☐
	halbautomatisch mit Anzeige	☐	☐
	vollautomatische Kontrolleinrichtung	☐	☐
38/39 Weitere Werkstückkontrollen			
Handhabungsaufgabe			
40 Ausgeführte Handhabungsfunktionen	Bunkern	☐	
	Magazinieren	☐	
	Ordnen	☐	
	Zuteilen	☐	
	Drehen	☐	
	Ein-, Aus-, Weitergeben	☐	
41 Sind simultane koordinierte Bewegungen beider Hände erforderlich	Ja	☐	
	Nein	☐	
42 Treten zufällige Variationen im Handhabungsablauf auf?	Ja	☐	
	Nein	☐	
43 Erforderliche Positioniergenauigkeit			

ARBEITSPLATZANALYSE	
MERKMALE	
Handhabungsablauf	
44 Kurzbeschreibung	
45 Skizze des Handhabungsablaufes und Maschinenaufstellungsplanes (evtl. Foto verwenden)	
Beispiel :	

ARBEITSPLATZANALYSE						
MERKMALE	ALTERNATIVEN ERÄUTERUNGEN	SPEZIFIKATIONEN				
Fertigungsmittel (FM)						
46. Anzahl der Fertigungsmittel (FM)						
		FM1	FM2	FM3	FM4	FM5
47 - 51 Art der FM	Drehmaschine	☐	☐	☐	☐	☐
	Bohrmaschine	☐	☐	☐	☐	☐
	Fräsmaschine	☐	☐	☐	☐	☐
	Schleifmaschine	☐	☐	☐	☐	☐
	Hammer- u. Schmiedemaschine	☐	☐	☐	☐	☐
	Stanze und Presse	☐	☐	☐	☐	☐
	Schweißmaschine	☐	☐	☐	☐	☐
	Ofen	☐	☐	☐	☐	☐
	Abkühleinrichtung	☐	☐	☐	☐	☐
	Meß- u. Prüfeinrichtung	☐	☐	☐	☐	☐
	Sonstige ______	☐	☐	☐	☐	☐
52 - 56 Restlebensdauer (Jahre)						
57 - 61 Störungs - häufigkeit /h	unbekannt 99					
62 - 66 Genaue Bezeich - nung der FM	FM1 ▷					
	FM2 ▷					
	FM3 ▷					
	FM4 ▷					
	FM5 ▷					
67 - 71 Automatisierungs - grad Antreiben	Hauptbewegung manuell	☐	☐	☐	☐	☐
	Nebenbewegung manuell	☐	☐	☐	☐	☐
	WS* manuell positionieren	☐	☐	☐	☐	☐
	Sicherheitseinrichtung bewegen	☐	☐	☐	☐	☐
	alle Antriebe mit Hilfsenergie	☐	☐	☐	☐	☐
	WS*: Werkstück					

ARBEITSPLATZANALYSE						
MERKMALE	ALTERNATIVEN ERÄUTERUNGEN	SPEZIFIKATIONEN				
Fertigungsmittel (FM)		FM1	FM2	FM3	FM4	FM5
72 - 76 Automatisierungs - grad Steuern	Verfahrweg u./o. Geschwindigkeit manuell gesteuert	☐	☐	☐	☐	☐
	Bearbeitungsfolge manuell gesteuert	☐	☐	☐	☐	☐
	Spannvorrichtung manuell gesteuert	☐	☐	☐	☐	☐
	alle Funktionen automatisch	☐	☐	☐	☐	☐
77 - 81 Automatisierungs - grad Führen	Werkzeug manuell während Bearbeitung führen	☐	☐	☐	☐	☐
	WS manuell während Bearbeitung führen	☐	☐	☐	☐	☐
	alle Bewegungen ma - schinell ausgeführt	☐	☐	☐	☐	☐
82 - 86 Automatisierungs - grad Spannen	teilweise o. ganz manuell	☐	☐	☐	☐	☐
	vollständig automatisch / maschinell	☐	☐	☐	☐	☐
87 - 91 Hilfsstoff	kein Hilfsstoff	☐	☐	☐	☐	☐
	Druckluft	☐	☐	☐	☐	☐
	Öl (Kühlung, Schmierung)	☐	☐	☐	☐	☐
	Kühlwasser	☐	☐	☐	☐	☐
	Emulsion	☐	☐	☐	☐	☐
	Pasten, Fett	☐	☐	☐	☐	☐
	starre Körper	☐	☐	☐	☐	☐
92 - 96 Zuführung des Hilfsstoffes im Istzustand	manuell ohne Hilfsmittel	☐	☐	☐	☐	☐
	manuell mit Hilfsmittel ohne Hilfsenergie	☐	☐	☐	☐	☐
	manuell mit Hilfsmittel und Hilfsenergie	☐	☐	☐	☐	☐
	halbautomatisch	☐	☐	☐	☐	☐
	vollautomatisch	☐	☐	☐	☐	☐
97 - 101 Häufigkeit der Hilfsstoffzuführung	keine Angaben	☐	☐	☐	☐	☐
	1 nach mehreren Zyklen	☐	☐	☐	☐	☐
	1 pro Zyklus	☐	☐	☐	☐	☐
	mehrmals pro Zyklus	☐	☐	☐	☐	☐
	ständig während Zyklus	☐	☐	☐	☐	☐

ARBEITSPLATZANALYSE						
MERKMALE	ALTERNATIVEN ERÄUTERUNGEN	SPEZIFIKATIONEN				
Fertigungsmittel (FM)		FM1	FM2	FM3	FM4	FM5
102 - 106 Abfall	kein Abfall	☐	☐	☐	☐	☐
	langbrechende Späne	☐	☐	☐	☐	☐
	kurzbrechende Späne	☐	☐	☐	☐	☐
	Staub, Zunder	☐	☐	☐	☐	☐
	Blechaus - bzw. - abschnitte	☐	☐	☐	☐	☐
107 - 111 Abfallabführung im Istzustand	manuell mechanisch	☐	☐	☐	☐	☐
	manuell ausblasen	☐	☐	☐	☐	☐
	manuell absaugen	☐	☐	☐	☐	☐
	manuell ausschwemmen	☐	☐	☐	☐	☐
	automatisch	☐	☐	☐	☐	☐
112 - 116 Häufigkeit der Abfallabführung	keine Angaben	☐	☐	☐	☐	☐
	1 nach mehreren Zyklen	☐	☐	☐	☐	☐
	1 pro Zyklus	☐	☐	☐	☐	☐
	mehrmals pro Zyklus	☐	☐	☐	☐	☐
	ständig während des Zyklus	☐	☐	☐	☐	☐
117 - 121 Kontrolle der Betriebsbeding.	nicht ständig erforderlich	☐	☐	☐	☐	☐
	ständig erforderlich	☐	☐	☐	☐	☐
122 - 126 Kontrolle des Werkzeuges	nicht erforderlich	☐	☐	☐	☐	☐
	Verschleiß	☐	☐	☐	☐	☐
	Bruch	☐	☐	☐	☐	☐
127 -131 Art der Werk - zeugkontrolle	Sichtkontrolle	☐	☐	☐	☐	☐
	Universalmeßeinrichtung	☐	☐	☐	☐	☐
	fest eingestellte Prüf - einrichtung manuell	☐	☐	☐	☐	☐
	halbautomatisch mit Anzeige	☐	☐	☐	☐	☐
	vollautomatische Kontroll - einrichtung	☐	☐	☐	☐	☐
132 - 136 Häufigkeit der Werkzeugkontrolle	ständig	☐	☐	☐	☐	☐
	mehrmals pro Zyklus	☐	☐	☐	☐	☐
	1 mal pro Zyklus	☐	☐	☐	☐	☐
	in längeren Zeitabständen					

ARBEITSPLATZANALYSE		
MERKMALE	ALTERNATIVEN ERÄUTERUNGEN	SPEZIFIKATIONEN
Fertigungsmittel (FM)		
137 Weitere Kontrollen		
Arbeitsbedingungen		sehr gering / gering / mittel / hoch
138 Unfallgefahren		☐ ☐ ☐ ☐
139 Monotonie		☐ ☐ ☐ ☐
140 Belastung der Muskeln		☐ ☐ ☐ ☐
141 Schmutz / Staub		☐ ☐ ☐ ☐
142 Öl / Fett		☐ ☐ ☐ ☐
143 Temperatur		☐ ☐ ☐ ☐
144 Nässe, Säure, Lauge		☐ ☐ ☐ ☐
145 Gase, Dämpfe		☐ ☐ ☐ ☐
146 Lärm		☐ ☐ ☐ ☐
147 Erschütterungen		☐ ☐ ☐ ☐
148 Blendung / Lichtmangel		☐ ☐ ☐ ☐
149 Erkältungsgefahr		☐ ☐ ☐ ☐
150 Schutzkleidung		☐ ☐ ☐ ☐
Bearbeitungsfolge		
151 Kommen alle Werk - stücke vom gleichen Arbeitspatz ?	Ja Nein	☐ ☐
152 Laufen andere Werkstücke außerdem über vor - hergehenden Arbeitsplatz ?	Ja Nein	☐ ☐
153 Gehen alle Fertig - teile zum gleichen Arbeitsplatz ?	Ja Nein	☐ ☐

3 Arbeitsinhalts- und Arbeitssystemgestaltung

3.1 Grundlagen

3.1.1 Dimensionierung der Arbeitsinhaltsgestaltung

Bei der Gestaltung von Arbeitsinhalten und Arbeitsorganisation sind die o.g. Zielsetzungen zu realisieren und die für den arbeitenden Menschen subjektiv bedeutsamen Merkmale zu berücksichtigen. Dabei handelt es sich häufig um Merkmale, die mit höheren Qualifikationsanforderungen verbunden sind (Bild 3.1-1).

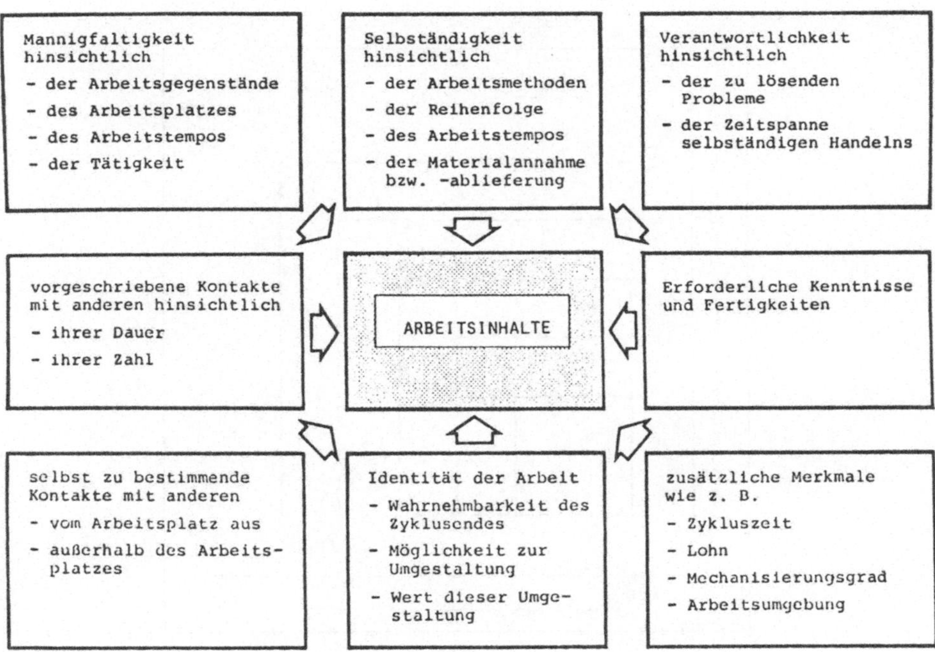

Bild 3.1-1: Subjektiv bedeutsame Merkmale des Arbeitsinhaltes (nach TURNER und LAWRENCE)

Die wichtigsten Maßnahmen der Arbeitsgestaltung und Arbeitsorganisation an IR-Systemen sind die qualitative und quantitative Arbeitsfeldvergrößerung (angelehnt an GAUGLER, KOLB, LING).

Zur qualitativen Arbeitsfeldvergrößerung zählen
- Arbeitsbereicherung,
- Schaffung und Erhöhung von Gruppenautonomie.

Die quantitative Arbeitsfeldvergrößerung beinhaltet
- Arbeitsplatzwechsel und
- Arbeitserweiterung.

ULICH betrachtet den Handlungsspielraum (ein Begriff, der qualitative und quantitative Faktoren umfaßt) einer Tätigkeit als Resultante von Tätigkeitsspielräumen und Entscheidungs- und Kontroll-spielraum (s. Bild 3.1-2).

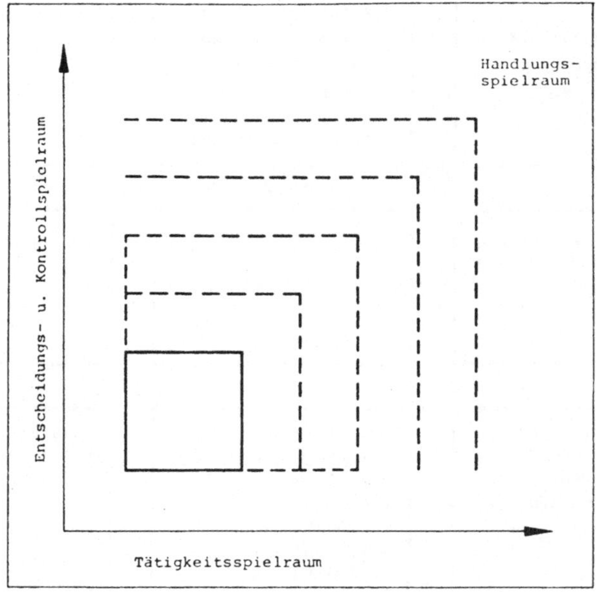

Bild 3.1-2: Handlungsspielraum als Resultante von Tätigkeitsspiel-spielraum und Entscheidungs-/Kontrollspielraum

Die quantitative Arbeitsfeldvergrößerung wird durch eine Erhöhung des Tätigkeitsspielraumes erreicht, während eine qualitative Arbeitsfeldvergrößerung erst mit einer Erhöhung des Entscheidungs- und Kontrollspielraumes eintritt.

3.1.2 Arbeitsgestaltung in IR-Systemen

An einem einzelnen Industrieroboter ist der Tätigkeitsumfang selten so groß, daß mehr als eine Person beschäftigt werden kann. Für eine quantitative Arbeitsfeldvergrößerung (Arbeitsplatzwechsel und Arbeitserweiterung) muß deshalb die Systemgrenze erweitert werden. Dem IR-System vor- oder nachgeordnete Arbeitsplätze sowie Umfeldaufgaben werden mit einbezogen. Der Tätigkeitsumfang hängt im wesentlichen ab von:

- der Größe des zu planenden Arbeitssystems,
- dem Mechanisierungsgrad der Arbeitsmittel,
- dem gesamten Arbeitsumfang je Werkstück,
- dem Werkstückvolumen und
- der Anzahl unterschiedlicher Werkstückarten und -varianten.

Grundsätzlich lassen sich in IR-Arbeitsystemen die Funktionsbereiche

- Produktionsvorbereitung,
- Produktionsunterstützung,
- Produktionsüberwachung,
- unmittelbare Produktion und
- Produktionserhaltung/-wiederherstellung

unterscheiden.

Der erste Funktionsbereich ist nochmals differenziert in die dispositiv-konzeptionellen Tätigkeiten und die Produktionsvorbereitung im engeren Sinne; der zweite Funktionsbereich unterteilt sich in allgemeine und direkte produktionsunterstützende Tätigkeiten. Die einzelnen Tätigkeiten sind im folgenden aufgelistet, um einen Überblick über das gesamte "Arbeitssystem IR" zu erhalten.

Produktionsvorbereitung

o Dispositiv-konzeptionelle Produktionsvorbereitung
  - Fertigungsplanung
  - Fertigungssteuerung

o Produktionsvorbereitung i.e.S.
  - Programmieren
  - Teachen und Speichern

- Programmtest und -korrektur
- Programmarchivierung
- Programmoptimierung

Produktionsunterstützung

o Allgemeine Produktionsunterstützung
  - Transport (Zu-/Abführung)
o Direkte Produktionsunterstützung
  - Umrüsten/Einrichten
  - Positionieren, Einlegen, Entnehmen
  - Maschinenbedienung

Produktionsüberwachung

o Produktkontrolle
o Produktionskontrolle, Prozeßüberwachung

Unmittelbare Produktion

o Nacharbeiten

Produktionserhaltung, -wiederherstellung

o Wartung (kompliziert/einfach)
o Störungsbeseitigung (kompliziert/einfach)
o Instandsetzung

Diese Aufgaben müssen weitgehend vom Menschen durchgeführt werden. Bei einer Arbeitsystembetrachtung und -planung unter Berücksichtigung der vor- und nachgelagerten Arbeitsplätze können noch weitere Aufgaben des jeweiligen Produktionsprozesses hinzukommen, die jedoch nur für den konkreten Einsatzfall angegeben werden können (vgl. SARI/SEITZ 1985).

3.1.3 Beschreibung relevanter Tätigkeitskomplexe

Die o.g. Arbeitsaufgaben sind zum Teil in ihrem Umfang und Inhalt nach beeinflußbar, wie die nachfolgenden Beispiele zeigen.

Programmieren

Zur Zeit herrscht zum Programmieren des IR die Werkstattprogrammierung im Teach-in-Verfahren vor, die meistens von den Bedienern des IR bzw. von den mit dem IR-Einsatz betrauten Arbeitnehmern übernommen werden kann. Dazu sind spezielle Schulungskurse (Programmierkurse) notwendig, für die noch Konzepte und Methoden erarbeitet werden (s.Projekt "QIR").
Bei Montagerobotern wird es schwieriger sein, Programmieraufgaben dem Bediener der Anlage zu übertragen, da hierzu spezielle Programmiersprachen erforderlich sind. Durch eine komfortablere Gestaltung der Software könnte u.U. jedoch erreicht werden, daß die Programmierarbeiten von Produktionsarbeitern durchgeführt werden.

Einlegen/Entnehmen

Ein Verbleiben von Beschickungs- und Entnahmetätigkeiten sollte möglichst durch technische Maßnahmen vermieden werden. In den Fällen, wo keine technische Lösung mit vertretbarem Aufwand realisierbar ist, kann zumindest durch Puffer oder Magazine die Taktbindung entschärft werden. Zusätzlich können dann arbeitsorganisatorische Maßnahmen wie z.B. Arbeitsplatzwechsel hinzukommen.

Überwachung

Bei der Auslegung des Arbeitssystems läßt sich durch Installation von Anzeigen eine enge Kopplung des Menschen an die Anlage vermeiden.

Produktkontrolle

Falls die Produktkontrolle nur in einer einfachen Sichtprüfung besteht und einen erheblichen zeitlichen Umfang hat, gelten dieselben Ausführungen wie für das Einlegen und das Entnehmen.

Nach der traditionellen Form der Arbeitsinhaltsgestaltung ist damit zu rechnen, daß eine starke Zersplitterung der vorhandenen Tätigkeiten auf Personen mit unterschiedlicher Qualifikation stattfindet. Dies hat zur Folge, daß die Arbeitsbedingungen der gering qualifizierten Personen im Hinblick auf Monotonie und Handlungsspielraum häufig negativ einzustufen sind, während die Personen mit besserer Ausgangsqualifikation in dieser Hinsicht besser abschneiden. Um solche negativen Entwicklungen (Polarisierung) aufzufangen ist es notwendig, alle Elemente des IR-Arbeitssystems zu betrachten. Damit kann der Spielraum bei der Gestaltung menschlicher Arbeit erweitert werden. Von einer Arbeitsbereicherung kann dann gesprochen werden, wenn es gelingt, die Tätigkeiten der Maschinenbediener so zu gruppieren, daß die Ziele

- Zusammenführung von Planung, Ausführung und Kontrolle,
- Ermöglichung von Entscheidungen,
- Erhöhung der Verantwortung und
- Schaffung höherer Qualifikationsanforderungen

zumindest teilweise erreicht werden.

Die Qualifikationsanforderungen der im IR-Arbeitssystem vorhandenen Tätigkeiten weisen eine erhebliche Variationsbreite auf. Für die Instandhaltung ist sicher eine Facharbeiterqualifikation erforderlich, während Einlege- und Entnahmetätigkeiten von Angelernten ausgeführt werden können. Da die Tätigkeiten mit hoher Qualifikationsanforderung relativ selten ausgeführt werden müssen, erscheint es nicht sinnvoll, die Position Maschinenbediener mit einem Facharbeiter zu besetzen. Die Folgen wären eine Unterforderung des Facharbeiters mit daraus resultierender Unzufriedenheit sowie der Wegfall von Arbeitsplätzen für Angelernte, die vor der Installierung des Industrieroboters diese Tätigkeit ausgeführt haben. Es kommt also darauf an, die Arbeitsinhalte für Angelernte so zusammenzustellen, daß eine Bereicherung ohne Überforderung entsteht.

Eine weitere Variante der Arbeitsorganisation besteht in der Bildung von Arbeitsgruppen: Die Möglichkeiten der Arbeitsinhaltsgestaltung vergrößern sich mit der Anzahl der Arbeitsplätze. Da zur Bedienung einfacher IR-Systeme in den meisten Fällen nur ein Arbeitnehmer erforderlich ist, müssen zu dem System vor-und nachgeordnete Arbeitsplätze zur Bildung einer Arbeitsgruppe herangezogen werden (Gruppengröße ca. 4-6 Personen) . Über die Arbeitsinhalte dieser Gruppe läßt sich nur soviel aussagen, daß sie neben den IR-spezifischen Tätigkeiten weitere Umfeldaufgaben umfassen können, die vom jeweiligen Fertigungsprozeß bestimmt werden. Jedes Gruppenmitglied sollte in der Lage sein, alle der Gruppe übertragenen Aufgaben auszuführen. Dazu ist für alle die gleiche Mindestqualifikation erforderlich. Vor allem im Zusammenhang mit der Bedienung des Industrieroboters ist daher eine

Schulung der Arbeitsgruppe geboten.

Durch die Bildung einer Arbeitsgruppe besteht die Möglichkeit, den Handlungsspielraum der Mitglieder zu vergrößern, ihnen Planungs- und Entscheidungsprozesse zu übertragen und soziale Isolation zu vermeiden. Dies gelingt jedoch nur, wenn nicht nur eine Aneinanderreihung der bisher schon ausgeführten Tätigkeiten stattfindet, sondern solche hinzukommen, die die Notwendigkeit von Planung und Entscheidung beinhalten.

Für Arbeitsgruppen an und im Umfeld von IR-Systemen bedeutet dies z.B., daß ihnen Aufträge für etwa einen Wochenzeitraum übergeben werden. Die Gruppe legt die Arbeitsplatzverteilung und die Reihenfolge der Bearbeitung selbständig fest. Dazu muß sie natürlich auch die o.g. Aufgaben der kurzfristigen Fertigungssteuerung ausführen.

Die Durchführung von Maßnahmen zur Arbeitserweiterung - d.h. einer quantitativen Arbeitsfeldvergrößerung ohne Vergrößerung des Handlungsspielraumes - stößt in IR-Systemen u.U. wegen des Fehlens ausreichender Arbeitsinhalte an Grenzen. Nur durch die Ausweitung der Arbeitssystemgrenzen und die Einbeziehung von Umfeldaufgaben läßt sich hier Abhilfe schaffen.

In hochmechanisierten Systemen nimmt die Arbeitserweiterung oft die Form von Mehrmaschinenbedienung an. Diese meist von An- oder Ungelernten ausgeführten Tätigkeiten beschränken sich dann auf das Nachfüllen und Entleeren von Magazinen sowie das Überwachen des Fertigungsablaufs.

Für einen Arbeitsplatzwechsel gilt im wesentlichen dasselbe wie für die Arbeitserweiterung. Auch hier wird nicht von vornherein eine Vergrößerung des Entscheidungs- und Kontrollspielraumes erreicht, sondern meist nur ein Belastungswechsel.

Diese Maßnahme ist angebracht, wenn am IR Restarbeiten mit kurzzyklischen Taktzeiten übrigbleiben, für deren Automatisierung keine im weiteren Sinne wirtschaftliche Lösung entwickelt werden konnte.

Bei der Betrachtung von Arbeitsinhalten sind ganzheitliche Tätigkeitsbilder anzustreben, bei denen die fertigungssteuernde, vorbereitende, durchführende und sichernde Tätigkeitselemente sinnvoll, d.h. unter Berücksichtigung der Zeitanteile der Tätigkeiten sowie deren Qualifikationsanforderungen und daraus resultierenden Belastungen kombiniert werden.

In Bild 3.1-3 ist die Vorstellung einer alternativen Organisation von Arbeitselementen der traditionellen Arbeitsteilung gegenübergestellt. Eine solche alternative Arbeitsteilung, bei der die Integration von

Arbeitsteilung (traditionell)						Arbeitsfelder / Arbeitselemente	Arbeitsteilung (alternativ)			
									Arbeitsgruppe	
Meister	Arbeitsvorbereitung	Facharbeiter	Angelernte	Kontrolleur	Zentrale Instandhaltung		Meister	Zentrale Instandhaltung	Facharbeiter	Angelernte
						Fertigungssteuerung				
●						Auftragsreihenfolge festlegen	●		●	
●						Belegungspläne erstellen	●		●	
●						Fertigungsfortschritt überwachen	●		●	
●						Arbeitsverteilung	●		●	
●						Bestellungen vornehmen	●			
●						Nacharbeit veranlassen	●		●	
●						Termine überwachen	●		●	
●						Verfügbarkeitskontrolle, Personal, Werkzeuge und Vorrichtungen	●		●	
●						Fehlerauswertung	●			
				●		Qualität prüfen			●	●
●						Entscheidung über Nacharbeit			●	●
			●			Materialbereitstellung und -weitergabe			●	●
●						Verfügbarkeitskontrolle Material			●	●
●						Reaktion auf Störungen			●	●

Bild 3.1-3a: Arbeitsorganisatorische Gestaltungsmerkmale beim IR-Einsatz (Teil 1)

fertigungssteuernden, -vorbereitenden und -sichernden Tätigkeiten und die Bildung einer Arbeitsgruppe im Vordergrund stehen, läßt für die Mitarbeiter mehr Dispositionsfreiheit (Entscheidungs- und Kontrollspielräume) im Rahmen des vorgegebenen Produktionsprogramms zu. Gleichzeitig erhöhen sich die Qualifikationsanforderungen für die einzelnen Mitarbeiter.

Eine vorläufige qualitative Einordnung der Tätigkeiten im einfachen IR-Arbeitssystem hinsichtlich ihrer Qualifikationsanforderungen läßt eine Abstufung wie in Bild 3.1-3 erkennen. Dabei handelt es sich natürlich um eine schematische Darstellung, die nur Trends skizzieren soll. Der Tätigkeitsspielraum der Maschinenbediener ist vollständig angegeben. Er kann sich allerdings je nach Mensch-Maschine-Funktionsteilung im konkreten Einzelfall ändern.

Es wird zwar weder möglich noch sinnvoll sein, den Maschinenbedienern elektronische Instandhaltungsaufgaben zu übertragen, jedoch können sie durch mehrwöchige Kurse in die Lage versetzt werden, das Programmieren von Industrieroboter und Aufgaben der kurzfristigen Fertigungssteuerung zu übernehmen.

Eine Zusammensetzung der Arbeitsaufgaben für Maschinenbediener erfordert eine relativ große Unabhängigkeit vom Maschinentakt, da produktionssteuernde, -vorbereitende und -sichernde Tätigkeiten häufig in unregelmäßigen Abständen durchzuführen sind.

Arbeitsteilung (traditionell)						Arbeitsfelder / Arbeitselemente	Arbeitsteilung (alternativ)			
									Arbeitsgruppe	
Meister	Arbeitsvorbereitung	Facharbeiter	Angelernte	Kontrolleur	Zentrale Instandhaltung		Meister	Zentrale Instandhaltung	Facharbeiter	Angelernte
						Produktionsvorbereitung und -unterstützung				
	●					Tastenprogrammierung mit Menütechnik			●	●
	●					Tastenprogrammierung ohne Menütechnik			●	●
	●	●				Play-back			●	
	●					Textuelles Programmieren (Programmiersprachen)			●	●
	●					Programmtest und -korrektur			●	●
	●					Programmoptimierung			●	●
		●				Programmwechsel			●	●
	●					Programmarchivierung			●	●
		●				Umrüsten/Einrichten			●	●
			●			Einlegen/Entnehmen			●	●
			●			Nacharbeit			●	●
						Produktionsüberwachung				
				●		Produktkontrolle			●	●
		●				Überwachung der Betriebsmittel			●	●
						Produktionserhaltung/ -wiederherstellung				
					●	einfache Störungsbeseitigung			●	●
					●	komplizierte Störungsbeseitigung		●		
					●	einfache Wartung			●	●
					●	komplizierte Wartung		●		
					●	Instandsetzung		●		

Bild 3.1-3b: Arbeitsorganisatorische Gestaltungsalternative beim IR-Einsatz (Teil 2)

3.2 Übersicht über die Gestaltungsmaßnahmen und Gestaltungsspielräume in den Bereichen Technik, Organisation und Personal in bezug auf IR-Einsatz

Die hier in besonderem Maße betrachteten HdA-relevanten Gestaltungsparameter von IR-Arbeitssystemen sind in den Bildern 3.2-1 bis 3.2-3 näher beschrieben.

EINFLUSSGRÖSSEN	AUSPRÄGUNGEN					
LAYOUT	Linie	Rechteck	U-Form			
ANORDNUNG BETRIEBSMITTEL/ANLAGEN	nicht emissionsorientiert	emissionsorientiert				
MATERIALFLUSS • Wegführung	innenorientiert	außenorientiert				
VERKETTUNG • Art	keine Verkettung	verkettet	verkettet durch Puffer	starr verkettet		
• Technische Verkettungseinrichtungen	stetig	intermittierend	gemischt			
	flurgebunden	nicht flurgebunden	gemischt			
	ortsgebunden	nicht ortsgebunden				
	angetrieben	nicht angetrieben				
PUFFER • Art	Platzpuffer	Abschnittspuffer	Bereichspuffer			
• Antriebsart	manuell	Antrieb durch Schwerkraft	mechanischer Antrieb	elektromechanisch		
• Ein-/Ausgabe	FIFO	FILO	zufällig/willkürlich			
MATERIALBEREITSTELLUNG • Ort	am Arbeitsplatz	im Arbeitssystem	außerhalb des Arbeitssystems			
• Reichweite	ca. 1 Stunde	ca. 1 Tag	ca. 1 Woche			
BEARBEITUNGSSTUFEN	einstufig	mehrstufig				
BETRIEBSMITTEL/ANLAGEN • Art	universal	Sonderbetriebsmittel				
• Mechanisierungsgrad	manuell	teilweise automatisiert	voll automatisiert			
• Überdimensionierung	keine	teilweise Überdimensionierung	zusätzliche Arbeitssysteme			
KAPAZITÄTSTEILUNG	1 System	Parallele Systeme				
		gleich groß	ungleich groß			
VERFAHREN	Urformen	Umformen	Trennen	Fügen	Beschichten	Stoffeigenschaften ändern

Bild 3.2-1: Morphologie der Gestaltungsaspekte - Technik

ORGANISATIONSFORM				
• Bewegung des Werkstücks	Werkstück ortsfest	Werkstück bewegt		
• Organisationsprinzip	Platzprinzip	Objektprinzip	Verrichtungsprinzip	
• Arbeitsvorgangsfolge	unterschiedlich (Gruppenprinzip)	gleich (Flußprinzip)		
• zeitliche Abhängigkeit	zeitliche Bindung (Taktung)	keine unmittelbare zeitliche Bindung		
der Arbeitsplätze	starr verkettet	lose verkettet	keine Verkettung	
• organisatorische Beziehungen des Arbeitsplatzes	Bearbeitungsstationen werden zu einem Teilsystem zusammengefaßt	Bearbeitungsstationen werden zu einem Gesamtsystem zusammengefaßt		
• Abhängigkeiten zu anderen Bereichen	keine (Integration von Umfeldaufgaben)	vorhanden (keine Integration von Umfeldaufgaben)		
ARBEITSTEILUNG				
• Bedienformen	Einzelarbeit	Gruppenarbeit		
	Einzelmaschinen-bedienung	Einpersonen-Mehr-maschinenbedienung	Mehrpersonen-Mehr-maschinenbedienung	technologisches Team
• Form der Arbeitsteilung	Artteilung	gemischt	Mengenteilung	
ARBEITSINHALTSBILDUNG				
• Bedienfunktion	eine Teilverrichtung	mehrere ähnliche Teilverrichtungen		
• Materialbereitstellung	Holsystem	Bringsystem		
	durch indirekten MA	durch produktiven MA		
• Arbeitsverteilung	fremdsteuernd	selbststeuernd		
• Fertigungsfortschrittsüberw.	fremdsteuernd	selbststeuernd		
• Qualitätsprüfung /-überwach.	Fremdkontrolle	interne Kontrolle	interne Kontrolle mit Eigenverantwortung	
• Rüsten / Einrichten	durch externe Einrichter	einfache Umrüstaufgaben eigenverantwortlich, schwierige Umrüstaufgaben durch externen Einrichter	eigenverantwortlich alle Umrüstaufgaben	
• Wartung und Instandhaltung der Betriebsmittel	durch externe MA	einfache Wartungs- und Inspektionsaufgaben eigenverantwortlich, schwierige Inspektions- und Instandhaltungsaufgaben durch externe MA	alle Wartungs-, Inspektions- und Instandhaltungsarbeiten eigenverantwortlich	
• Informationsbereitstellung /-weitergabe	off-line	batch	on-line	
PERSONALFLEXIBILITÄT	keine	mehrere MA beherrschen mehrere Tätigkeiten	alle MA beherrschen alle Tätigkeiten	
ARBEITSPLATZWECHSEL				
• Umfang des Arbeitsplatzwechsels	kein Wechsel	Wechsel im System, aber ohne Einbeziehung von Umfeldaufgaben	Wechsel im System, Umfeldaufgaben einbezogen	
• Rhythmus des Arbeitsplatzwechsels	regelmäßig	unregelmäßig variabel		
• Vorgabe des Arbeitsplatzwechsels	fremdbestimmt / nach Absprache mit Vorgesetzten	gruppeninterne Absprache	individuell	

Bild 3.2-2: Morphologie der Gestaltungsspielräume - Organisation

PERSONALSTRUKTUR					
• Nationalitätenstruktur	überwiegend deutsch	gemischt	überwiegend nicht deutsch		
• Altersstruktur	überwiegend jüngere MA	breit gestreut	überaltert		
• Betriebszugehörigkeit	überwiegend Stammpersonal	gemischt	überwiegend kein Stammpersonal		
• formale Qualifikation	überwiegend Angelernte	gemischt	überwiegend Facharbeiter		
GESUNDHEIT • Lärm • Hitze • Gase • Vibration • Zwangshaltungen • statische Haltearbeit • schwere dynamische Muskelarbeit • einseitig dynamische Muskelarbeit • kombinierte Belastungen	schädigungslos	Gesundheitsschädigung möglich	wahrscheinlich		
ARBEITSSICHERHEIT	soviel wie nötig	maximal			
ENTSCHEIDUNGSSPIELRÄUME	keine	Arbeitstempo	Arbeitstempo und Abfolge	Tempo, Abfolge Bearbeitungsweg	weitgehend selbstständig
GEISTIGE ANREGUNG	kaum, fast vollständige Routine	mittel	hoch, überw. keine Routine		
KOOPERATION	Einzelarbeit	Arbeit im Sukzessivverband	Arbeit im Integrativverband	selbststeuernde Arbeitsgruppe	
KOMMUNIKATION	kaum möglich	möglich, arbeitsbedingt nicht erforderlich	arbeitsbedingt unbedingt erforderlich		

Bild 3.2-3: Morphologie der Gestaltungsspielräume - Personal

3.2.1 Gestaltungsprinzip: Einzelplatzsysteme

Einzelplatzsysteme sind dadurch gekennzeichnet, daß die übliche Arbeitsteilung soweit als möglich durch einen ganzheitlichen Arbeitsinhalt (Komplettbearbeitung, Komplettmontage etc.) ersetzt wird. Einzelsysteme sind durch fehlende Taktbindung relativ unabhängig von anderen Arbeitssystemen und bieten dadurch die Möglichkeit zur individuellen Leistungsentfaltung. Sie eignen sich für geschlossene prüfbare Baugruppen oder für die Komplettmontage von Erzeugnissen, falls die Materialbereitstellung nicht zu umfangreich ist. Da sie relativ flexibel zu- und abschaltbar sind, erleichtern sie die Kapazitätsanpassung.

HdA-Ziele

Aus HdA-Sicht bieten Einzelplatzsysteme folgende Vorteile:

- o Möglichkeit zur individuellen Leistungsentfaltung,
- o Möglichkeit des Job Enrichment/Enlargement,
- o Möglichkeit des Abbaus von Monotonie,
- o Möglichkeit des Belastungswechsels.

Technisch-wirtschaftliche Ziele

Durch Einzelplatzsysteme können folgende technisch-wirtschaftlichen Ziele erreicht werden:

- o Flexibilität bezüglich Typen/Varianten,
- o Flexibilität bezüglich Stückzahl,
- o Flexibilität bezüglich Personaleinsatz.

Realisierung im Zusammenhang mit Industrieroboter (IR)-Einsatz (Bild 3.2-4)

Werden in Einzelplatzsystemen IR eingesetzt, verändern sich ihre Eigenschaften vollständig. Zunächst verliert die individuelle Leistungsentfaltung an Bedeutung, da manuelle Funktionen aus dem Bearbeitungs- in den Handhabungsbereich mit Andienungscharakter verlagert werden.

Der IR legt nun die Ausbringungsmenge und Taktzeit fest. Da der IR durch seine starren Programme den manuellen Arbeitsinhalt verkleinert können Restarbeitsplätze entstehen. Wenn genügend dimensionierte Puffer geschaffen werden (Taktentkopplung), können Pausen individuell gewählt werden. Möglichkeiten des Job Enrichments werden verbessert, sofern Wartung, Überwachung, Programmierung und Dispositionstätigkeiten integriert werden. Da der höhere Kapitaleinsatz im IR-System aus wirtschaftlichen Gründen eine höhere Auslastung erfordert (um wirtschaftlich zu produzieren), verliert dieses Arbeitssystem mit dem IR seine Flexibilität bezüglich des Personaleinsatzes und der Ausbringungsleistung: es ist nicht mehr wirtschaftlich tragbar, bedarfsabhängig den Arbeitsplatz abzuschalten.

EINZELPLATZSYSTEM

HdA - ZIELE

- Möglichkeit zur individuellen Leistungsentfaltung
- Möglichkeit des Job - Enrichment / - Enlargement
- Abbau von Monotonie durch Arbeitsvielseitigkeit
- Möglichkeit des Belastungswechsels

TECHNISCH - WIRTSCHAFTLICHE ZIELE

- Flexibilität bezgl. Typen / Varianten
- Flexibilität bezgl. Stückzahl
- Flexibilität bezgl. Personaleinsatz
- Flexibilität bezgl. Fertigungssicherheit

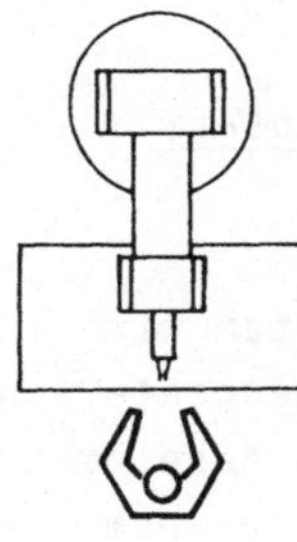

GEFAHREN UND AUSWIRKUNGEN DES IR - EINSATZES IN EINZELPLATZSYSTEMEN

- Einschränkung der individuellen Leistungsentfaltung
- Erhöhung der Taktbindung an den IR
- Erhöhung der Monotonie durch Verkürzung der Arbeitsinhalte
- Möglichkeit des Job - Enrichment durch Wartung, Überwachung, Programierung und Dispositionstätigkeiten
- Verringerung der Personaleinsatzflexibilität
- Verringerung der Flexibilität bezgl. Stückzahl

Bild 3.2-4: Übersicht IR-Einzelplatzsystem

3.2.2 Gestaltungsprinzip: Partnerarbeitssystem

Aufgabe

Partnerarbeitsplätze sind dadurch gekennzeichnet, daß sich mehrere Personen die im Arbeitssystem anfallende Arbeit teilen. Sie können arbeitsinhalt- oder mengenteilig eingerichtet sein, erlauben einen variablen Taktumfang und besitzen keine Taktbindung.

HdA-Ziele

Durch die Einrichtung von Partnerarbeitssystemen kann folgenden HdA-Zielen entsprochen werden:

- o individuelle Leistungsentfaltung durch
  - variablen Taktumfang
  - fehlende Taktbindung.
- o Kooperations- und Kommunikationsmöglichkeiten durch die Aufhebung räumlicher und sozialer Isolation von Einzelarbeitsplätzen.

Technisch-wirtschaftlie Ziele

Als technisch-wirtschaftliche Ziele sind zu nennen:

- o Flexibilität bezüglich Personaleinsatz und Ausbringungsleistung
- o variable Mengenaufteilung auf die Funktionsträger.

Realisierung im Zusammenhang mit Industrierobotereinsatz (Bild 3.2-5)

Mit dem Einsatz eines IR in einem Partnerarbeitssystem wird in Abhängigkeit des IR-Programms die Arbeitsinhalts- bzw. Mengenteilung starr festgelegt, so daß eine kurzfristige Umstellung der Arbeitsverteilung zwischen beiden "Partnern" nicht mehr möglich ist. Aus dem Partnerarbeitsplatz ist in dieser Konfiguration ein parallelgeschaltetes Arbeitssystem mit einer automatischen Station geworden. Bezüglich der Kommunikationsmöglichkeiten ist zu unterscheiden, ob im IR-Arbeitssystem

- o ein Mitarbeiter zur Handhabung oder Überwachung eingesetzt ist oder
- o die Teilebereitstellung automatisch erfolgt.

Im ersten Fall bleiben aufgrund der räumlichen Nähe Kommunikationsmöglichkeiten zwischen dem Teilehandhaber am IR und den Mitarbeitern des parallel geschalteten manuellen Arbeitssystems erhalten. Erfolgt die Teilebereitstellung automatisch, so daß der Mitarbeiter des manuellen Arbeitssystems zusätzlich zu seiner eigentlichen Aufgabe die Überwachung des IR oder die Bereitstellung des Teilevorrates übernimmt (Arbeitsbereicherung), dann entfallen für den Mitarbeiter des manuellen Arbeitssystems die Kommunikationsmöglichkeiten vollständig. Die Flexibilität des kombinierten manuellen Arbeitsplatzes und IR-Arbeitsplatzes ist durch den Programmumfang des Industrieroboters sowie durch die Bereitstellungseinrichtungen (begrenzte Variantenzahl seitens des IR) eingeschränkt.

PARTNERARBEITSPLATZSYSTEME

HdA - ZIELE

- Individuelle Leistungsentfaltung durch:
  - variablen Taktumfang
  - fehlende Taktbindung
- Kooperations- und Kommunikationsmöglichkeiten durch die Aufhebung räumlicher und sozialer Isolation von Einzelarbeitsplätzen

TECHNISCH - WIRTSCHAFTLICHE ZIELE

- Flexibilität bzgl. Personaleinsatz und Ausbringungsleistung
- Variable Mengenaufteilung auf die Funktionsträger

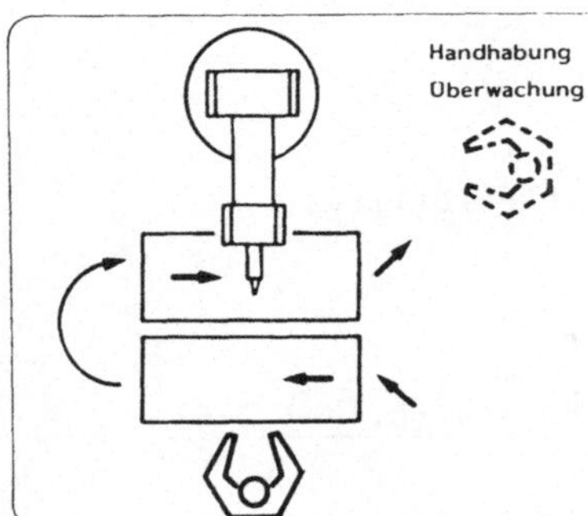

GEFAHREN UND AUSWIRKUNGEN DES IR - EINSATZES

- Starre Festlegung des Taktumfanges
- Keine kurzfristige Umstellung der Arbeitsverteilung
- Taktbindung
- Einschränkung der Kommunikationsmöglichkeiten
- Möglichkeiten des Job - Enrichment (Wartung, Bedienung, Programmierung)

Bild 3.2-5: Übersicht IR-"Partner"-Arbeitsplatzsysteme

3.2.3 Gestaltungsprinzip: Gruppenarbeitssystem

Aufgaben

Gruppenarbeitssysteme sind dadurch gekennzeichnet, daß eine Arbeitsgruppe im Rahmen der betrieblichen Zielsetzung über einen längeren Zeitraum weitgehend unabhängig von externer Steuerung und Kontrolle arbeitet. Die Gruppe kann entweder ein vollständiges Produkt oder eine Baugruppe herstellen. Dabei können nicht nur die unmittelbar mit der Fertigung verbundenen Arbeiten, sondern alle indirekt damit zusammenhängenden Tätigkeiten wie z.B. Materialbereitstellung, Überwachung des Produktionsablaufs, Fertigungskontrolle, Maschineninstandhaltung und Verpackung übernommen werden.

HdA-Ziele

Durch die Einführung von Gruppenarbeitssystemen können aus HdA-Sicht folgende Ziele erreicht werden:

o Abbau von Monotonie durch
  - Job-Rotation,
  - Job-Enlargement,
  - Job-Enrichment,
o Förderung der Kommunikation und Kooperation,
o Individuelle Leistungsentfaltung,
o Belastungswechsel.

Technisch-wirtschaftliche Ziele

Die technisch-wirtschaflichen Vorteile sind:

o erhöhte Varianten-, Stückzahl- und Personalflexibilität,
o einfacherer Ausgleich von Störungen,
o erleichtertes Anlernen.

Realisierung im Zusammenhang mit Industrierobotern (Bild 3.2-6)

Aufgrund der hohen Kapitalkosten sollte der im Gruppenarbeitssystem eingesetzte IR möglichst hoch ausgelastet sein. Deshalb müssen die Arbeitsabläufe auf den IR abgestimmt werden. Übernimmt ein IR innerhalb einer Gruppe Teilaufgaben, so beschränken sich diese in der Regel auf die durch das Programm und die Bereitstellungsperipherie festgelegten Teile oder Baugruppen. Hieraus ergeben sich Einschränkungen für die bearbeitbare Variantenzahl der Gruppe mit IR.

Ebenso können sich Einschränkungen bezüglich der Stückzahlflexibilität durch die starr vorgegebenen IR-Maschinenzeiten und den daraus folgenden Kapazitätsbedingungen ergeben. Die notwendige Überwachung des IR bzw. die Teilebereitstellung führt zu Restriktionen in der Personalflexibilität. Die Möglichkeit des einfachen Störungsausgleiches in Gruppenarbeitssystemen mit IR-Arbeitsplätzen wird im Falle einer Kapazitätsverlagerung auf den IR durch dessen Programm bzw. Bereitstellungseinrichtungen bestimmt. Die Zahl der bearbeitbaren Varianten beeinflußt hier im wesentlichen die Störanfälligkeit von IR-Systemen gegenüber äußeren Einflüssen. Jedoch besteht bei der Störung des IR meist die Möglichkeit, seine Aufgaben durch die Mitarbeiter manuell ausführen zu lassen. Weiterhin wird das erleichterte Anlernen von Mit-

GRUPPENARBEITSSYSTEM

HdA - ZIELE

- Abbau von Monotonie durch Arbeitserweiterung wie
  - Job - Rotation
  - Job - Enlargement
  - Job - Enrichment
- Förderung der Kommunikation und Kooperation
- Individuelle Leistungsentfaltung
- Belastungswechsel
- Keine Taktbindung

TECHNISCH - WIRTSCHAFTLICHE ZIELE

- erhöhte Varianten-, Stückzahl- und Personalflexibilität
- einfacherer Ausgleich von Störungen
- erleichtertes Anlernen

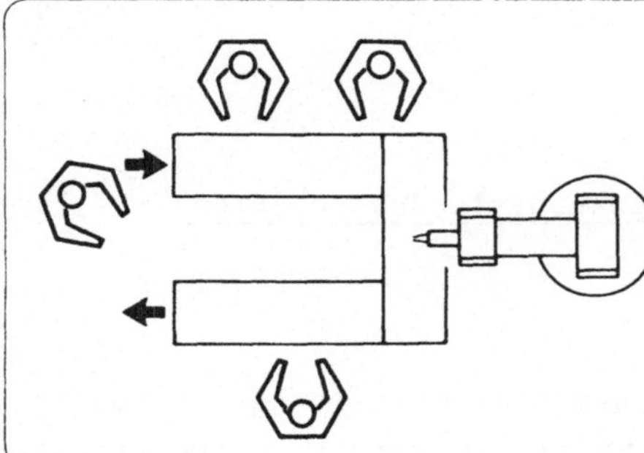

GEFAHREN UND AUSWIRKUNGEN DES IR - EINSATZES

- Beschränkung der Varianten-, Stückzahlflexibilität durch feste Programme
- Beschränkung der Personalflexibilität bei Einbeziehung von Umfeldaufgaben
- Höhere Störanfälligkeit des Gesamtsystems aufgrund der Beschränkung der Variantenanzahl
- Beschränkung der leichten Anlernbarkeit durch Einschränkung von variierbarer Mengenleistung sowie variierbarem Tätigkeitsumfang
- Einschränkung der Kommunikationmöglichkeiten

Bild 3.2-6: Übersicht IR-Gruppenarbeitssysteme

arbeitern in der Gruppe, bedingt durch die flexibel gestaltbare Mengenleistung und den variierbaren Umfang der zu erlernenden Tätigkeiten, durch den IR-Einsatz beschränkt. Grund hierfür sind die relativ starren Programme und die festgelegte Bereitstellungsperipherie der IR, so daß diese Arbeitsinhalte nicht mehr zur freien Disposition stehen. Ähnlich den Anlernmöglichkeiten werden auch die Kooperationsmöglichkeiten durch den IR-Einsatz eingeschränkt. Erstens entfallen Bearbeitungsfunktionen als potentielle "Kooperationsgegenstände" und zweitens können vor- und nachgelagerte Arbeitsstationen durch die starr festgelegten IR-Programme (starrer Taktumfang) ihre Bewegungsmöglichkeiten, die Voraussetzung zur Kooperation sind, verlieren.

Die räumliche Anordnung des Arbeitssystems entscheidet über die kommunikativen Auswirkungen des IR-Einsatzes. Trennt der IR manuelle Arbeitsstationen räumlich voneinander ab, bewirkt er eine Einschränkung der Kommunikationsmöglichkeiten.

Stückzahl-, Varianten- und Personalflexibilität lassen sich bei gegebenem IR-Einsatz über Parallelität des Mengenflusses von IR-Stationen und rein manuellen Arbeitsstationen gewährleisten (vgl. parallele Arbeitssysteme). Unterstützend wirken variierbare Programminhalte, sowie flexible Bereitstellungseinrichtungen (Einsatz von (Sensoren).

Mit der Trennung manueller Stationen vom IR-Mengenfluß behalten Gruppenarbeitssysteme ihre Kooperations- und Kommunikationsmöglichkeiten und verhindern gleichzeitig eine soziale Isolation von Mitarbeitern, die Restfunktionen am IR-Aggregat ausführen. Gleichzeitig ermöglicht die Parallelität des Mengenflusses eine Reduzierung oder Vermeidung von Störungen durch den IR selbst.

3.2.4 Gestaltungsprinzip: Arbeitsplatzwechsel (Job-Rotation)

Aufgabe

Job-Rotation bezeichnet ein Vorgehen, demzufolge in vorgeschriebener oder selbstgewählter Zeit- und Reihenfolge die Person A die Arbeit von B übernimmt, diese die Arbeit von C usw. bis möglicherweise ein Rundumwechsel zwischen allen Arbeitsplätzen einer Gruppe eingetreten ist.

HdA-Ziele

Mit Hilfe des Arbeitsplatzwechsels können folgende Ziele aus HdA-Sicht erreicht werden:

- Reduzierung von Monotonie durch Belastung bei Tätigkeiten mit größeren Unterschieden vor allem hinsichtlich der psychischen Beanspruchung.
- Höhere Gruppenautonomie, wenn Mitarbeiter hinsichtlich Selbstbestimmung in Verteilung und Wechsel der Tätigkeiten Freiheiten eingeräumt werden.
- Ermöglichung der Höherqualifizierung der Mitarbeiter.

Technisch-wirtschaftliche Ziele

Als technisch-wirtschaftliche Vorteile des Arbeitsplatzwechsels sind zu nennen:

- o Höhere Flexibilität des Arbeitssystems,
- o Verringerung der Störanfälligkeit,
- o Ausgleich individueller Leistungsschwankungen und
- o stärkeres Ausschöpfen des Leistungspotentials der Gruppe.

Realisierung im Zusammenhang mit Industrieroboter (Bild 3.2-7 bis 3.2-10)

Die wechselnde Ausführung von Funktionen ist davon abhängig, welche Funktionen gleichen Dispositions- und Qualifikationsniveaus für den Belastungswechsel zur Verfügung stehen. Trennt man die nach dem IR-Einsatz anfallenden Funktionen in produktive und produktionsbegleitende, läßt sich feststellen, daß ein Tätigkeitswechsel nur bei Tätigkeiten sinnvoll ist, die von angelernten Mitarbeitern ausgeführt werden können, nicht aber bei Tätigkeiten, die eine Fachausbildung erfordern, wie z.B. die Instandhaltungs- und Einrichtefunktionen. Durch den IR-Einsatz werden die manuell ausgeführten Bearbeitungs- und Handhabungsfunktionen im Fertigungsbereich reduziert, womit sich die Anzahl der zum Wechsel zur Verfügung stehenden Arbeitsplätze verringert. Verbleibende Resttätigkeiten der Handhabung und Kontrolle sowie Nacharbeit und Anlagenüberwachung bestimmen die möglichen Funktionsfelder des Belastungswechsels. Ein gleichzeitiges Höherqualifizieren ist nur durch die Einbeziehung der meist qualifikatorisch hochstehenden Nachbearbeitung zu gewährleisten.

Grundvoraussetzung für die Job-Rotation ist eine teilweise Taktunabhängigkeit der Wechselarbeitsplätze, die durch geeignete Puffermaßnahmen erreicht werden kann. Die Bandbreite des Belastungswechsels ist zwar durch entfallende manuelle Bearbeitungsfunktionen eingeschränkt, bietet aber durch Nacharbeit, Handhabung, Kontrolle und Überwachung eine geeignete Anzahl von Funktionen, die einen Belastungswechsel sicherstellen.

ARBEITSPLATZWECHSEL

HdA - ZIELE

- Reduzierung von Monotonie durch Beanspruchungswechsel bei Tätigkeiten mit größeren Unterschieden vor allem hinsichtlich der psychischen Beanspruchung
- Höhere Gruppenautonomie wenn Mitarbeitern hinsichtlich Selbstbestimmung in Verteilung und Wechsel der Tätigkeiten Freiheiten eingeräumt werden
- Ermöglichung der Höherqualifizierung der Mitarbeiter

TECHNISCH - WIRTSCHAFTLICHE ZIELE

- höhere Flexibilität des Arbeitssystems
- Verringerung der Störanfälligkeit
- Ausgleich individueller Leistungsschwankungen
- stärkeres Ausschöpfen des Leistungspotentials der Gruppen

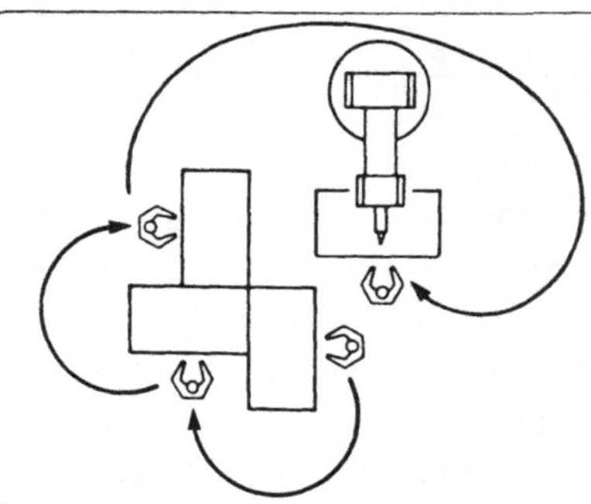

GEFAHREN UND AUSWIRKUNGEN DES IR - EINSATZES

- Einschränkung der Job - Rotation durch Reduktion von manuellen Beschickungs- und Handhabungsfunktionen
- Einschränkung der Job - Rotation durch Verringerung der Taktunabhängigkeit bei IR - Einsatz
- Verbleibende Tätigkeiten für Job - Rotation: Nacharbeit, Handhabung, Kontrolle, Überwachung

Bild 3.2-7: Übersicht IR-Arbeitsplatzwechsel

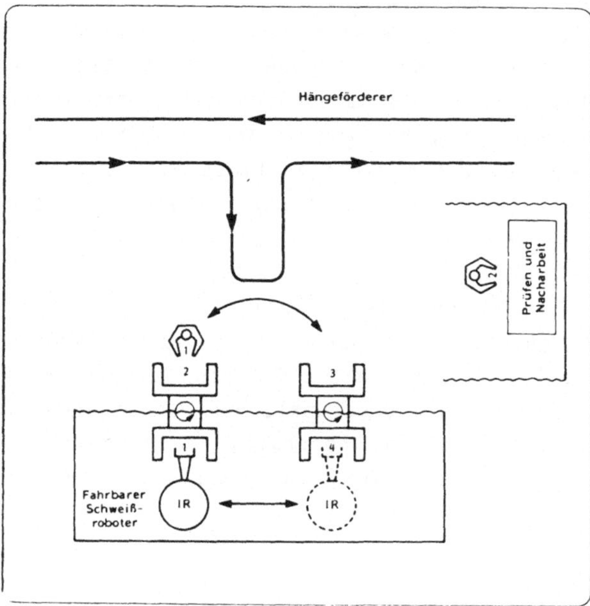

BEISPIEL 1, SCHWEISSROBOTER:

Beschreibung:
Einzelarbeitsplätze mengenteilig angeordnet. 1 Mitarbeiter, Einlegen von Einzelteilen zur Herstellung von Schweißgruppen (2 Rundtische und 1 fahrbarer Schweißroboter)
1 Mitarbeiter zum Prüfen, Richten und Nacharbeiten (Einzelakkord)

Kennzeichnung des Arbeitssystems:

- Monotonie durch kurzzyklischen Arbeitsumfang
- Einseitige Beanspruchung
- hohe Taktbindung besonders für Mitarbeiter 1
- geringe Personalflexibilität (jeder Mitarbeiter nur auf seinem Arbeitsplatz eingearbeitet)
- geringe Kommunikations- und Kooperationsmöglichkeiten

Organisatorische Verbesserung:

- Arbeitsplatzwechsel

Bild 3.2-8: Arbeitsplatzwechsel Beispiel I

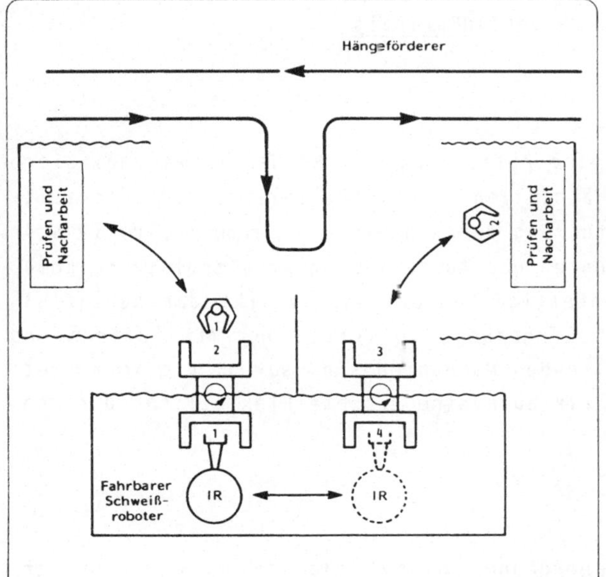

BEISPIEL 2, SCHWEISSROBOTER:

Beschreibung:

Partnerarbeitsplätze, artteilige Kapazitätsteilung: Beide Mitarbeiter führen sämtliche Arbeitsgänge aus (Einzelakkord)

Kennzeichnung des Arbeitssystems:

- Erweiterte Arbeitsumfänge, Abbau von einseitiger Beanspruchung und Monotonie
- geringere Taktbindung
- hohe Personalflexibilität
- gute Kommunikations- und Kooperationsmöglichkeiten

Bild 3.2-9: Arbeitsplatzwechsel Beispiel II

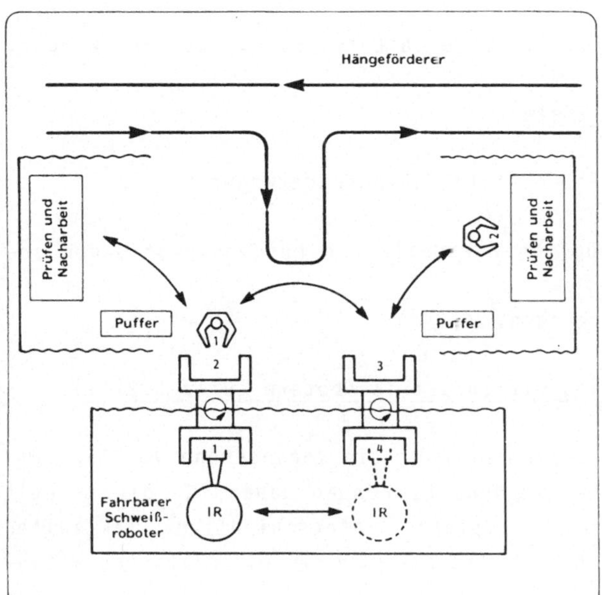

BEISPIEL 3, SCHWEISSROBOTER:

Beschreibung:

Gruppenarbeitsplätze, artteilige Kapazitätsteilung: Beide Mitarbeiter führen sämtliche Arbeitsgänge aus. (Gruppenakkord)

Kennzeichnung des Arbeitssystems :

- Erweiterte Arbeitsumfänge
- geringere Taktbindung
- hohe zeitliche Dispositionsfreiräume da sich die Mitarbeiter gegenseitig vertreten können (Pufferung von ungeprüften Baugruppen)
- hohe Personalflexibilität
- gute Vorraussetzung zum stufenweisen Anlernen neuer Mitarbeiter
- gute Kommunikations- und Kooperationsmöglichkeiten

Bild 3.2.10: Arbeitsplatzwechsel Beispiel III

3.2.5 Gestaltungsprinzip: Nebenflußprinzip

Aufgaben

Im Nebenflußprinzip wird eine Aufteilung des Mengenstroms realisiert und damit eine Reihe von Nachteilen des Fließprinzips, z.B. die zeitgenaue Abstimmung und Ausführung der einzelnen Arbeiten oder die Störanfälligkeit bei Verzögerungen und Ausfällen an Arbeitsplätzen, kompensiert. Durch die mengenteilige Bearbeitung bewirkt das Nebenflußprinzip eine Taktumfangsverlängerung. In Verbindung mit Puffern und anderen arbeitsplatzgestaltenden Maßnahmen sind sowohl die Voraussetzungen für Gruppenarbeit als auch eine erhöhte Flexibilität der Produktion geschaffen.

HdA-Ziele

Durch diese Arbeitsplatzanordnung können folgende Auswirkungen erreicht werden:

- o Vergrößerung des Arbeitsumfangs durch Verlängerung des Taktumfangs,
- o Erhöhung der Kommunikation und Kooperation durch die räumliche Anordnung,
- o individuelle Leistungsentfaltung durch Entkopplung von Taktzwängen.

Technisch-wirtschaftliche Ziele

Das Nebenflußprinzip realisiert folgende Anforderungen:

- o höhere Flexibilität bezüglich Personal- und Mengenschwankungen sowie Produktänderungen,
- o geringere Störungsauswirkungen.

Realisierung im Zusammenhang mit Industrierobotern (Bild 3.2-11)

Die Aufteilung des Mengenflusses erlaubt die Veränderung von Taktzeiten, die durch IR vorgegeben werden. Es können daher für die manuellen Arbeitsplätze und IR-Arbeitsplätze unterschiedliche Taktzeiten realisiert werden. Befindet sich das IR-Aggregat innerhalb des Nebenflusses, so bestimmt dieses aufgrund seiner starren Programmvorgaben und Zykluszeiten den Takt. In diesem Falle entfallen individuelle Leistungsentfaltung und Taktumfangsverlängerung.

NEBENFLUSSPRINZIP

HdA - ZIELE

- Vergrößerung des Arbeitsumfangs durch Verlängerung des Taktumfangs
- Erhöhung der Kommunikation und Kooperation durch die räumliche Anordnung
- Individuelle Leistungsentfaltung durch Entkopplung von Taktzwängen

TECHNISCH - WIRTSCHAFTLICHE ZIELE

- Höhere Flexibilität bezüglich Personal- und Mengenschwankungen
- geringere Störungsauswirkungen

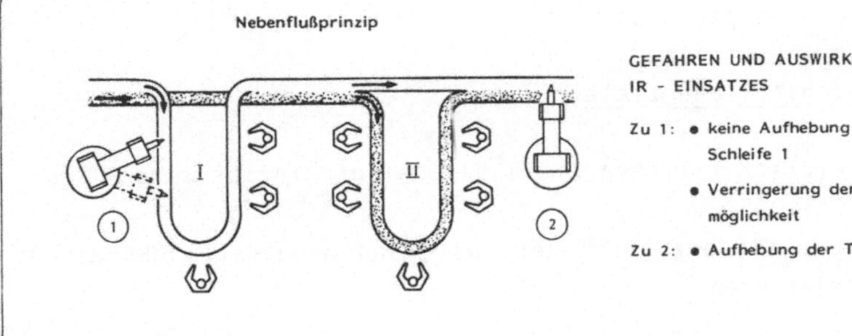

GEFAHREN UND AUSWIRKUNGEN DES IR - EINSATZES

Zu 1:
- keine Aufhebung der Taktbindung für Schleife 1
- Verringerung der Kommunikationsmöglichkeit

Zu 2:
- Aufhebung der Taktbindung

Bild 3.2-11: Übersicht IR-Nebenflußprinzip

3.2.6 Gestaltungsprinzip: Umlaufprinzip

Aufgaben

Das Umlaufprinzip kann als Weiterentwicklung des Nebenflußprinzips verstanden werden. Dabei laufen die Werkstücke in Arbeitssystemen um, so daß sie wiederholt die einzelnen Arbeitsplätze passieren. Erst wenn die Werkstücke vollständig bearbeitet sind, verlassen sie das System und es können neue, unbearbeitete Werkstücke aufgelegt werden. Mit diesem Prinzip sind viele Variationen von Arbeitsteilung realisierbar. Den Arbeitern an den einzelnen Stationen können pro Umlauf verschiedene Verrichtungen zugewiesen werden. Damit sind je nach Art der Teilverrichtung Arbeitserweiterung und Arbeitsbereicherung möglich.

HdA-Ziele

Durch dieses Gestaltungsprinzip können aus HdA-Sicht folgende Ziele erreicht werden:

- o Abbau von Monotonie durch Erweiterung des Arbeitsumfanges bzw. längerer Zykluszeiten,
- o Schaffung von höherwertigen Arbeitsplätzen durch Integration zusätzlicher Aufgaben (Prüfplätze, Wartung, Umstellung),
- o Möglichkeit der individuellen Leistungsentfaltung durch die Pufferwirkung der Fördereinrichtung,
- o Förderung der Kommunikation und Kooperation durch günstige räumliche Anordnung der Arbeitsplätze.

Technisch-wirtschaftliche Ziele

Die technisch-wirtschaftlichen Ziele des Umlaufprinzips sind:

- o Höhere Flexibilität bezüglich Personal- und Mengenschwankungen sowie Produktänderungen.

Realisierung im Zusammenhang mit Industrierobotern Bild 3.2-12)

Werden in einem Umlaufsystem automatische Arbeitsstationen integriert, so müssen diese selbst erkennen, welche Werkstücke sie der Fördereinrichtung zu entnehmen haben. Eine Installation von IR ohne Sensoren ist daher in solchen Systemen nicht möglich. Der IR-Einsatz führt beim Umlaufprinzip durch den eindeutig festgelegten Programmablauf zu einer Reduzierung der Variantenflexibilität. Die Verwendung von einheitlichen Werkstückträgern als Förderhilfsmittel, die in Verbindung mit dem Umlaufprinzip eingesetzt werden können, ergeben Vereinfachungen für die Überführung von Werkstücken aus rein manuellen Arbeitssystemen in IR-Arbeitssysteme und umgekehrt. Das Umlaufprinzip mit Werkstückträgern gewährleistet beim IR-Einsatz eine mechanisch definierte Bereitstellung und entkoppelt die dem IR vor- und nachgelagerten manuellen Arbeitsstationen vom Takt der automatischen Bearbeitung. Ferner wird bei den dem IR vor- und nachgelagerten manuellen Arbeitsstationen die Taktbindung gesenkt und durch paralleles manuelles Arbeiten der Taktumfang vergrößert.

UMLAUFPRINZIP

HdA - ZIELE

- Abbau von Monotonie durch Erweiterung des Arbeitsumfanges bzw. längerer Zykluszeiten
- Schaffung von höherwertigen Arbeitsplätzen durch Integration zusätzl. Aufgaben (Prüfplätze, Wartung, Umstellung)
- Möglichkeit der individuellen Leistungsentfaltung durch die Pufferwirkung der Fördereinrichtung
- Förderung der Kommunikation und Kooperation durch günstige räumliche Anordnung der Arbeitsplätze

TECHNISCH - WIRTSCHAFTLICHE ZIELE

- Höhere Flexibilität bezüglich Personal- und Mengenschwankungen sowie Produktänderungen

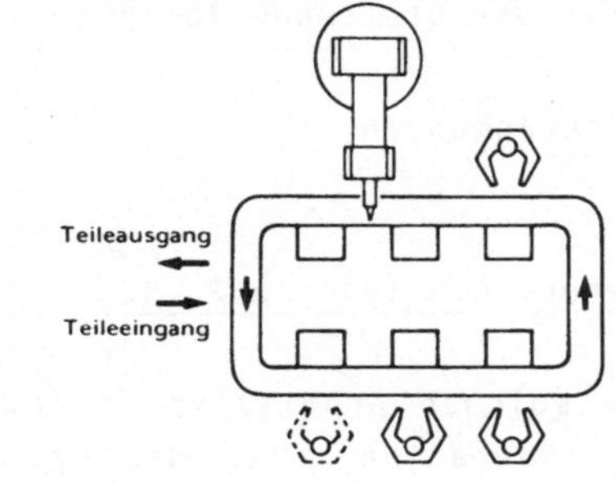

GEFAHREN UND AUSWIRKUNGEN DES IR - EINSATZES

- Erkennen des Bearbeitungszustandes der Teile seitens der Arbeitsstation notwendig (Sensoren)
- Verringerung der Variantenflexibilität durch feste Programmabläufe
- Entkopplung der Arbeitsstationen durch Pufferwirkung des Umlaufprinzips

Bild 3.2-12: Übersicht IR-Umlaufsystem

3.2.7 Gestaltungsprinzip: Gleitendes Abtakten

Aufgaben

Grundprinzip dieses Arbeitsstrukturierungsprinzips ist eine nicht starr festgelegte Aufgabenverteilung, die zur Bildung von überlappenden Tätigkeitsbereichen zweier benachbarter Funktionsträger führt. Die an den einzelnen Arbeitsplätzen vorzunehmenden Teilverrichtungen sind so angelegt, daß nur ein Teil von dem dort befindlichen Arbeiter unbedingt ausgeführt werden muß (minimaler Arbeitsumfang). Weitere dem Arbeitsplatz zugewiesene Verrichtungen können sowohl von dem dort tätigen Arbeiter als auch vom Nachbararbeitsplatz wahrgenommen werden.

HdA-Ziele

Das gleitende Abtakten schafft die Voraussetzungen zur Erreichung folgender HdA-Ziele:

o Verminderung der psychischen Belastung durch
  - Verminderung der ablauftechnischen Zwänge (Taktumfang, Taktbindung),
  - Verbesserung der zeitlichen Dispositionsmöglichkeiten,
o Erhöhung der Kommunikation und Kooperation,
o Möglichkeit der individuellen Leistungsentfaltung.

Technisch-wirtschaftliche Ziele

Im technisch-wirtschaftlichen Bereich bietet das gleitende Abtakten folgende Vorzüge:
o höhere Flexibilität bezüglich Leistungsschwankungen
o Reduzierung der Störanfälligkeit.

Realisierung im Zusammenhang mit Industrierobotern (Bild 3.2.-13)

Kommt ein IR als Funktionsträger in einem solchen Arbeitssystem zum Einsatz, werden die Arbeitsinhalte in der IR-Station durch die Programmierung festgelegt. Als unmittelbare Folge müssen die das Arbeitsbeitssystem durchlaufenden Objekte in einem genau definierten Zustand an die IR-Station weitergegeben werden. Die IR-Station wirkt mit ihrem festen Arbeitsinhalt begrenzend für Arbeitsinhaltsverschiebungen zwischen vorangehenden und nachfolgenden Arbeitsstationen. Ein gleitendes Abtakten mit IR-Stationen ist daher nur in Grenzen möglich. Grundvoraussetzung hierfür ist, daß für die IR-Arbeitsstation verschiedene und automatisch auszuwählende Programmpakete zur Verfügung stehen. Eine Einsatzflexibilität dieser Art ist aber nur mit hochentwickelten Sensoren möglich, die eine selbsttätige Programmauswahl zulassen. In vielen Fällen ist ein gleitendes Abtakten nur zwischen den verbleibenden manuellen Arbeitsstationen möglich. Hier müssen demnach mindestens zwei manuelle Arbeitsplätze nebeneinander liegen. Geht man davon aus, daß sich die Gleitmöglichkeiten mit der Anzahl der manuellen Arbeitsstationen in Reihe erhöhen, ist für die Durchführung des gleitenden Abtaktens die Zusammenfassung der Automatikstationen zu Blöcken sinnvoll.

GLEITENDES ABTAKTEN

HdA - ZIELE	TECHNISCH - WIRTSCHAFTLICHE ZIELE
• Verminderung der psychischen Belastung durch: - Verminderung der ablauftechnischen Zwänge (Taktumfang, Taktbindung) - Verbesserung der zeitlichen Dispositionsmöglichkeiten • Erhöhung der Kommunikation und Kooperation • Möglichkeit der individuellen Leistungsentfaltung	• höhere Flexibilität bzgl. Leistungsschwankungen • Reduzierung der Störanfälligkeit

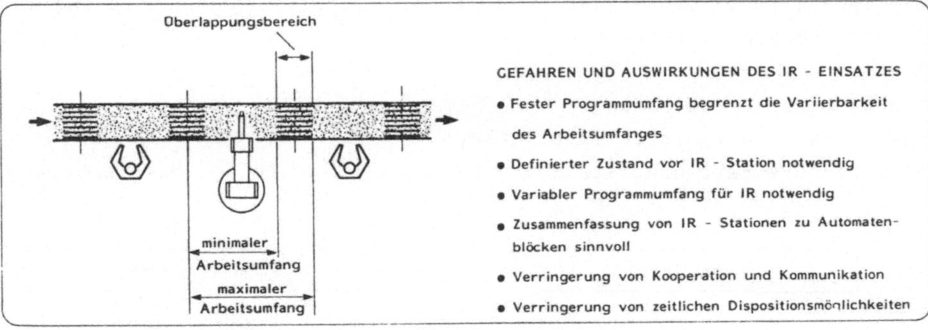

Bild 3.2-13: Gleitendes Abtakten beim IR-Einsatz

3.2.8 Gestaltungsprinzip: Einzelmaschinenbedienung

Aufgaben

Bei der Einzelmaschinenbedienung ist jeder Maschine jeweils eine Bedienperson zugeordnet. Die Tätigkeit des Maschinenbedieners kann hierbei sowohl die alleinige Bedienung der Maschine als auch die Einbeziehung von Umfeldaufgaben umfassen.

HdA-Ziele

HdA-Ziele bestehen in der

o Arbeitsbereicherung durch Einbeziehung von Umfeldaufgaben,

o Möglichkeit der Höherqualifizierung durch Erhöhung des Handlungs-/Entscheidungsspielraums von Umfeldaufgaben.

Technisch-wirtschaftliche Ziele (Bild 3.2-14)

Die technisch-wirtschaftlichen Ziele der Einzelmaschinenbedienung ohne Umfeldaufgaben sind:

- o niedrige Lohnkosten aufgrund geringer Qualifikationsanforderungen an den Bediener,
- o hohe Auslastung der Betriebsmittel,
- o schnelle Einarbeitung der Bediener.

Als technisch-wirtschaftliche Ziele der Einzelmaschinenbedienung mit Umfeldaufgaben sind zu nennen:

- o gute Personalauslastung,
- o hohe Personaleinsatzflexibilität,
- o einfachere Fertigungssteuerung (weniger Folgefehler, Nachtarbeit etc.).

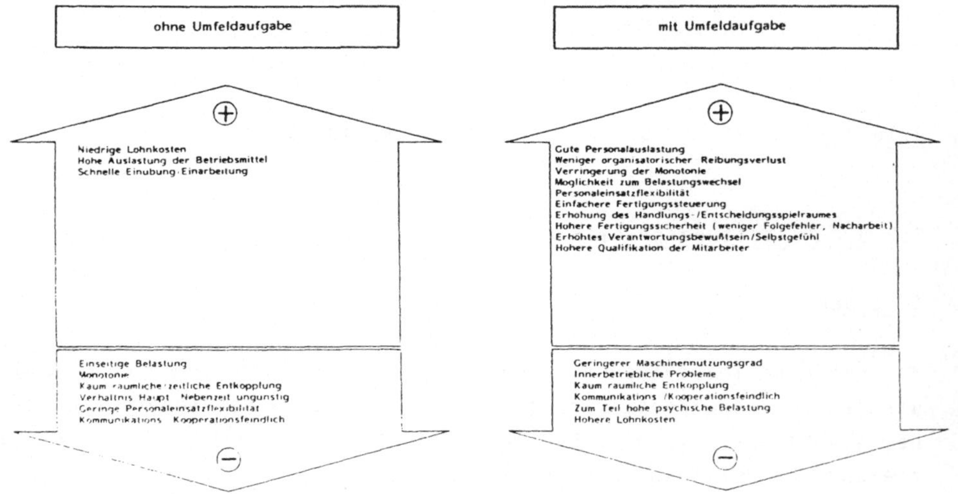

Bild 3.2-14: Vor-/Nachteile der Einzelmaschinenbedienung

Realisierung in Zusammenhang mit Industrierobotern (Bild 3.2-15)

Der Einsatz von IR bei Einmaschinenbedienung schafft die Voraussetzung für die Einbeziehung von Umfeldaufgaben, da er, falls die Puffereinrichtungen genügend dimensioniert sind, dafür die zeitlichen Freiräume schafft.

EINZELMASCHINENBEDIENUNG

HdA - ZIELE

- Arbeitsbereicherung durch Einbeziehung von Umfeldaufgaben
- Möglichkeit der Höherqualifizierung durch Erhöhung des Handlungs-/ Entscheidungsspielraums von Umfeldaufgaben

TECHNISCH - WIRTSCHAFTLICHE ZIELE

ohne Umfeldaufgaben:

- niedrige Lohnkosten aufgrund geringer Qualifikationsanforderungen an den Bediener
- hohe Auslastung der Betriebsmittel
- schnelle Einarbeitung der Bediener

mit Umfeldaufgaben:

- gute Personalauslastung
- hohe Personaleinsatzflexibilität
- einfachere Fertigungssteuerung
- höhere Fertigungssicherheit (weniger Folgefehler, Nacharbeit etc.)

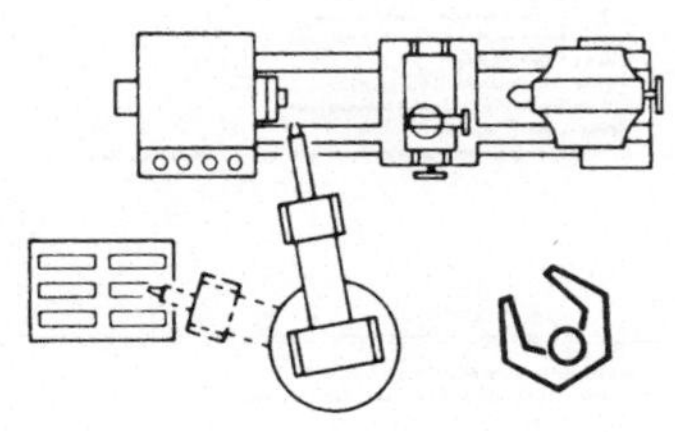

GEFAHREN UND AUSWIRKUNGEN DES IR - EINSATZES

- In Verbindung mit genügend dimensionierten Bereitstellungseinrichtungen (Puffer) bestehen gute Voraussetzungen für die Schaffung zeitlicher Freiräume zur Übernahme von Umfeldaufgaben.

Bild 3.2-15: Übersicht über IR-Einzelmaschinenbedienung

3.2.9 Gestaltungsprinzip: Einpersonen-Mehrmaschinenbedienung

Aufgaben

Bei der Einpersonen-Mehrmaschinenbedienung sind einer Bedienperson mehrere Maschinen zur Betreuung unterstellt. In die Aufgabenbereiche des Bedieners können Umfeldaufgaben einbezogen sein.

HdA-Ziele (Bild 3.2-16)

Durch Einpersonen-Mehrmaschinenbedienung können folgende HdA-Ziele erreicht werden:

- o Verringerung der Monotonie durch größere Arbeitsinhalte,
- o Verringerung der einseitigen Belastung,
- o Möglichkeit der Höherqualifizierung durch Erhöhung des Handlungs-/Entscheidungsspielraums bei Einbeziehung von Umfeldaufgaben,
- o Möglichkeit der individuellen Leistungsentfaltung,
- o Entkopplung des Menschen von Taktzwängen.

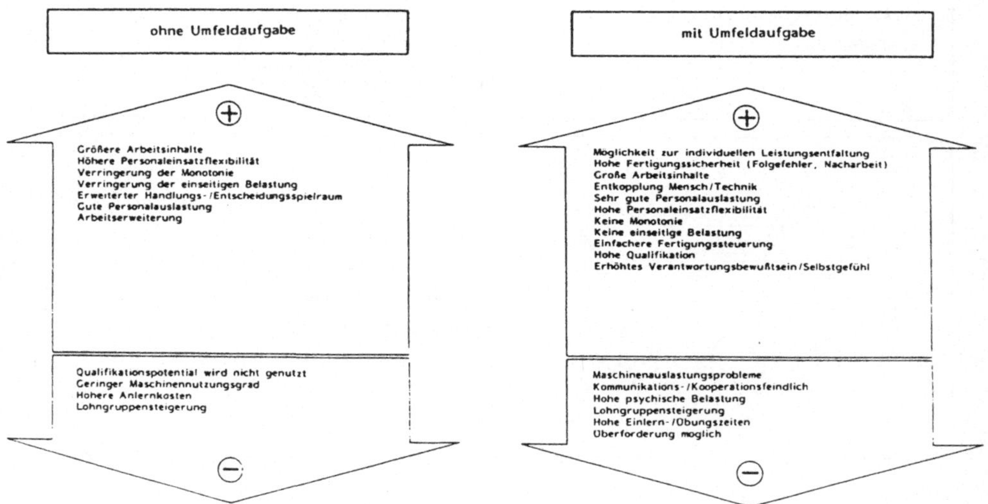

Bild 3.2-16: Vor- und Nachteile einer Einpersonen-Mehrmaschinenbedienung

Technisch-wirtschaftliche Ziele

Die technisch-wirtschaftlichen Vorteile der Einpersonen-Mehrmaschinenbedienung liegen in der

o hohen Personalflexibilität,
o guten Personalausstattung,
o einfacheren Fertigungssteuerung.

Realisierung im Zusammenhang mit Industrierobotern (Bild 3.2-17)

Durch den Einsatz von IR in Arbeitssystemen werden zeitliche Freiräume geschaffen, die eine Mehrmaschinenbedienung begünstigen bzw. erst ermöglichen, wenn die Taktzeiten entsprechend kurz sind und die Bedienperson nicht ausschließlich mit der Überwachung betraut ist. Auch werden die entsprechenden zeitlichen Freiräume für die Übernahme von Umfeldaufgaben geschaffen, falls genügend Bereitstellungsflächen vorhanden sind.

EINPERSONEN - MEHRMASCHINENBEDIENUNG

HdA - ZIELE

- Verringerung der Monotonie durch größere Arbeitsinhalte
- Verringerung der einseitigen Belastung
- Möglichkeit der Höherqualifizierung durch Erhöhung des Handlungs-/ Entscheidungsspielraumes bei Einbeziehung von Umfeldaufgaben
- Möglichkeit der individuellen Leistungsentfaltung
- Entkopplung des Menschen von Taktzwängen

TECHNISCH - WIRTSCHAFTLICHE ZIELE

- hohe Fertigungssicherheit
- hohe Personaleinsatzflexibilität
- gute Personalauslastung
- einfachere Fertigungssteuerung

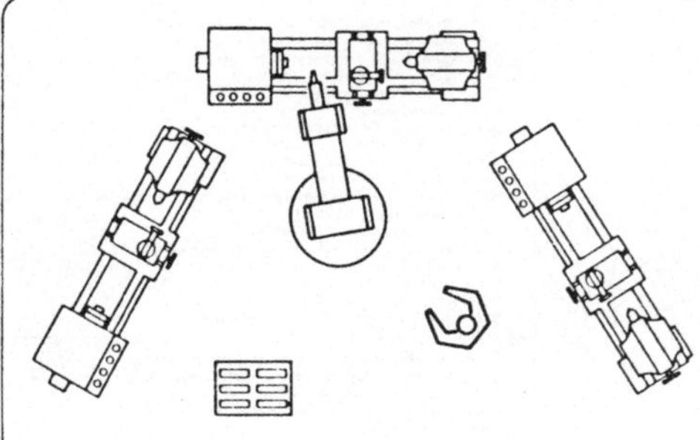

GEFAHREN UND AUSWIRKUNGEN DES IR - EINSATZES

- Begünstigung bzw. Ermöglichung von Mehrmaschinenbedienung
- Begünstigung der Übernahme von Umfeldaufgaben
- Beschränkung der Typen-/ Stückzahlflexibilität

Bild 3.2.-17: Einpersonen-Mehrmaschinenbedienung beim IR

3.2.10 Gestaltungsprinzip: Mehrpersonen-Mehrmaschinenbedienung

Aufgaben

Diese Bedienstrategie ist dadurch gekennzeichnet, daß einer Personengruppe mehrere Maschinen anvertraut werden, wobei die Gruppe die Aufgabenverteilung selbst organisiert. Werden in das Aufgabengebiet dieser Personen Umfeldaufgaben einbezogen, bezeichnet man die Mehrpersonen-Mehrmaschinenbedienung auch als technologisches Team.

HdA-Ziele (Bild 3.2-18)

Die Mehrpersonen-Mehrmaschinenbedienung verfolgt aus HdA-Sicht folgende Ziele:

- o Abbau von Monotonie durch größere Arbeitsinhalte,
- o Abbau einseitiger Belastungen durch Möglichkeiten des Belastungswechsels,
- o räumliche und zeitliche Entkopplung von Technik/Mensch,
- o Möglichkeiten zur Kommunikation und Kooperation,
- o gute Voraussetzungen zur Höherqualifizierung.

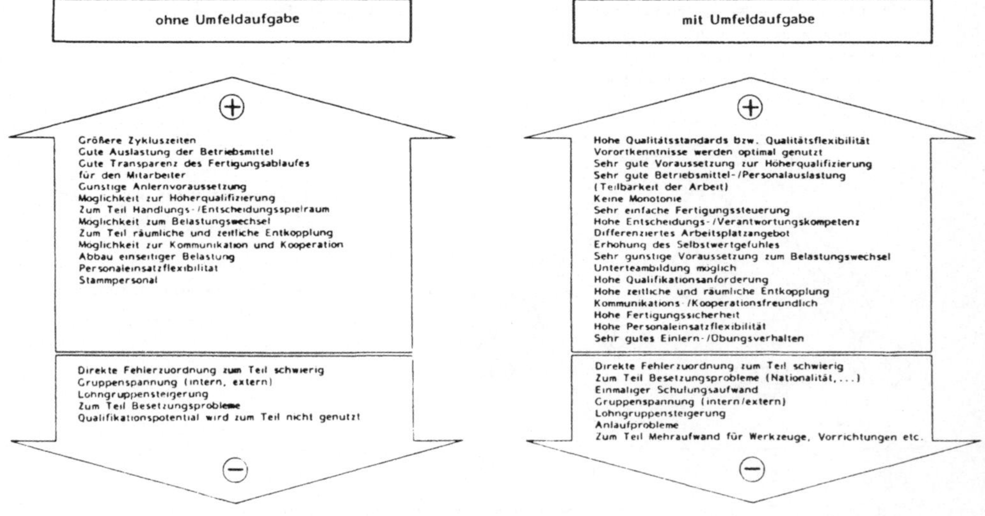

Bild 3.2.18: Vor-/Nachteile einer Mehrpersonen-Mehrmaschinenbedienung

Technisch-wirtschaftliche Ziele

Aus technisch-wirtschaftlicher Sicht bietet die Mehrpersonen-Mehrmaschinenbedienung folgende Vorteile:

o gute Auslastung des Personals,
o günstige Anlernvoraussetzungen,
o hohe Personaleinsatzflexibilität,
o einfache Qualitätsstandards bzw. Qualitätsflexibilität,
o hohe Fertigungssicherheit.

Realisierung im Zusammenhang mit Industrierobotern (Bild 3.2.-19)

Voraussetzung für Mehrmaschinenbedienung sowie Integration von Umfeldaufgaben ist die Entkopplung des Menschen von der Technik. Diese Entkopplung kann durch Einsatz von IR zur Handhabung von Teilen erreicht werden, falls die Bereitstellungseinrichtungen genügend groß dimensioniert sind. Mehrmaschinenbedienung ohne ausreichende Bereitstellungseinrichtungen (kontinuierliche Zuführung) bewirken extrem kurze Zykluszeiten für die manuelle Teilehandhabung. Eine Übernahme von Umfeldaufgaben durch die Bedienperson führt hier zu einer starken Verminderung der Kapazitätsnutzung. Durch den Einsatz von Sensoren im IR-Arbeitssystem können Kontroll- und Überwachungsfunktionen auf die Maschine übertragen werden, so daß die zeitlichen Dispositionsmöglichkeiten der Bedienperson für die Übernahme von Umfeldaufgaben erhöht werden. Der Einsatz von Sensoren im IR-Arbeitssystem im Rahmen der Teile- und Lageerkennung kann zu einer Beschränkung der Typenflexibilität führen.

Probleme der Bedienstrategie mit Umfeldaufgaben (Wartung, Reparatur, Dispositionen, etc.) können sich aus den gestiegenen Qualifikationsanforderungen durch den Einsatz von IR ergeben, jedoch erlaubt hier die Mehrpersonen-Mehrmaschinenbedienung eine sachliche Verteilung der Aufgaben unter den Bedienern.

MEHRPERSONEN-MEHRMASCHINENBEDIENUNG

HdA - ZIELE

- Abbau von Monotonie durch größere Arbeitsinhalte
- Abbau einseitiger Belastungen durch Möglichkeiten des Belastungswechsels
- Räumliche und zeitliche Entkopplung von Technik / Mensch
- Möglichkeiten zur Kommunikation und Kooperation
- Gute Vorraussetzungen zur Höherqualifikation

TECHNISCH - WIRTSCHAFTLICHE ZIELE

- Gute Auslastung der Betriebsmittel / Personal
- Günstige Anlernvorraussetzungen
- Hohe Personaleinsatzflexibilität
- Einfache Fertigungssteuerung
- Hohe Qualitätsstandards bzw. Qualitätsflexibilität
- Hohe Fertigungssicherheit

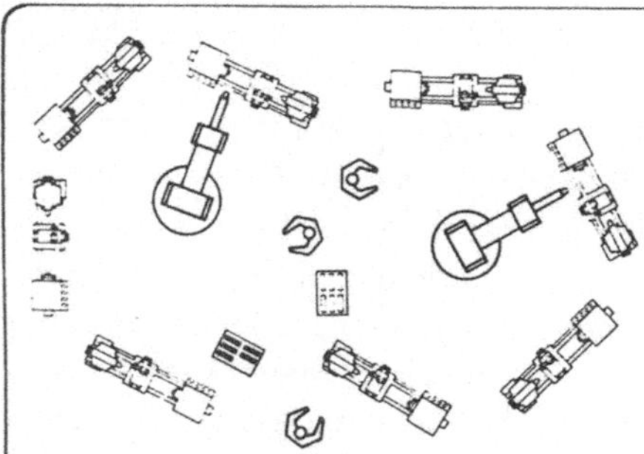

GEFAHREN UND AUSWIRKUNGEN DES IR - EINSATZES

- Begünstigung der Übernahme von Umfeldaufgaben durch Erhöhung der zeitlichen Dispositionsmöglichkeiten
- Durch Einsatz von Sensoren können Kontroll- und Überwachungsfunktionen den IR zugeordnet werden
- Beschränkung der Typenflexibilität / Stückzahlflexibilität

Bild 3.2-19: Mehrpersonen-Mehrmaschinenbedienung beim IR

3.2.11 Gestaltungsprinzip: Überdimensionierung

Aufgabe

Überdimensionierung bedeutet die Implementierung eines Überangebotes an Fertigungsleistung oder mit anderen Worten einer Leistungsreserve. Zu unterscheiden sind technische und kapazitive Überdimensionierungen. Von kapazitiver Überdimensionierung wird gesprochen, wenn in einem Arbeitssystem mehr Arbeitsplätze vorgesehen werden als zur Erfüllung der Fertigungsaufgabe notwendig sind, oder wenn im Arbeitssystem eine geringere Menge als die Planmenge gefertigt wird. Technische Überdimensionierung tritt dann auf, wenn auf den Betriebsmitteln bezüglich Produktgruppen oder Fertigungsaufgaben mehr gefertigt werden kann, als die geplanten Produkte bzw. Fertigungsaufgaben.

HdA-Ziele (Bild 3.2-20)

Mit der Überdimensionierung können folgende HdA-Ziele erreicht werden:

- o Abbau der Monotonie durch
  - Erweiterung des Arbeitsumfangs,
  - längere Zykluszeiten,
  - Beanspruchungswechsel,
- o Verbesserung der Kommunikation und Kooperation innerhalb der Gruppe,
- o Schaffung von höherwertigen Arbeitsplätzen durch Erweiterung von zeitlicher oder fachlicher Disposition durch
  - Einbindung qualifikatiorischer, höherwertiger Tätigkeiten (z.B. Kontrollfunktionen),
  - Anlernmöglichkeiten bei Normalbelegung an den Reservearbeitsplätzen,
- o Möglichkeiten der individuellen Leistungsentfaltung.

Technisch-wirtschaftliche Ziele

Folgende technisch-wirtschaftliche Ziele können mit der Überdimensionierung erreicht werden:

- o höhere Flexibilität bezüglich Mengen- und Personalschwankungen
- o höhere Flexibilität bezüglich Produktveränderungen
- o konstantere Produktqualität.

Realisierung im Zusammenhang mit Industrierobotern (Bild 3.2-20)

Ein IR-Einsatz in überdimensionierten Arbeitssystemen führt zu Einschränkungen bezüglich der Flexibilität des Personaleinsatzes, da Mitarbeiter durch die Ausführung von Handhabungsfunktionen und Überwachungsfunktionen am IR gebunden werden.

ÜBERDIMENSIONIERUNG

HdA - ZIELE

- Abbau der Monotonie
  - Erweiterung des Arbeitsumfangs
  - längere Zykluszeiten
  - Beanspruchungswechsel
- Verbesserung der Kommunikation und der Kooperation innerhalb der Gruppe
- Schaffung von höherwertigen Arbeitsplätzen durch Erweiterung von fachlicher oder zeitlicher Disposition
  - Einbindung qualifikatorischer, höherwertiger Tätigkeiten (z.B. Kontrollfunktionen)
  - Anlernmöglichkeiten bei Normalbelegung an den Reservearbeitsplätzen
- Möglichkeiten der individuellen Leistungsentfaltung

TECHNISCH - WIRTSCHAFTLICHE ZIELE

- Höhere Flexibilität bezüglich Mengen- und Personalschwankungen
- Höhere Flexibilität bezüglich Produktveränderungen
- Konstantere Produktqualität

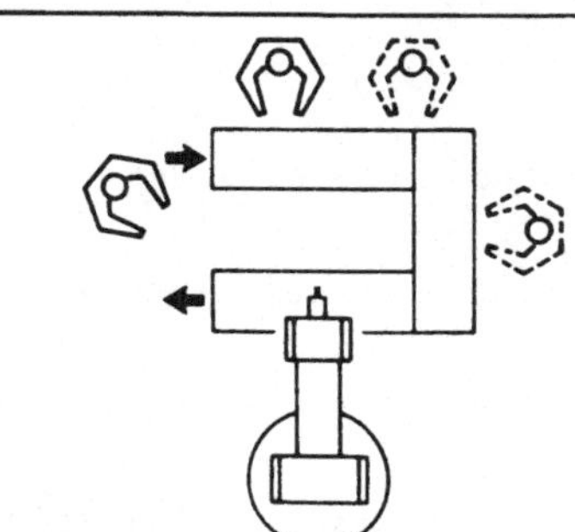

GEFAHREN UND AUSWIRKUNGEN DES IR - EINSATZES

- Beschränkung der Ausbildungsleistung nach unten auf der aus wirtschaftlichen Gründen geforderten Kapazitätsauslastung
- Flexibel zuschaltbare IR - Kapazität ist wirtschaftlich nicht sinnvoll
- Variabel gestalteter Programmumfang des IR ermöglicht Zu- und Abschaltung von manuellen Arbeitsstationen
- Zur Senkung der Taktbindung sind dem IR manuelle Arbeitsplätze möglichst nur nachzulagern
- Hohe Flexibilitätsanforderungen an Mitarbeiter können bei unzureichender Qualifikation zu Fehlbelastungen führen

Bild 3.2-20: Überdimensionierung beim IR-Einsatz

Dabei entsteht im Falle der manuellen Teilebereitstellung eine ständige Anbindung von Personalkapazität an den Industrieroboter. Jedoch auch bei maschineller und magazinierter (manuell geordnetes Fördern) Bereitstellung entsteht, zusammen mit den zu übernehmenden Überwachungsfunktionen, zumindest eine teilweise Anbindung von Personal an den Industrieroboter. Geht man davon aus, daß aus wirtschaftlichen Gründen der Industrieroboter ständig ausgelastet werden soll, ergeben sich für die manuellen Arbeiten, die dem IR vor- und nachgelagert sind, Mindeststückzahlen und somit Mindestpersonalkapazitäten, die ständig im Arbeitssystem an diesen Arbeitsplätzen bereitgestellt werden müssen. Durch diese Dauerbesetzung von Stationen zur Sicherung der kontinuierlichen IR-Arbeit wird jedoch vor allem die Möglichkeit, die Ausbringungsleistung nach unten zu variieren, wesentlich beschränkt.

Werden aber dem IR parallel manuelle Arbeitssysteme beigeordnet, so kann dieser auf die Grundlast ausgelegt werden, so daß die IR-Kapazität ständig ausgelastet ist. Die Erhöhung der Ausbringungsleistung kann durch Besetzung dieser manueller Arbeitssysteme erfolgen. Eine Bereitstellung flexibel zuschaltbarer IR-Kapazitäten ist im allgemeinen aus wirtschaftlichen Gründen nicht tragbar.

Die Überdimensionierung von Arbeitssystemen mit IR kann dennoch auch dazu dienen, die Ausbringungszahlen eines Arbeitssystems, wie in rein manuellen Stationen, flexibel zu gestalten. Der IR ist hierbei mit mehreren Programmen unterschiedlicher Arbeitsinhalte ausgestattet. Ist nun eine hohe Ausbringungsleistung des gesamten Arbeitssystems gefordert, muß der erhöhte Anteil manueller Tätigkeiten im Gesamtsystem durch zusätzlich eingesetzte Personalkapazitäten aufgefangen werden.
Ist eine geringere Ausbringungsleistung gefordert, führt der IR ein Programm mit längerem Arbeitsinhalt aus. Die Reduzierung manueller Arbeitsinhalte kann durch ein Abziehen von Personalkapazität aus dem Arbeitssystem ausgeglichen werden.

Möglichkeiten durch IR vorgegebene Taktzeiten, Taktbindungen und inflexible Besetzungen zu vermeiden, bieten sich durch einen IR-Einsatz an, der möglichst wenige manuelle Arbeitsplätze als vorgelagerte Arbeitsstationen besitzt. Für nachfolgende Arbeitsplätze bestehen von seiten des IR keine Vorgaben für Mindestleistungen. Durch die hohe geforderte Flexibilität an die Mitarbeiter können bei unzureichender Qualifikation Fehlbeanspruchungen auftreten. Aus wirtschaftlicher Sicht entsteht ein größerer Raumbedarf sowie höhere Investionskosten, was zu höheren Monatagestückkosten führt. Eine Überdimensionierung ist daher bei nicht kapitalintensiven Arbeitsplätzen leichter durchzuführen.

3.2.12 Gestaltungsprinzip: Entkopplung durch Puffer

Aufgaben

Puffer, z.T. auch als Speicher bezeichnet, werden vor, zwischen oder nach Arbeitsstationen angeordnet und ermöglichen über ihre Vorratsfunktion die Entkopplung benachbarter Arbeitsstationen. Diese Entkopplung kann in zwei Bereichen stattfinden:

- die Entkopplung von Mitarbeitern im Mensch-Maschinen-Teilsystem. Durch diese Maßnahme kann die Taktbindung der Mitarbeiter aufgeho-

ben werden.
- die Entkopplung verschiedener Mensch-Maschinen-Systeme durch Pufferbildung zwischen den einzelnen Fertigungsabschnitten.

HdA-Ziele

Aus arbeitswissenschaftlicher Sicht bieten Puffer folgende Vorteile:

o Abbau von psychischen Belastungen durch
  - Befreiung der Mitarbeiter vom Arbeitsrhythmus der vor- bzw. nachgeschalteten Arbeitsplätze,
  - Möglichkeiten zur kurzfristigen Arbeitsunterbrechung (individuelle Pausenwahl),
o Möglichkeit der Übernahme höherwertiger Aufgaben durch Unterbrechung der dauernden Bindung an das Maschinensystem,
o Erhöhung der Kommunikation und Kooperation,
o Schaffung der Voraussetzungen für weitergehende Maßnahmen der Arbeitsstrukturierung (job enlargement, job enrichement, Gruppenbildung, höhere Handlungsspielräume usw.).

Technisch-wirtschaftliche Ziele

Als technisch-wirtschaftliche Vorteile von Puffern sind zu nennen:

o höhere Flexibilität bezüglich Personal- und Mengenschwankungen,
o geringere Produktivitätsverluste, da die individuellen Leistungsschwankungen der Mitarbeiter nicht das gesamte Arbeitssystem beeinflussen,
o geringere Störungsauswirkungen und damit weniger Stillstandskosten,
o weniger Springer,
o Möglichkeit zur zeitlich begrenzten Übernahme unregelmäßig anfallender Tätigkeiten, z.B. Nacharbeit.

Realisierung im Zusammenhang mit Industrierobotern (Bild 3.2-21)

Puffer sind in ihrer Weitergabefunktion identisch mit Bereitstellungseinrichtungen von IR. Hier ist ihnen das kurzzeitige Speichern von mindestens einem Werkstück gemein; abweichend ist jedoch das unbedingt erforderliche Speichern in definierter Position und Orientierung in der Bereitstellungseinrichtung von IR. Ermöglichen darüber hinaus die Bereitstellungseinrichtungen ein Speichern mehrerer Werkstücke, die im Bearbeitungsrhythmus der bedienenden Station zugeführt werden können, so ist die Bereitstellungseinrichtung in ihrer Wirkung als Puffer zu sehen. Mit dem IR-Einsatz behalten Puffer ihre Eigenschaften bezüglich Taktbindungssenkung und Kapazitätsausgleich. Als Nachteil der Verwendung von Pufferungseinrichtungen lassen sich folgende Punkte nennen:

- o Einschränkung der Kommunikation durch fehlenden Blickkontakt,
- o Einschränkung von Kooperationsmöglichkeiten wegen räumlicher Enge,
- o höhere Kapitalbindung durch vermehrten Teileumfang (höhere Durchlaufzeit),
- o schlechtere Fertigungsübersicht,
- o größerer Platzbedarf und damit höhere Platzkosten.

PUFFER

HdA - ZIELE

- Abbau von psychischen Belastungen
  - Befreiung der Mitarbeiter vom Arbeitsrhythmus der vor- bzw. nachgeschalteten Arbeitsplätze
  - Möglichkeiten zur kurzfristigen Arbeitsunterbrechung (individuelle Pausenwahl)
- Möglichkeit der Übernahme höherwertiger Aufgaben durch Unterbrechung der dauernden Bindung an das Maschinensystem
- Erhöhung der Kommunikation und Kooperation
- Schaffung der Voraussetzungen für weitergehende Maßnahmen der Arbeitsstrukturierung (job enlargement, job enrichment, Gruppenbildung, höhere Handlungsspielräume usw.)

TECHNISCH - WIRTSCHAFTLICHE ZIELE

- Höhere Flexibilität bezgl. Personal- und Mengenschwankungen
- Geringere Produktivitätsverluste, da die individuellen Leistungsschwankungen der Mitarbeiter nicht das gesamte Arbeitssystem beeinflussen
- Geringere Störungsauswirkungen und damit weniger Stillstandskosten
- Weniger Springer
- Möglichkeit zur zeitlich begrenzten Übernahme unregelmäßig anfallender Tätigkeiten z.B. Nacharbeit

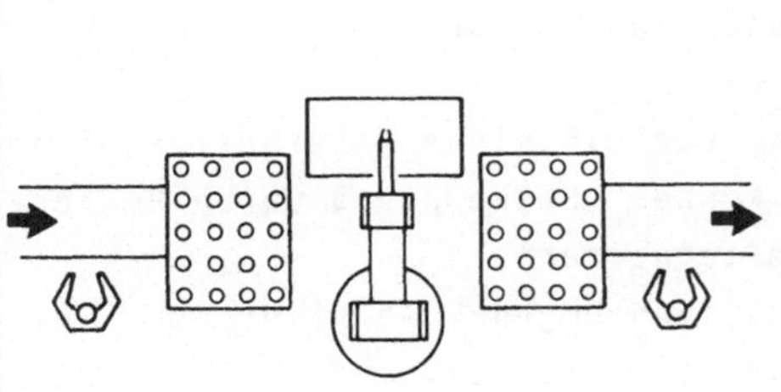

GEFAHREN- UND AUSWIRKUNGEN DES IR - EINSATZES

- Typische Eigenschaften des Puffers bei IR - Einsatz werden für ein HdA - gerechtes Arbeitssystem verstärkt gefordert
- Definierte Positionen und Orientierung der Teile sind im Puffer bzw. bei Übergabe in die Bereitstellungseinrichtung erforderlich
- Isolierte Arbeitsplätze, Einschränkung von Kommunikations- und Kooperationsmöglichkeiten

Bild 3.2-21: Entkopplung durch Puffer beim IR-Einsatz

Beispiel: Bindung an ein Maschinensystem durch das Arbeiten an einem Drehtisch

Das nachfolgende Beispiel zeigt ein ungepuffertes Mensch-Maschinen-System mit zwei Schweißrobotern (IR), einem Drehtisch und zwei Mitarbeitern (vgl. Bild 3.2.-22). Die beiden Mitarbeiter müssen Karosserieteile für die Schweißroboter einlegen und danach die geschweißten Teile wieder herausnehmen und ablegen.

Vorteile des Systems

In dem Arbeitssystem arbeiten zwei Mitarbeiter mit Sichtkontakt, was die soziale Isolation etwas lindert, obwohl eine direkte Zusammenarbeit und Gespräche während der Arbeit kaum möglich sind.

Nachteile des Systems

- Der einzelne Mitarbeiter kann keinen eigenen Arbeitsrhythmus entwickeln (der Drehtisch dreht sich erst, wenn beide Arbeiter ihr Werkstück eingelegt haben).
- Bindung der Mitarbeiter an das Arbeitssystem, da keine Puffer vorhanden sind (Notwendigkeit von Springern).
- Monotone, niedrigqualifizierte Arbeit.
- Bei Defekten am Drehtisch stehen beide Schweißroboter still.

Verbesserung des Arbeitssystems aus HdA-Sicht

Statt des Drehtisches können hier zwei staufähige Fördersysteme verwendet werden, die gleichzeitig auch die Puffer für die Roh- und Fertigteile darstellen. Dieses Arbeitssystem bietet folgende Vorteile:

- Verbesserte soziale Kontaktmöglichkeiten (Mitarbeiter sind näher beieinander, Puffer lassen Kurzpausen zu, weniger Lärm durch Abschirmung der Schweißroboter).
- Es besteht nun die Möglichkeit, daß die einzelnen Mitarbeiter einen eigenen Arbeitsrythmus entwickeln können (Entkopplung durch Pufferbildung von der Maschine und vom Mitarbeiter).
- Entlastung der Mitarbeiter von negativen Umgebungseinflüssen, z.B. Lärm, da die Bearbeitungsstelle weiter von den Mitarbeitern entfernt ist.
- Die beiden Teilsysteme sind völlig unabhängig voneinander (Störungen wirken sich nicht auf das andere Teilsystem aus).
- Erhöhung der Pufferkapazität und/oder geringerer Raumbedarf ist durch vertikale Pufferung möglich (aber: aufwendigeres Fördersystem).

Nachteile dieses System sind:

- Höherer Platzbedarf des Arbeitssystems.
- Höherer Kapitalbedarf für die Pufferungseinrichtungen und höhere Kapitalbindung durch erhöhten Teileumlauf.

Punktschweißanlage zum Schweißen von PKW - Radhäusern

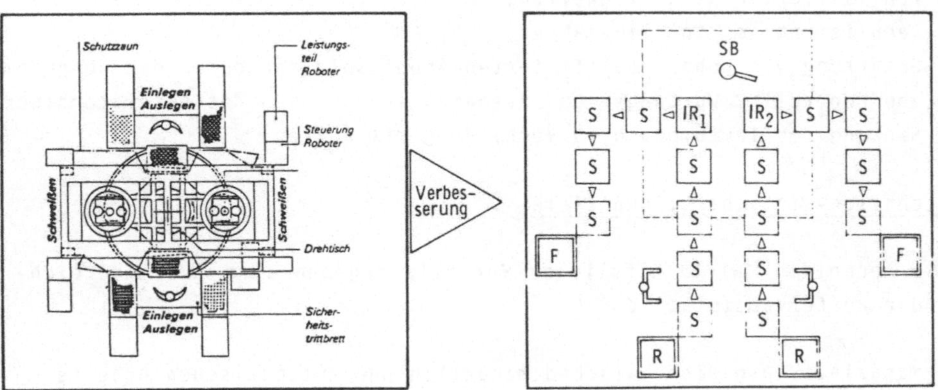

Legende: IR = Schweißroboter
R = Rohteilbehälter
F = Fertigteilbehälter
S = Speicherplatz
SB = Sicherheitseinrichtung

Bild 3.2-22: Beispiel für Entkopplung durch Puffer

3.2.13 Gestaltungsprinzip: Entkopplung durch Blockbildung

Aufgabe

Mit dem Einsatz von Puffern eng verknüpft ist die Maßnahme der Blockbildung. Sie bezeichnet die Trennung manueller von automatisierten Abschnitten durch Puffer, so daß isolierte Handarbeitsplätze zwischen Automatikstationen vermieden werden. Kennzeichnend ist also, daß hier der Einsatz von Puffern einhergeht mit der Bildung von rein manuellen Fertigungsbereichen, so daß die Realisierung einer Gruppenarbeit nicht durch Ablaufzwänge von technischen Einrichtungen gestört wird.

HdA-Ziele

Arbeitssysteme mit Blockbildung schaffen die Voraussetzung für folgende Anforderungen:

- o Eliminierung von Umgebungseinflüssen, Staub, Lärm, Dämpfe etc. durch Abschirmung der Blöcke,
- o Gute Kooperations- und Kommunikationsmöglichkeiten durch den Wegfall von isolierten Resttätigkeiten,
- o Reduzierung von Unfallgefahren,
- o Schaffung von höher qualifizierten Arbeitsplätzen durch die Übernahme von Kontroll-, Wartungs- und Steuerungsfunktionen des Automatenblocks,
- o Senkung der Taktbindung in Verbindung mit Puffer.

Technisch-wirtschaftliche Ziele

Die technisch- wirtschaftlichen Vorteile ergeben sich (bei ausreichender Pufferkapazität) durch:

- o Kapazitätsausgleich zwischen manuellen und automatischen Arbeitssystemen und damit
- o höhere Flexibilität bezüglich Mengen- bzw. Personalschwankungen.

Realisierung im Zusammenhang mit Industrierobotern (Bild 3.2-23)

Bei der Realisierung im Zusammenhang mit dem IR-Einsatz müssen folgende Punkte beachtet werden:

- o Die Systemgrenzen des zu planenden Teilsystems müssen so weit gezogen werden, daß die vor- und nachgelagerten manuellen Tätigkeiten mit berücksichtigt werden,
- o Handhabungsfunktionen mit Prüfinhalten, Kontroll- und Überwachungsfunktionen innerhalb des Automatenblocks müssen über den Einsatz von Sensoren ebenfalls automatisiert werden oder
- o durch den Einsatz von Verkettungseinrichtungen in Verbindung mit der Erhöhung der Fertigungsqualität vermieden werden,
- o Kontroll- und Prüffunktionen werden dann nur zu Beginn oder am Ende des automatischen Blockes durchgeführt,
- o Ansatzpunkte für die Bereinigung des Automatenblocks von nichtautomatisierbaren Teilverrichtungen sind
  - konstruktive Änderungen des Produkts (automatisierungsgerechte Konstruktion) und
  - Primärfügen (zeitliches Vorziehen von Teilverrichtungselementen vor den Automatenblock).

BLOCKBILDUNG

HdA - ZIELE

- Eliminierung von Umgebungseinflüssen, Staub, Lärm, Dämpfe, etc. durch Abschirmung der Blöcke
- Gute Kooperations- und Kommunikationsmöglichkeiten durch den Wegfall von isolierten Resttätigkeiten
- Reduzierung von Unfallgefahren
- Schaffung von höherqualifizierten Arbeitsplätzen durch Übernahme von Kontroll-, Wartungs- und Steuerungsfunktionen des Automatenblocks
- Senkung der Taktbindung in Verbindung mit Puffer

TECHNISCH - WIRTSCHAFTLICHE ZIELE

- Kapazitätsausgleich zwischen manuellen und automatischen Arbeitssystemen und damit
- höhere Flexibilität bezüglich Mengen- bzw. Personalschwankungen

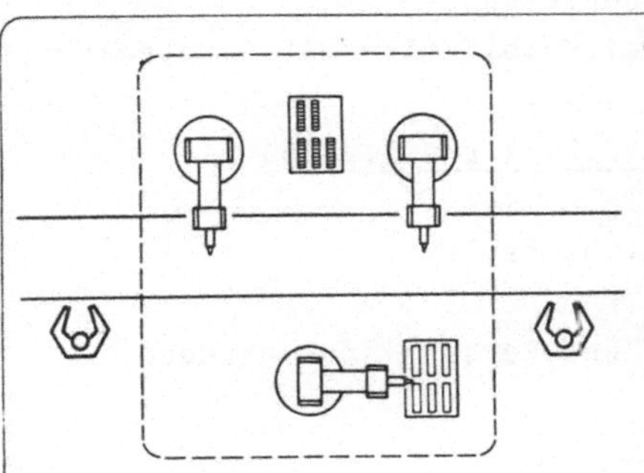

GEFAHREN UND AUSWIRKUNGEN DES IR - EINSATZES

- Für die Planung müssen die dem Automatenblock vor- und nachgelagerten Tätigkeiten mit einbezogen werden
- Mengenteilig angeordnete Abschnitte können im Automatenblock zusammengeführt werden
- Gefahr der Isolation von manuellen Arbeitsplätzen
- Handhabungsfunktionen mit Prüfinhalten, Kontroll- und Überwachungsfunktionen innerhalb des Automatenblocks müssen über den Einsatz von Sensoren ebenfalls automatisiert werden oder
- durch Einsatz von Verkettungseinrichtungen in Verbindung mit der Erhöhung der Fertigungsqualität vermieden werden
- Kontroll- und Prüffunktionen werden dann nur zu Beginn oder am Ende des automatischen Blockes durchgeführt
- Ansatzpunkte für nicht automatisierbare Teilverrichtungen sind:
  - automatisierungsgerechte Produktänderungen
  - Primärfügen

Bild 3.2-23: Blockbildung beim IR-Einsatz

3.2.14 Gestaltungsprinzip: Parallelschaltung von Arbeitssystemen

Aufgabe

Die Deckung des Gesamtkapazitätsbedarfs eines Produktes wird hier durch mehrere parallele Arbeitssysteme unterschiedlicher Größe vorgenommen, wobei das Teilungskriterium beispielsweise unterschiedliche Losgröße der Produkte (Großserienlinie, Kleinserienarbeitsgruppe) sein kann. Jedoch kann durch die parallelen Arbeitssysteme die Kapazitätsteilung auch in der Weise erfolgen, daß ein automatisiertes Arbeitssystem den Grundkapazitätsbedarf befriedigt (und damit ständig ausgelastet ist) und ein zu- und abschaltbares, manuelles Arbeitssystem die Spitzenkapazitäten übernimmt. Bei konstanter Gesamtmenge resultiert aus der entstandenen Mengenteilung eine Verlängerung des Taktumfanges.

HdA-Ziele

Die Parallelschaltung von Arbeitssystemen hat aus Humanisierungssicht folgende Vorteile gegenüber der reinen Artteilung:

- o Abbau der Monotonie durch,
  - Vergrößerung des Arbeitsumfangs,
  - inhaltliche Anreicherung der Arbeit,
  - Verringerung der Taktgebundenheit,
- o Möglichkeit zur individuellen Leistungsentfaltung,
- o Verstärkung von Kommunikation und Kooperation,
- o Möglichkeit der Höherqualifizierung bei Kombination mit Gruppenarbeit.

Technisch-wirtschaftliche Ziele (Bilder 3.2-24 und 3.2-25)

Mengenteilung oder gemischte Arbeitsteilung bewirkt

- o höhere Flexibilität bezüglich Mengen- und Personalschwankungen,
- o Reduzierung von Störauswirkungen.

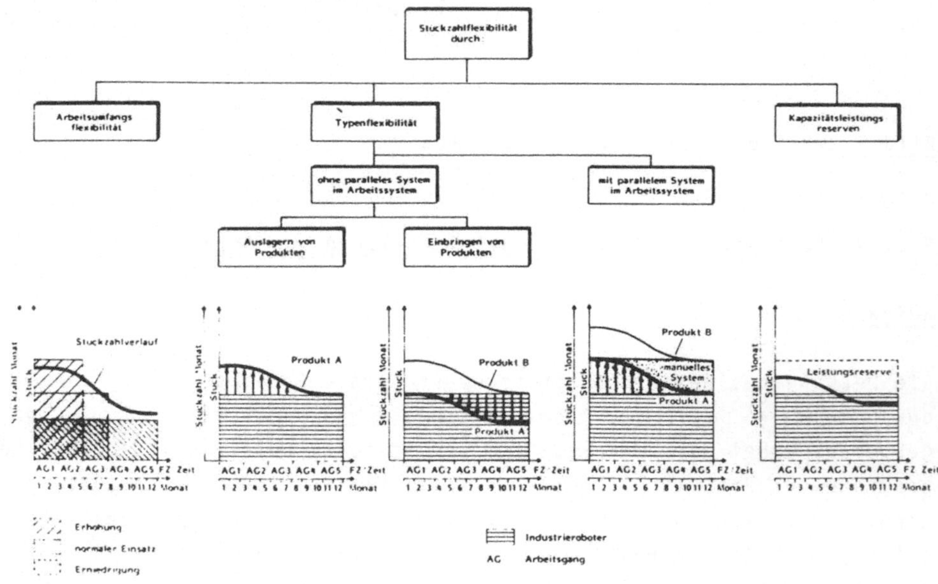

Bild 3.2-24: Maßnahmen zur Realisierung von Stückzahlflexibilität beim IR-Einsatz, Teil 1

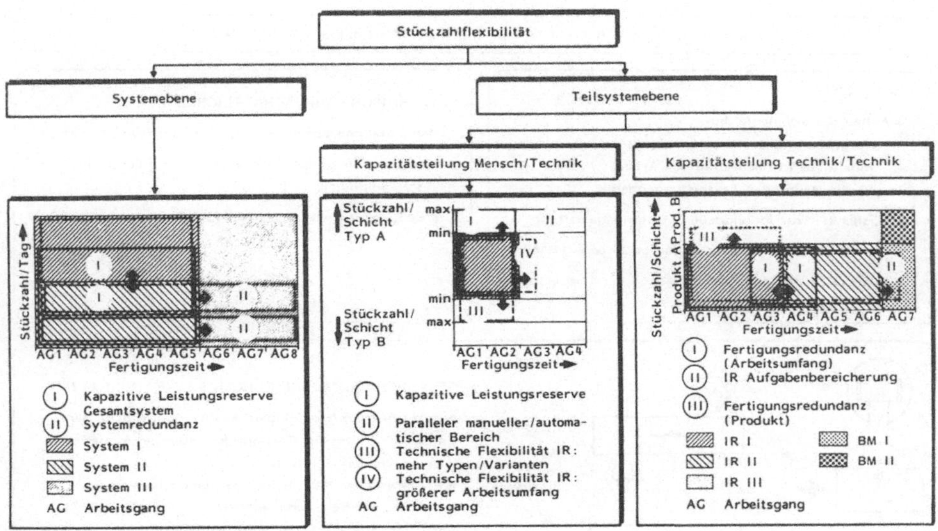

Bild 3.2-25: Maßnahmen zur Realisierung von Stückzahlflexibilität beim IR-Einsatz, Teil 2

Realisierung im Zusammenhang mit Industrierobotern (Bild 3.2-26)

Die Parallelschaltung von Arbeitssystemen eignet sich gut zum Ausgleich inflexibler Ausbringungsleistungen und Besetzungsmöglichkeiten, die durch den IR-Einsatz aufgrund starrer Programmvorgabe und Bereitstellungseinrichtungen bestehen. Bei parallelen manuellen Arbeitssystemen wird bei einer Störung des IR-Systems die Kontinuität des Fertigungsablaufs gewährleistet. Die gleiche inhaltliche Ausrichtung und räumliche Nähe des parallelen manuellen Systems zum Automatisierungssystem erlaubt einen schnellen und reibungslosen Arbeitsplatzwechsel, der zu Belastungswechseln der am IR-System beschäftigten Mitarbeiter benutzt werden kann. Parallel geschaltete Arbeitssysteme vor und nach IR-Systemen erlauben eine Anpassung manueller Ausbringungsleistungen an die des IR-Aggregats.

Bei unzureichender Qualifikation des Mitarbeiters kann die Erweiterung und Anreicherung des Arbeitsinhalts zu Fehlbelastungen führen. Es besteht die Gefahr der Arbeitsintensivierung. Aufgrund des höheren Arbeitsumfangs entstehen in der Einführungsphase längere Anlernzeiten und somit höhere Anlernkosten. Die höhere Qualifikation der Mitarbei-

PARALLELSCHALTUNG VON ARBEITSSYSTEMEN

HdA - ZIELE

- Abbau der Monotonie durch:
  - Vergrößerung des Arbeitsumfangs
  - Inhaltliche Anreicherung der Arbeit
  - Verringerung der Taktgebundenheit
- Möglichkeit zur individuellen Leistungsgestaltung
- Verstärkung von Kommunikation und Kooperation
- Möglichkeit der Höherqualifizierung bei Kombination mit Gruppenarbeit

TECHNISCH - WIRTSCHAFTLICHE ZIELE

Mengenteilung oder gemischte Arbeitsteilung bewirkt:

- höhere Flexibilität bzgl. Mengen- und Personalschwankungen
- Reduzierung von Störauswirkungen

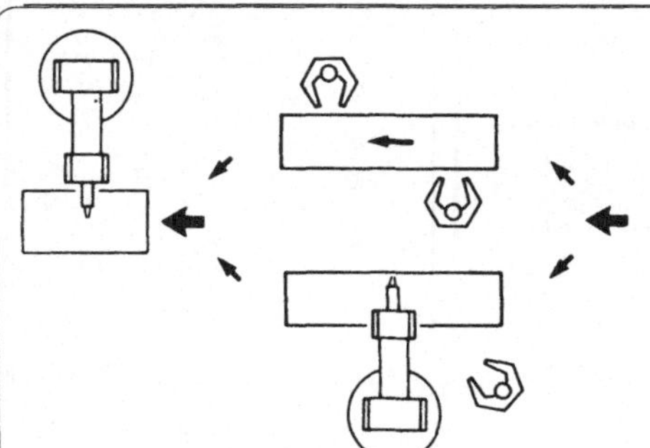

GEFAHREN UND AUSWIRKUNGEN DES IR - EINSATZES

- guter Ausgleich inflexibler Ausbringungsleistungen
- Gewährleistung des Fertigungsablaufs bei Ausfall eines Systems
- bei räumlicher Nähe beider Systeme gute Vorraussetzung für Belastungswechsel
- bei Vor- bzw.Nachschaltung von IR'n gute Anpassung der Ausbringungsleistung
- Gefahr der Überforderung
- höhere Anlernkosten bzw. höhere Löhne aufgrund hoher Qualifikation

Bild 3.2-26: Parallelschaltung von Arbeitssystemen

ter führt tendenziell zu einem höheren Durchschnittslohn. Die Einrichtung paralleler Arbeitssysteme erfordert höhere Investitionskosten, so daß sie aus wirtschaftlichen Gründen meist nur für die manuellen Systemteile sinnvoll ist.

Zu berücksichtigen ist allerdings, daß die Einrichtung paralleler Arbeitssysteme bei kapitalintensiven Betriebsmitteln vielfach zu etwas höheren Investitionskosten führt. Aufgrund der oben angeführten, in der Regel nur schwer quantifizierbaren Vorteile, wird diese Strukturierungsanalyse aber auch bei automatisierten Arbeitssystemen aufgegriffen (Bild 3.2-27).

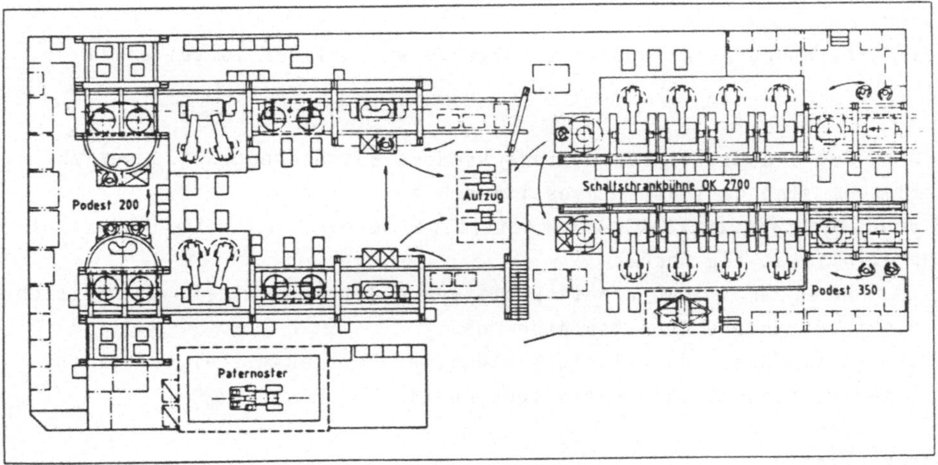

Bild 3.2-27: Parallelschaltung von IR-Systemen in der KFZ-Industrie

3.2.15 Gestaltungsprinzip: Organisatorische Verkettung

Aufgabe

Als Organisationsprinzip der Fertigung wird die Form der räumlichen und zeitlichen Zusammenfassung von Arbeitskräften und Betriebsmitteln zu organisatorischen Einheiten im Produktionsprozeß bezeichnet (nach REFA). Die Arbeitssysteme kann man nach vorliegenden Prinzipien verketten:

- o nach dem Prinzip der Verrichtungszentralisation, d.h. gleichartige Tätigkeiten an unterschiedlichen Objekten (Produkten) werden zu organisatorischen Einheiten zusammengefaßt,
- o nach dem Prinzip der Objektzentralisation, d.h. es werden in einer organisatorischen Einheit unterschiedliche Tätigkeiten an gleichartigen Objekten zusammengefaßt,
- o nach dem Prinzip der "gemischten Strukturen"; unter gemischten Strukturen versteht man Verbindungen aus dem Verrichtungs- und Objektprinzip in einer organisatorischen Einheit,
- o durch Bildung von dezentralen Organisationen, die neben der eigentlichen Fertigungsaufgabe auch periphere Aufgaben wie Steuerung, Disposition, Kontrollfunktionen etc. übernehmen und somit innerhalb vorgegebener Rahmenbedingungen weitgehend unabhängig sind.

Verrichtungsprinzip

Das Verrichtungsprinzip bringt folgende wesentliche Vorteile mit sich:

- Wenn Betriebsmittel für mehrere Produkt-Baureihen genutzt werden können, sind geringere Investitionen zu erwarten.
- Jede Auftragsstückzahl kann gefertigt werden, d.h. die Stückzahlflexibilität ist hoch.
- Störungen an einem Arbeitsplatz oder Betriebsmittel wirken sich nicht auf andere Arbeitsplätze aus.
- Die Zusammenfassung emissionsintensiver Betriebsmittel ermöglicht einen kostengünstigen Emmissionsschutz.

Objektprinzip

Für das Objektprinzip spricht:
- Die Komplettbearbeitung der Produkte ist möglich.
- Es kann eine bessere Identifikation mit dem Produkt erwartet werden.
- Der Steuerungsaufwand ist relativ gering.
- Die Transportwege können je Produkt kurz gehalten werden.
- Der Umlaufbestand an Material kann gering sein.
- Rückmeldungen, z.B. über mangelhafte Qualität, sind relativ kurz.

"Gemischte Stukturen"

Da jedes Organisationsprinzip seine Vorteile besitzt, ist es sinnvoll, das Organisationsprinzip auf die Charakteristik des jeweiligen Fertigungsabschnittes abzustimmen und für die Gesamtstruktur eine Mischform aus den beiden Extremen zu entwickeln.

Dezentrale Organisationsformen

Eine Objektorientierung mit gleichzeitiger Delegation von Handhabungs-/Entscheidungsspielraum und Verantwortung führt zu den im Kapitel bereits angeführten dezentralen Fertigungsstrukturen (Fertigungszelle). Derzeit ist aufgrund von technisch-wirtschaftlichen bzw. humanitären Anforderungen an Arbeitsysteme ein Trend zu dezentralen Organisationsformen im Sinne von Fertigungszellen zu verzeichnen, da diese Konzeption den gestellten Anforderungen aufgrund der aktuellen Technik-,

Markt- und Personalentwicklungen weitaus besser gerecht wird als die konventionellen Organisationsformen mit zentralistischer Tendenz. Aus Mitarbeitersicht haben derartige Arbeitsorganisationen zahlreiche Vorteile (Bild 3.2-28). So steigen beispielsweise die notwendigen Qualifizierungsanforderungen gegenüber einer "konventionellen" Arbeitsorganisation mit hoher Arbeitsteilung drastisch an. Wie Bild 3.2.-29 zeigt, sind Potentiale besonders bezüglich Betriebsmittel, Organisations-, und diagnostisch-analytischen Steuerungskenntnissen vorhanden.

BEWERTUNGSKRITERIEN	ORGANISATIONSPRINZIP: Verrichtungsprinzip	Flußprinzip	Fertigungszelle
1. Beseitigung von Emmisionen	weniger aufwendig	sehr aufwendig	sehr aufwendig
2. Möglichkeiten zur Entkopplung Mensch / Mensch	gut	gering	mittel
3. Kommunikationsmöglichkeit	mittel	schlecht	sehr gut
4. Möglichkeiten zur Produktidentifikation	gering	mittel	gut
5. Vergrößerung der Arbeitsaufgabe durch :			
Arbeitserweiterung	mittel	mittel - gut	gut
Arbeitsbereicherung	gut	mittel	gut
Arbeitsplatzwechsel	gut	mittel	gut
6. Möglichkeit zur Entkopplung Mensch / Betriebsmittel	mittel	gering	mittel
7. Möglichkeit zur individuellen Leistungsentfaltung	gut	schlecht	gut
8. Möglichkeit zur Gleitzeit	gut	mittel	mittel
9. Belastungswechsel für Mitarbeiter	befr.	schlecht	sehr gut
10. Einarbeitungsaufwand	mittel	gering	hoch
11. Transparenz des Fertigungsablaufs für die Mitarbeiter	gering	gut	sehr gut
12. Qualifikation der Mitarbeiter	mittel-hoch	niedrig	hoch
13. Entscheidungs- u. Verantwortungskompetenz	mittel	niedrig	hoch
14. Dezentralisierung der Aufbauorganisation	mittel	niedrig	hoch

Bild 3.2-28: Arbeitswissenschaftliche Beurteilung der Organisationstypen

Beispiel für organisatorische Verkettungen: Die Montage einer Produktgruppe wird in zwei Arbeitssysteme aufgeteilt. Einem großen Arbeitssystem für Mengen, die von der Absatzseite keinen Schwankungen unterworfen sind (Rennerlinie) und einem zweiten kleinen Arbeitssystem (Exotenlinie).

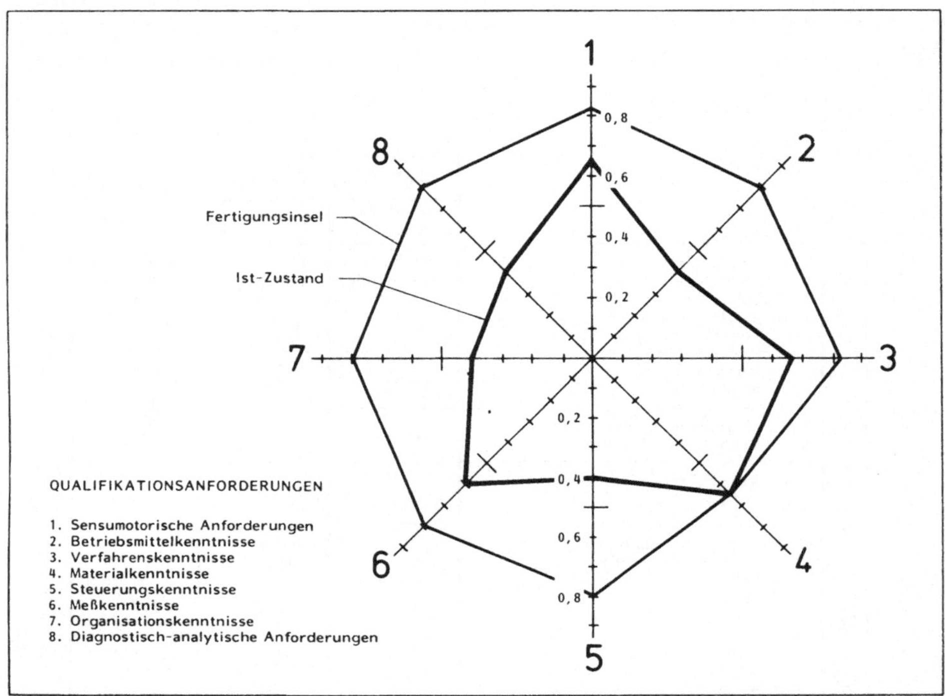

Bild 3.2.29: Qualifikationsanforderungen bei Einführung einer Fertigungsinsel

Der Vorteil liegt in der Erhöhung der Flexibilität in bezug auf:
- Ausbringung,
- Personaleinsatz,
- Typen- und Variantenvielfalt,
- Fertigungsverfahren.

Fragestellungen bei der Festlegung von Organisationsprinzipien sind:
- Welche Teilungen von Arbeitssystemen sind denkbar?
- Welche Produkte, Produktgruppen werden auf welchen Teilsystemen montiert ?

- Wie sieht prinzipiell dort die Technik dazu aus?
- Sind zentrale oder dezentrale Vormontagen vorzusehen?

Die unterschiedlichen Organisationsprinzipien haben aufgrund ihrer jeweiligen Charakteristik Auswirkungen auf die Qualität möglicher Arbeitsgestaltungen.

Die Wahl des zweckmäßigen Organisationsprinzips wird insgesamt durch eine Vielzahl von Faktoren beeinflußt, wie beispielsweise
- Produktaufbau,
- Produktprogramm,
- vorhandene Arbeitskräfte,
- verfügbare Betriebsmittel,
- Arbeitsbedingungen,
- Flexibilität bezüglich Stückzahlen, Typen und Varianten,
- Materialfluß und
- Kosten.

Bild 3.2-30 zeigt beispielhaft die Aufteilung einer Produktionsaufgabe in organisatorische Einheiten nach dem Objektprinzip und dem Verrichtungsprinzip.

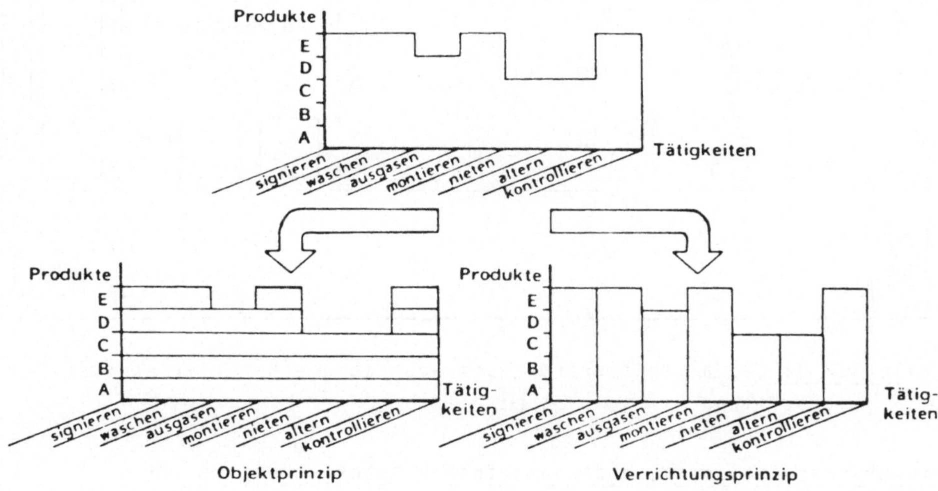

Bild 3.2-30: Objekt- und Verrichtungsprinzip als extreme Aufteilungsmöglichkeiten eines Produktprogramms

3.2.16 Gestaltungsprinzip: Materialbereitstellung

Bedarfsgesteuerte, auftragsbezogene Materialbereitstellung

Aufgabe

Bei der bedarfsgesteuerten, auftragsbezogenen Materialbereitstellung wird aus dem vorgegebenen Produktionsplan durch Stücklistenauflösung Materialart und Materialmenge bestimmt, kommissioniert und komplett oder mit entsprechendem Steuerungsaufwand montagesynchron an die Arbeitsplätze gebracht. Bei Auslagerung erfolgt die auftragsbezogene Materialbuchung. Ein eventuell erforderlicher Mehrbedarf (Ausschuß, Schwund, etc.) muß im Lager nachgefordert werden. Bei Auftragsende sind bei korrekter Materialabgrenzung Rückführungen von überzähligem Material notwendig (Bild 3.2-31).

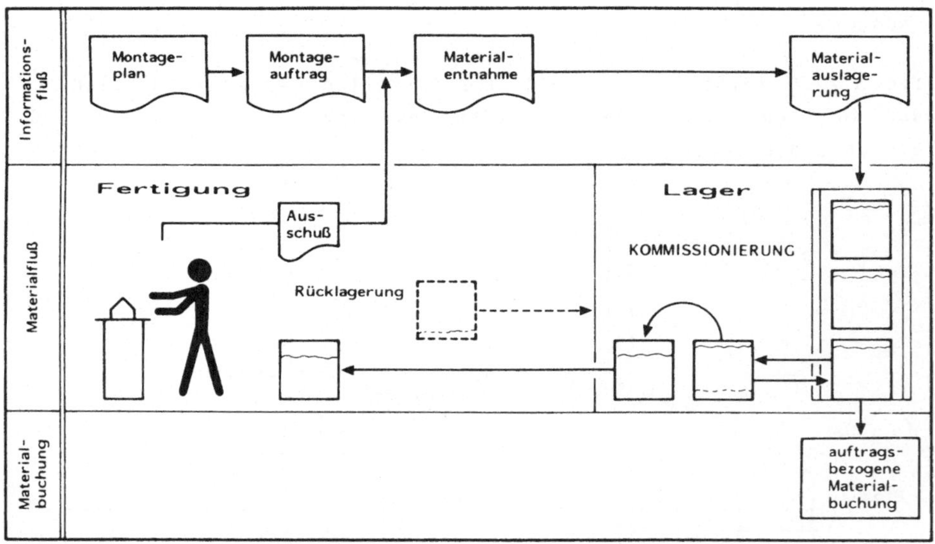

Bild 3.2-31: Bedarfsgesteuerte auftragsbezogene Materialbereitstellung

Verbrauchsgesteuerte, auftragsbezogene Materialbereitstellung

Aufgabe

Dieses Bereitstellungsprinzip wird in zwei Stufen durchgeführt. Ausgehend von Stücklisten werden die Materialien auftragsbezogen kommissioniert. Das Material gelangt jedoch nicht direkt zum Arbeitsplatz, sondern in ein Pufferlager, das zentral in oder vor der Fertigungshalle bzw. dezentral für jede Organisationseinheit angeordnet sein kann. Der Materialnachschub zum Arbeitsplatz wird verbrauchsorientiert durchgeführt, indem mit einem Beleg oder dem leeren Behälter das Material vom Pufferlager abgeholt wird. Da beim Auslagern aus dem Hauptlager eine auftragsbezogene Materialbuchung erfolgt, ist normalerweise eine Bestandsführung für Pufferlager und Werkstattmaterial nicht erforderlich (Bild 3.2-32).

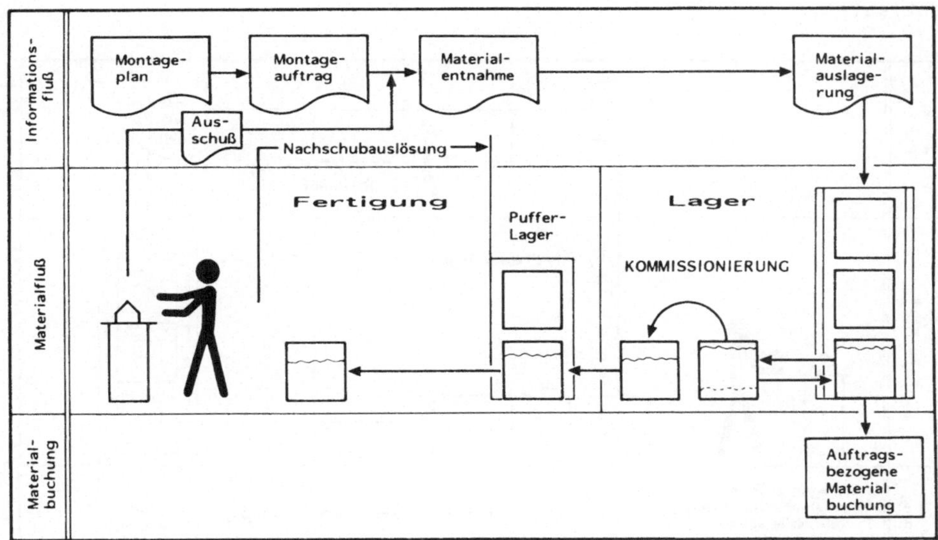

Bild 3.2-32: Verbrauchsgesteuerte auftragsbezogene Materialbereitstellung

Verbrauchsorientierte auftragsneutrale Materialbereitstellung (2-Behälter-System)

Aufgabe

Beim sogenannten "2-Behälter-System" stehen von jedem benötigten Teil zwei Behälter am Arbeitsplatz. Ist der erste Behälter abgearbeitet, löst der Rücktransport des Behälters oder ein Beleg die Auslagerung des nächsten Behälters aus. Dies kann direkt erfolgen oder ein zwischengeschalteter Disponent überprüft die Anforderung (bei Variantenteilen zweckmäßig). Der Materialtransport wird in der Regel von einem dafür bestimmten Personenkreis durchgeführt, während das Signalisieren des Bedarfs durchaus dem Montagemitarbeiter übertragen werden kann (Bild 3.2-33).

Bei der Materialbereitstellung gibt es 2 Möglichkeiten. Üblich ist, bei der Auslagerung das Lager zu entlasten (geschlossenes Lager) und das Material anonym (nicht auftragsbezogen) in den Werkstattbestand zu buchen. Bei der Ablieferung der Endprodukte werden per EDV die Materialentnahmebuchungen durchgeführt und damit der Werkstattbestand entlastet.

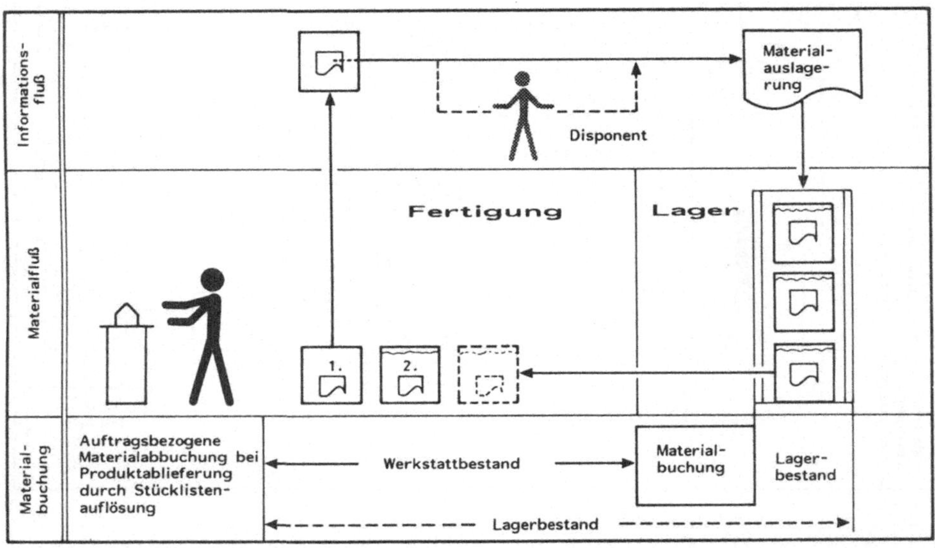

Bild 3.2-33: Verbrauchsorientierte auftragsneutrale Materialbereitstellung (2-Behälter-System)

Bei anfallendem Ausschuß bewirkt die erforderliche Ausschußmeldung die entsprechende Reduzierung des Werkstattbestandes. Da innerhalb der Werkstatt durch anonyme Materialentnahme keine Auftragsbegrenzung vorhanden ist, können Abweichungen zwischen Buchbestand und tatsächlichem Werkstattbestand nur durch eine Inventur festgestellt werden.

Die andere Möglichkeit der Materialbuchung ist, bei der Auslagerung keine Umbuchung in den Werkstattbestand durchzuführen und erst bei der Produktablieferung maschinell die Entnahme zu erzeugen. Dadurch sind Lager- und Werkstattbestand buchmäßig ein Bestand, der oftmals aufgrund der weit voneinander liegenden Schnittstellen (räumliche Entfernung) nicht mehr transparent ist.

Verbrauchsorientierte auftragsneutrale Materialbereitstellung (Kanban-System)

Aufgabe

Der hier vorgestellte Organisationstyp stellt eine Variante der verbrauchsorientierten, auftragsneutralen Bereitstellung dar. Es wird jedoch nur mit einem Behälter am Arbeitsplatz gearbeitet. Der Nachschub wird bei einer bestimmten Abarbeitung des Behälters durch Beleg oder ähnliches ausgelöst. Dieses Verfahren setzt eine genaue zeitliche Abstimmung und hohe Disziplin voraus, da mit dem Restbestand im Behälter die Reaktionszeit des gesamten Nachschubs abgedeckt sein muß (Bild 3.2-34).

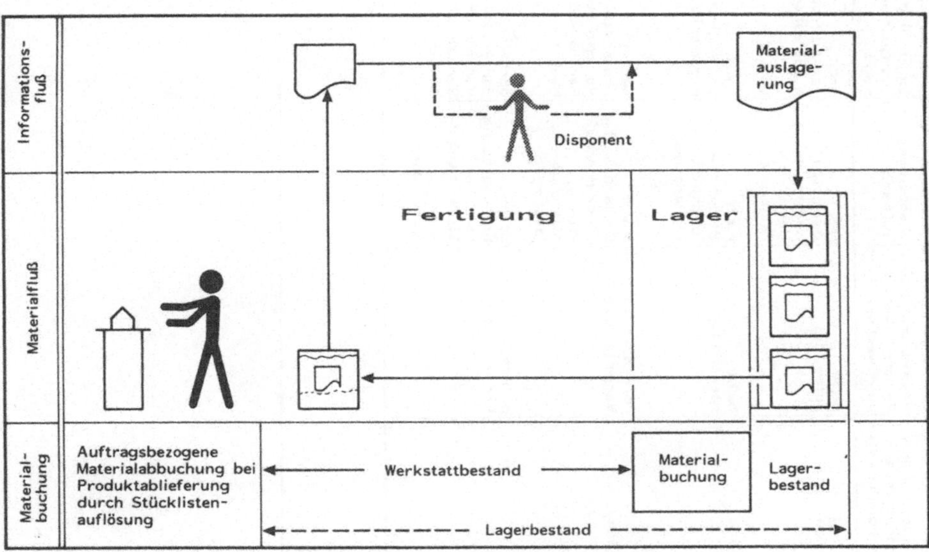

Bild 3.2-34: Verbrauchsorientierte auftragsneutrale Bereitstellung (Kanban-System)

HdA- und technisch-wirtschaftliche Ziele

Die Bewertung der einzelnen Dispositionsprinzipien anhand der HdA-und technisch-wirtschaftlichen Zielkriterien sind in den folgenden Bildern dargestellt (Bilder 3.2.-35-3.2.36).

Kriterium / Organisationstyp	Erweiterung des Handlungsspielraums d. Mitarbeiter	Rücklieferung bei Typen- / Variantenwechsel	Dispositionsaufwand	Lager- und Transportaufwand	Kurzfristige Verfügbarkeitskontrolle	Reaktionsmöglichkeit bei Störungen	Bestandsüberwachung
bedarfsgesteuerte, auftragsbezogene Bereitstellung	bedingt möglich	nicht notwendig	hoch Bereitstellungsplan Bestandsbuchg. Änderung	hoch von Auftragsgröße abhängig	submatisch bei Auftragszusammenstellung	gering Umplanung Stornierung notwendig	sehr gut abgegrenzte Lieferungen nur LB
verbrauchsgesteuerte, auftragsbezogene Bereitstellung	möglich	nicht notwendig	hoch Bereitstellungsplan Bestandsbuchg.	hoch von Auftragsgröße abhängig	submatisch bei Auftragszusammenfassung	gut Steuerung des Materialflusses	gut abgegrenzte Lieferungen WB LB_1 LB_2
verbrauchsgesteuerte, auftragsneutrale Bereitstellung (2-Behältersystem)	gut möglich	notwendig für Variantenteile	mittel Bestandsbuchg. Stücklistenauflösung, Ausschußerfassung	gering von Anzahl u. Volumen der Behälter abhängig	nicht notwendig Material physisch am Arbeitsplatz	sehr gut Steuerung des Leerbehälterflusses	aufwendig abgegrenzte Lieferungen WB LB_1 LB_2
verbrauchsgesteuerte, auftragsneutrale Bereitstellung (Kanban - System)	gut möglich	notwendig für Variantenteile	gering Bestandsbuchg. (einfach), Stücklistenauflösung, Ausschußerfassung	gering von Anzahl u. Volumen der Behälter abhängig	notwendig erst bei Eingang einer Bestellung möglich	gut Steuerung des Informationsflusses	aufwendig LB_A WB_E WB_1 WB_E WB_2 WB_2 WB_A Ausschuß WB_3

LB Lagerbestand
WB Werkstattbestand
A Ausgang
E Eingang
1,2,3 Zustände 1,2,3

Bild 3.2-35: Beurteilung von Organisationstypen

Organisat.-merkmale \ Organisationstypen		bedarfs-gesteuerte, auftrags-bezogene Bereitstellung	verbrauchs-gesteuerte, auftrags-bezogene Bereitstellung	verbrauchs-orientierte, auftragsneutr. Bereitstellung (Zwei-Behälter-System)	verbrauchs-orientierte, auftragsneutr. Bereitstellung (Kanban-System)
Bereitstellungs-form	komplett	●	●		
	synchron	●	●	●	●
Bereitstellungs-art	Hol-System		●	●	●
	Bring-System	●			
Dispositions-form	kommisioniert	●	●		
	nicht kommissioniert			●	●
Lager-organisation	zentral	●	○	●	●
	dezentral	○	●		
Lagerbereichs-abgrenzung	geschlossen	●		●	●
	offen		●	○	○
Verantwort.-bereich	Materialwirtschaft	●	○	○	○
	Fertigung		●	●	●

● häufig anzutreffen ○ seltener anzutreffen □ nicht anzutreffen

Bild 3.2-36: Charakterisierung gängiger Organisationstypen zur Materialbereitstellung

3.3 Übersicht über die Planungssystematik für Grobplanung sowie Planungshilfsmittel und deren Einsatzweise

Eine Übersicht über eine Planungsvorgehensweise ist in Bild 3.3-1 dargestellt. Für den Bereich Grobplanung wird hier gezeigt, wie man ganzheitlich und unter Beachtung aller Gestaltungsparameter unterschiedliche Prinziplösungen entwickeln und abgrenzen kann.

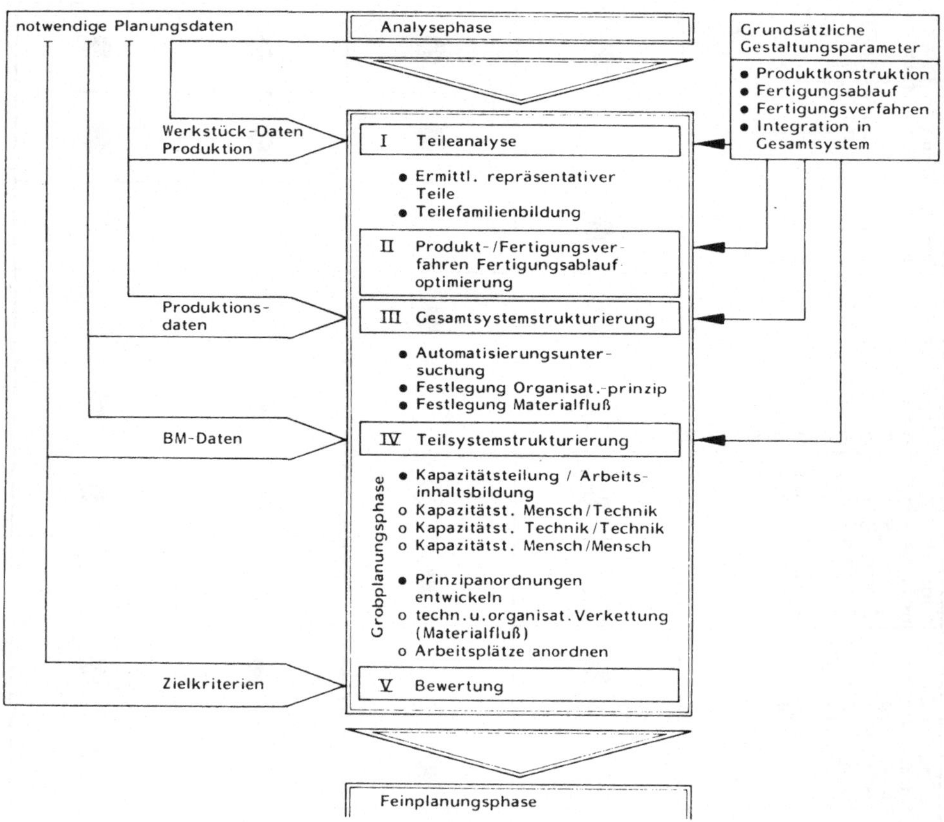

Bild 3.3-1: Ganzheitliche Planungssystematik

Die Planungssystematik für die Grobkonzeption gliedert sich in 5 Teile. Im ersten Abschnitt werden die Teile mit dem Ziel der Teilestrukturierung und Bildung von Teilefamilien analysiert. Im zweiten Abschnitt werden die optimalen Produktionsmethoden unter Berücksichtigung von Produktgestaltung sowie möglicher Fertigungsverfahren und -abläufe ermittelt.

Im dritten Teil werden nach der Automatisierungsuntersuchung die Organisationsprinzipien sowie der Materialfluß festgelegt. Danach wird im weiteren Abschnitt die Teilesystemstrukturierung vorgenommen, die als Ergebnis die Grobstrukturalternativen des Arbeitssystems hat.

3.3.1 Teileanalyse

Ermittlung repräsentativer Teile und Produktgruppen (Bild 3.3-2).

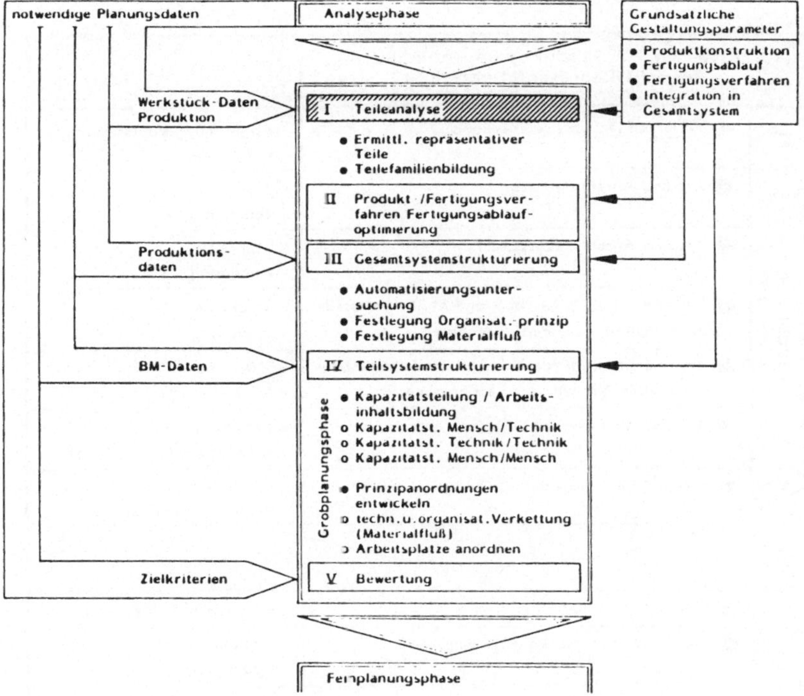

Bild 3.3.-2: Teileanalyse

Ziel der Teilefamilienbildung ist die Klassifizierung und Zusammenfassung von Produkten, die für die Gestaltung des Arbeitssystems als ähnlich bzw. gleich betrachtet werden können. Diese Klassifizierung ist besonders bei einem breiten und heterogenen Erzeugnisprogramm wichtig. Durch die Bildung repräsentativer Produkte wird der Aufwand für die Grobplanung vergleichsweise gering gehalten. Für die weitere Planung stellen dann die repräsentativen Produkte die charakteristischen Vertreter dieser Produktgrupppen dar. Es ist ratsam, die Gliederung für ein repräsentatives Produktspektrum im Team zu bearbeiten. In diesem Team sollten Mitarbeiter aus Konstruktion, Fertigungsvorbereitung, Qualitätswesen, Kundendienst und dem Verkauf vertreten sein, da Aspekte bezüglich Konstruktion, Fertigungsverfahren und Verkaufsgruppen behandelt werden, die zur Ähnlichkeitsbildung der Baugruppen führen sollen. Voraussetzung für eine einheitliche Erzeugnisgliederung ist die Festlegung von Kriterien zur Baugruppenbildung (Bild 3.3-3).

	Kriterien zur Produktgruppenbildung Auswahl Repräsentativprodukt	Quelle
produktbezogen	Varianten je Typ / je Erzeugnis	- Abgrenzung Montageaufgabe - Stückliste
	Art und Anzahl Einzelteile	- Stückliste - Zeichnung
	Art und Anzahl Baugruppen	- Stückliste - Zeichnung
	Art und Anzahl Wiederhol- und Ähnlichkeitsteile im Verhältnis zu anderen Varianten	- Stückliste - Zeichnung
	Art und Anzahl Wiederhol- und Ähnlichkeitsbaugruppen im Verhältnis zu anderen Varianten	- Stückliste - Zeichnung
	Art und Häufigkeit der Fügeverfahren	- Zeichnung - Arbeitsplan (-anweisung)
	Art und Häufigkeit der Prüfung	- Zeichnung - Prüfplan (-anweisung)
produktionsbezogen	Vorgabezeit je Variante	- Arbeitsplan (-anweisung)
	Stückzahl (-entwicklung) je Variante	- Produktionsprogramm - 5-Jahresplan
	Teilverrichtungsstruktur	- Arbeitsplan (-anweisung) - Vorranggraph
	durchschnittliche Losgröße	- Produktionsprogramm

Bild 3.3-3: Kriterien für die Produktgruppenbildung und Auswahl repräsentativer Produkte für die Grobplanung

Kriterien zur Baugruppenbildung

Nachstehend soll an einem einfachen Beispiel aufgezeigt werden, inwieweit die Erzeugnisgliederung von der Berücksichtigung betriebsspezifischer montagerelevanter Kriterien bei der Baugruppenbildung abhängig ist.

Von dem in Bild 3.3-4 dargestellten Erzeugnis können zwei unterschiedliche Strukturen entwickelt werden. Diese Strukturen sind abhängig von verschiedenen zu berücksichtigenden Kriterien.

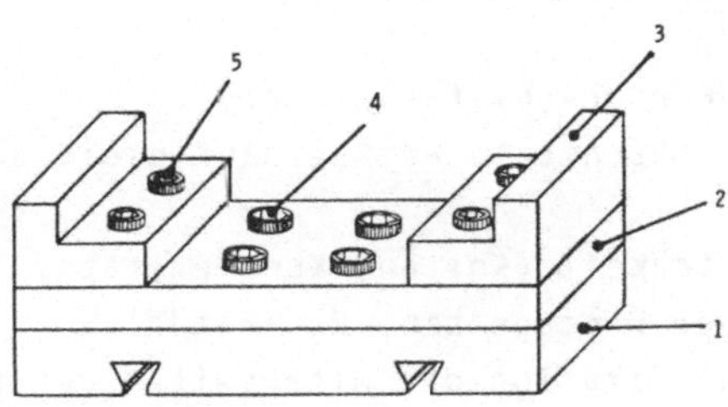

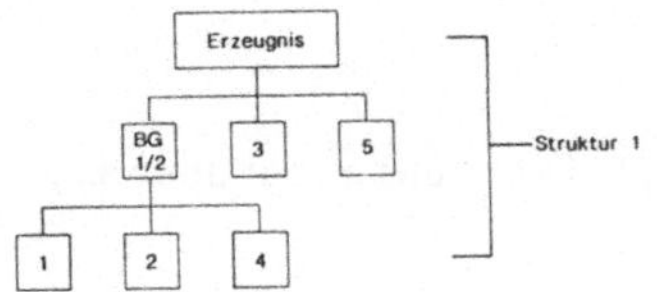

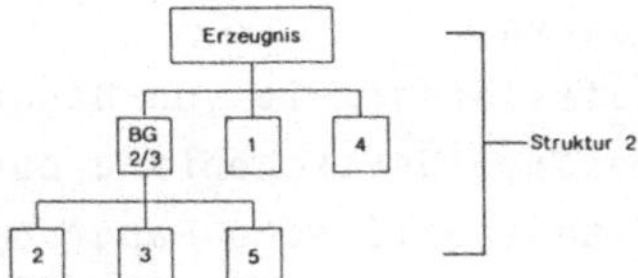

BG 1/2: Baugruppe aus den Teilen 1 und 2

BG 2/3: Baugruppe aus den Teilen 2 und 3

Bild 3.3-4: Beispiel unterschiedlicher Baugruppenbildung im Rahmen der Erzeugnisgliederung

Struktur 1 der Erzeugnisgliederung hat Vorteile beim Lagern der Baugruppen 1/2 gegenüber der Baugruppe 2/3 bei Struktur 2. Sie weist jedoch Nachteile auf, wenn das Bauteil 1 sehr früh montiert wird, da die Schwalbenschwanzführung feinbearbeitet wurde und somit die Qualität des Bauteils durch Transport beeinträchtigt wird.

Der Planer muß sich darüber im klaren sein, daß mit der Festlegung für eine der beiden alternativen Lösungen bereits bei der Erstellung des Planungshilfsmittels Erzeugnisgliederung auf einen Freiheitsgrad in der Ablaufplanung verzichtet wird.

Zur Auswahl der geeigneten Erzeugnisgliederung dienen beispielhaft die Kriterien:

- Lagerfähigkeit (z.B. Rostgefahr),
- Stapelbarkeit,
- Anpaßbarkeit an Förder-(hilfs-)mittel,
- Haltbarkeit bzw. geschätzte Ausfallhäufigkeit der einzelnen Bestandteile,
- Reparaturfreundlichkeit (Kosten, Komplexität),
- Werkzeuge (bei der Montage bzw. Reparatur),
- Kenntnis und Qualifikation der Mitarbeiter/der Reparierenden,
- Qualitätssicherung,
- Funktion (z.B. Trennung von elektrischen und mechanischen Bauteilen in unterschiedliche Baugruppen),
- Materialbereitstellung,
- Wiederholhäufigkeit (Mehrfachverwendbarkeit) von Einzelteilen und Baugruppen,
- Automatisierbarkeit von Baugruppen,
- progressive Wertschöpfung durch Montage (Vormontagegruppen),
- Variantenspezifische Baugruppen.

3.3.2 Teilefamilienbildung

Um eine optimale Zuordnung von Fertigungsaufgabe und Betriebsmittel zu gewährleisten, müssen sowohl die Fertigungsaufgaben als auch die technischen Eigenschaften der Betriebsmittel aufeinander abgestimmt sein. Für diese Zuordnung können mehrere Verfahren zur Anwendung kommen.
In der Praxis kommt es häufig vor, daß nicht der ganze oder überwiegende Teil des Betriebes zu IR-Arbeitssystemen umorganisiert werden soll, sondern daß ganz bestimmte Teilegruppen (wie z.B. terminbestimmte oder hochgradig kapitalbindende Teile) zusammengefaßt werden sollen. Hier sind jeweils die Teilefamilien von vornherein fest umrissen.

Die Maschinen und übrigen Betriebsmittel werden danach ausgerichtet. Unterstützt durch wertanalytische Maßnahmen, konstruktive Änderungen der Teile, Änderungen der Bearbeitungsvorschriften und durch Aussondern einzelner vollständig herausfallender Teile wird das Teilespektrum möglichst auf die angestrebte Betriebsmittelausrüstung ausgerichtet. Zur gleichmäßigeren Auslastung werden eventuell geeignete Füllteile vorgesehen. Bis auf die Aufstellung von üblichen Kapazitätsbelastungsplänen werden kaum aufwendige organisatorische Aufgaben zur technologischen Zuordnung notwendig.

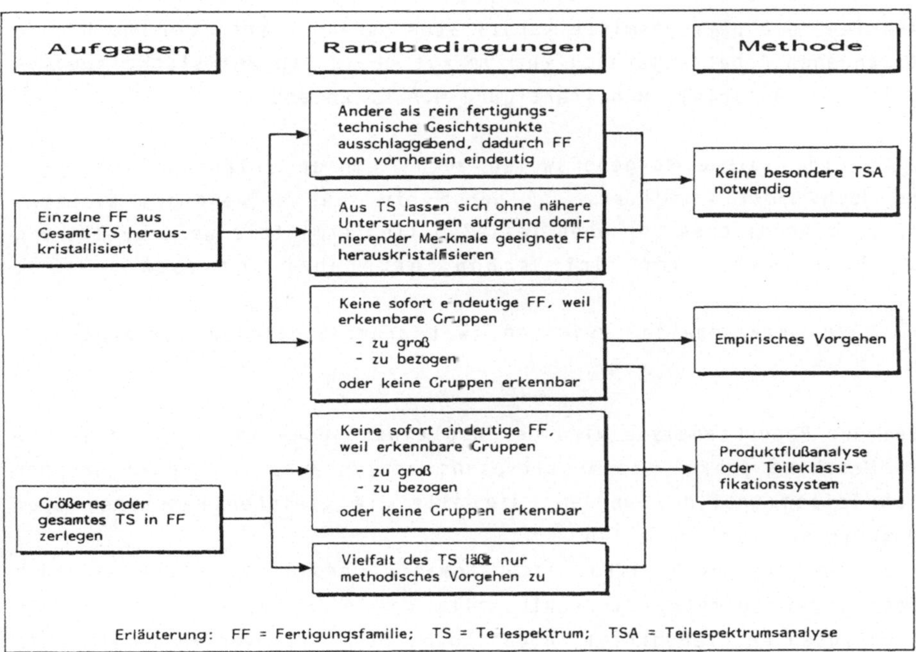

Bild 3.3-5: Aufgaben, Merkmale und Methoden bei der Teilespektrumsanalyse (nach AWF)

Ein in der Praxis ebenfalls häufiger Fall ist, daß Fertigungsfamilien von vornherein erkennbar sind, die geschlossen einem IR-Arbeitsteilsystem zuzuordnen sind. Das ist besonders der Fall bei Teilen, die einer besonderen Bearbeitung bedürfen, die im wesentlichen ihnen allein vorbehalten ist (z.B. kurven- und rockenförmige Teile, Teile aus Sondermaterialien wie Kunststoff, die ohnehin ein eigenes Know-how benötigen oder Teilefamilien, die bei gleicher Funktion auch ähnli-

cher Bearbeitungsvorgänge bedürfen und dadurch ohne weiteres als Gruppe erkennbar sind). Ein detaillierter Abgleich mit den in Frage kommenden Betriebsmitteln hat wiederum, wie oben beschrieben, zu erfolgen.
Schwieriger ist die technologische Zuordnung, wenn erkennbare Gruppen für das IR-Arbeitssystem zu groß oder zu heterogen sind oder ohne weiteres gar keine Gruppen erkennbar sind. Aber auch in diesem Fall kann ein empirisches Vorgehen ausreichend sein. Zur Herauskristallisierung eines oder weniger (IR-)Arbeitssysteme aus einer größer strukturierten Betriebsorganisation kann es ausreichend sein, wenn erfahrene AV- und Betriebsleute ihnen als typisch erscheinende Teile auswählen, die Betriebsmittelkapazitäten danach ausrichten und den so entstandenen Arbeitssystemen Zug um Zug geeignete Werkstücke zuwachsen lassen (Beispiel: Hebelfertigung M.A.N.-Roland).

Obwohl eine solche Vorgehensweise auch einige Erfahrung verlangt, wird doch damit vermieden, daß durch ein sehr aufwendiges systematisches/methodisches Vorgehen Teilefamilien ermittelt werden, die von den Fachleuten vor Ort schon erkennbar gewesen wären.

Es ist zu unterscheiden zwischen zwei grundsätzlichen Vorgehensweisen:

- Bei der Produktanalyse wird der Weg eines jeden Teils von Maschine zu Maschine anhand des Arbeitsplans analysiert. So können Gruppen von Teilen gebildet werden, die alle die gleichen Maschinen oder Maschinengruppen anlaufen.
- Bei einer Teileklassifkationssystematik werden die Teile entweder nach ihrer Geometrie verschlüsselt, was einen Rückschluß auf die benötigten Betriebsmittel zuläßt, oder die Teile werden direkt nach ihrem Betriebsmittelbedarf verschlüsselt.

Produktflußanalyse

Das Vorgehen ist in Bild 3.3-6 schematisch dargestellt.
Nachdem festgestellt wurde, welche Teile auf welchen Maschinen bearbeitet werden (oben), lassen sich entsprechende Gruppen bilden (unten).
Ein Vorteil der Produktflußanalyse ist der verhältnismäßig niedrige Aufwand. Nachteilig ist, daß
- sie nur zur Arbeitssystembildung genutzt werden kann und kaum die sonstigen Vorteile einer Teileklassifikation bietet,

- Zufälligkeiten der Maschinenauswahl und mangelnde Aktualität der Arbeitspläne die Aussagekraft einschränken und
- kein Übergang auf neue Fertigungstechnologien möglich ist, wodurch sich u.U. bessere Möglichkeiten zur Gruppenbildung ergeben würden.

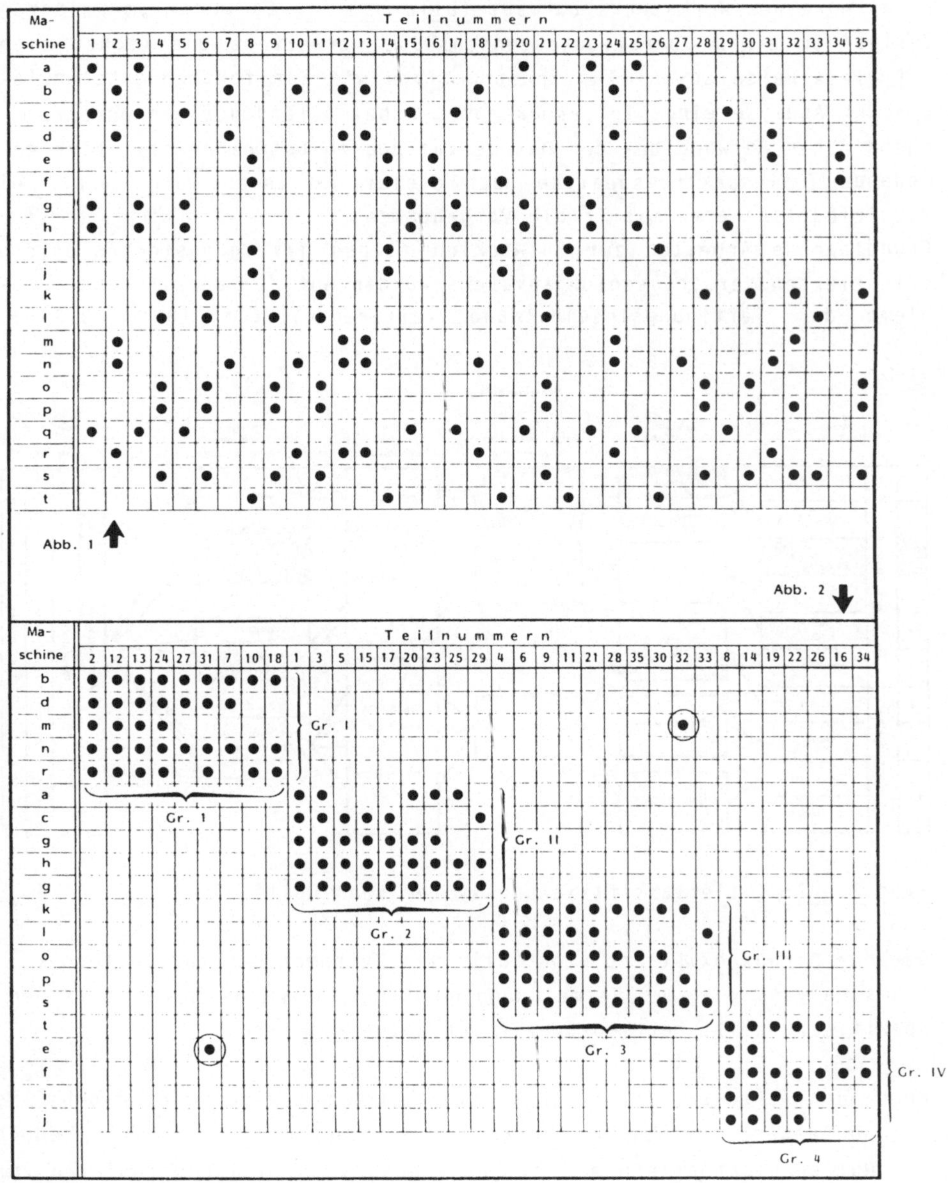

Bild 3.3-6: Produktflußanalyse zur Teilespektrumsbestimmung

Teilespektrumsanalyse durch Verschlüsselung

Als eines der ersten Verfahren wurde von Opitz und Mitarbeitern ein Verschlüsselungssystem vorgestellt, das auf den geometrischen Eigenschaften eines Werkstücks aufbaut (Bild 3.3-7). Es wurde im weiteren Verlauf um einen Operationsdatenschlüssel erweitert und eignet sich auf diese Weise sowohl zur konstruktiven wie zur fertigungstechnologischen Analyse eines Teilespektrums, wobei allerdings ein entsprechend hoher Aufwand bei der Datenerfassung zu betreiben ist. Eine eingehende Teilespektrumsanalyse nach diesem Verfahren wurde u.a. bei MTU Friedrichshafen mit Erfolg vorgenommen.
Grundlegende Arbeiten zur Entwicklung eines fertigungstechnologisch orientierten Verschlüsselungssystems wurden auf die spezifischen Probleme der Fertigungsinselbildung weiterentwickelt (Bild 3.3-8).

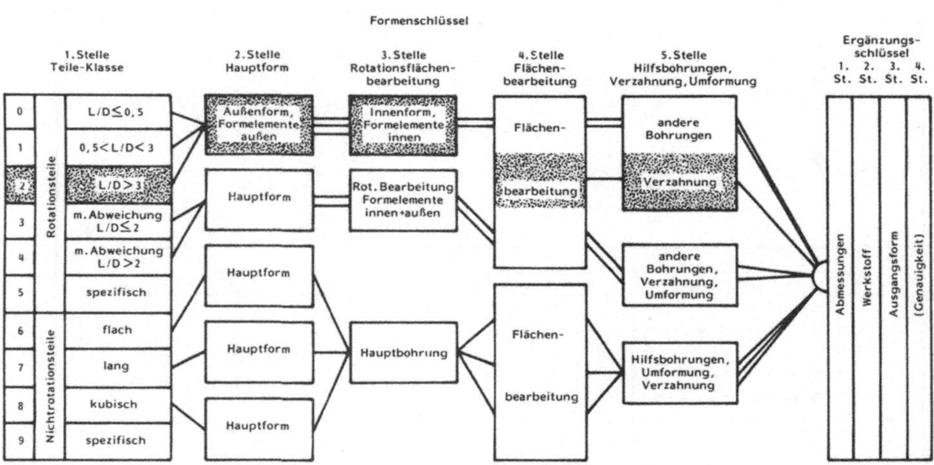

Bild 3.3-7: Teileklassifizierungssystem nach Opitz

Darüber hinaus existiert eine Fülle von Systematiken zur Teilespektrumsanalyse, die zur Vermeidung unnötigen Aufwands teils branchenspezifisch, teils betriebsspezifisch aufgebaut sind.

Wenn auch Teileklassifizierungssystematiken mit einem ganz erheblichen Aufwand für die Datenerfassung verbunden sind, so ist jedoch ihr Nutzen nicht allein auf die Erkennung von Fertigungsfamilien zur Arbeitssystembildung beschränkt. Weiteren Nutzen haben davon u.a. Arbeitsvorbereitung und Konstruktion.

Fertigungsschlüssel Drehen

	1. Stelle	2. Stelle	3. Stelle	4. Stelle	5. Stelle	6. Stelle
	Spannmittel	AUSSENBEARBEITUNG		INNENBEARBEITUNG		Oberfläche bzw. Genauigkeit
		Hauptmerkmal	Nebenmerkmal	Hauptmerkmal	Nebenmerkmal	
0	Backenfutter harte Backen	ohne	ohne	ohne	ohne	▽
1	Backenfutter weiche Backen	Längsdrehen und/oder Plandrehen, glatt	Einstechen	zentrisch bohren od. ausdrehen, glatt	Zentrieren	▽▽
2	Segmentspannfutter	abgesetzte Welle drehen	Gewinde	abgesetzte Ø bohren u./od. ausdrehen	Gewinde (+ Zentrieren)	▽▽▽
3	Spannzange	Flachkegel drehen	Einstechen + Gewinde	Flachkegel ausdrehen	Einstechen	Passung
4	zwischen Spitzen	Steilkegel drehen	Abstechen	Steilkegel ausdrehen	Gewinde + Einstechen	Passung + Lagegenauigkeit
5	Planscheibe (+ Vorrichtung)	Kugel drehen	Abstechen + Einstechen	Kugelfläche ausdrehen	Planeinstechen + Zentrieren	Steigungsgenauigkeit (+ Passung)
6	Vorrichtung	abgesetzte Welle mit Flachkegel drehen	Abstechen + Gewinde	abgesetzte Ø mit Flachkegel ausdrehen	Planeinstechen + Gewinde	Rändeln oder Kordeln
7	Futter / Spitzen + Lünette	abgesetzte Welle mit Steilkegel drehen	Abstechen + Einstechen + Gewinde	abgesetzte Ø mit Steilkegel ausdrehen	Plan einstechen + 4	Rändeln oder Kordeln + 4
8	Spanndorn	abgesetzte Welle mit Kugel drehen		abgesetzte Ø mit Kugelfläche ausdrehen		Rändeln oder Kordeln + 5
9	sonstige	sonstige Rotationsform	sonstige	sonstige Rotationsform	sonstige	sonstige

Fertigungsschlüssel Fräsen

	1. Stelle	2. Stelle	3. Stelle	4. Stelle	5. Stelle	6. Stelle
	Spannmittel	Bearbeitung	Relativbewegung Werkstück-Werkzeug	Spanungsbreite in mm	Spanungsbreite in mm	Oberfläche bzw. Genauigkeit
0	Pratzen, Prisma	ebene Fläche fräsen	1-achsig Gegenlauf	≦ 5	≦ 1,6	▽
1	Schraubstock	Stufe, Absatz fräsen	1-achsig Gleichlauf	> 5...8	> 1,6...2,5	▽▽
2	Futter	Ausnehmung fräsen	1 + 1-achsig	> 8...12,5	> 2,5...4	Maßtoleranz in mm: ≧ 0,06
3	Spanndorn	Nut / Schlitz fräsen	2-achsig	> 12,5...20	> 4...6,3	Maßtoleranz in mm: < 0,06... ≧ 0,04
4	Futter + Spitze	Paßfedernut fräsen, Langloch	$2\frac{1}{2}$ - achsig	> 20...31,5	> 6,3...10	Maßtoleranz in mm: < 0,04... ≧ 0,02
5	Spanndorn + Spitze	Formnut fräsen	3-achsig	> 31,5...50	> 10...16	Maßtoleranz in mm: < 0,02
6	Magnet-, Vakuum-Spannplatte	Profilfräsen	rotatorisch	> 50...80	> 16..25	
7	Teilapparat (+ Futter)	Kontur fräsen innen oder außen	rotatorisch + 1-achsig	> 80...125	> 25...40	
8	Vorrichtung	Formfräsen	rotatorisch + 2-achsig	> 125...200	> 40...63	
9	sonstige	sonstige	sonstige	> 200	> 63	

Bild 3.3-8: Fertigungsschlüssel nach Lueg

3.3.3 Auswahl der Fertigungsverfahren, Fertigungsablaufoptimierung (Bild 3.3-9)

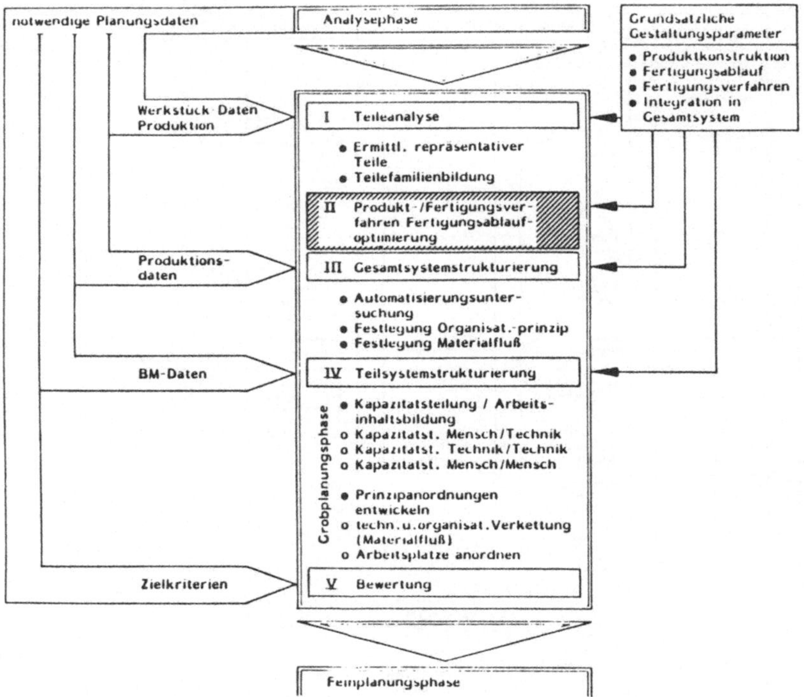

Bild 3.3.-9: Auswahl der Fertigungsverfahren, Fertigungsoptimierung

Die Gestaltungsspielräume für die Auswahl von Fertigungsverfahren sind in DIN 8580 festgelegt (Bild 3.3-10). Die erste Entscheidung, die getroffen werden muß, ist die Festlegung der Hauptgruppen, d.h. ob die Fertigungsverfahren Urformen, Umformen, Trennen usw. zum Einsatz kommen sollen. Innerhalb dieser einzelnen Fertigungsverfahren bestehen weitere Spielräume, z.B. beim Fertigungsverfahren Trennen kann zwischen Zerteilen, Spanen mit geometrisch bestimmter Schneide, oder Spanen mit geometrisch unbestimmter Schneide ausgewählt werden.

Die Festlegung des Fertigungsverfahrens hat Auswirkungen bezüglich der Bereiche (Bild 3.3-11)
- Technik,
- Organisation und
- Personal.

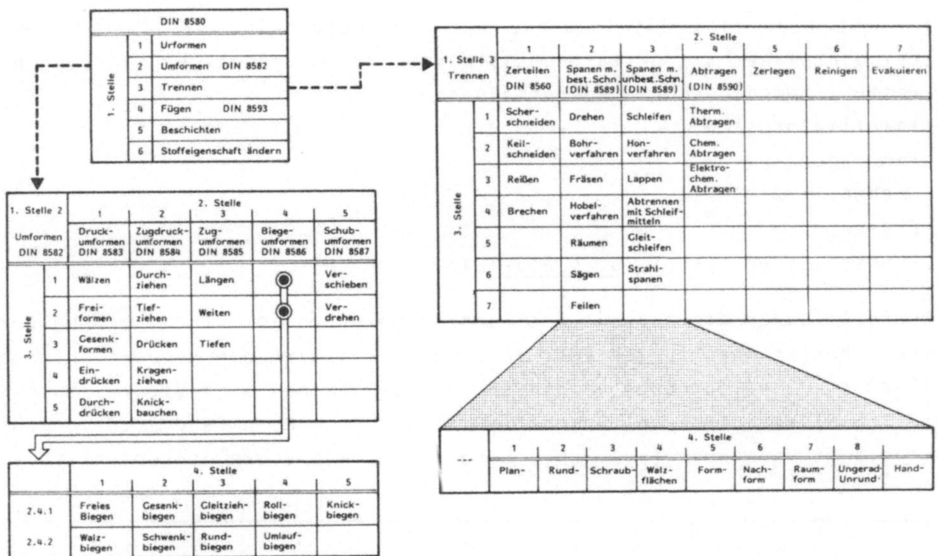

Bild 3.3-10: Gliederung der Fertigungsverfahren nach DIN 8580

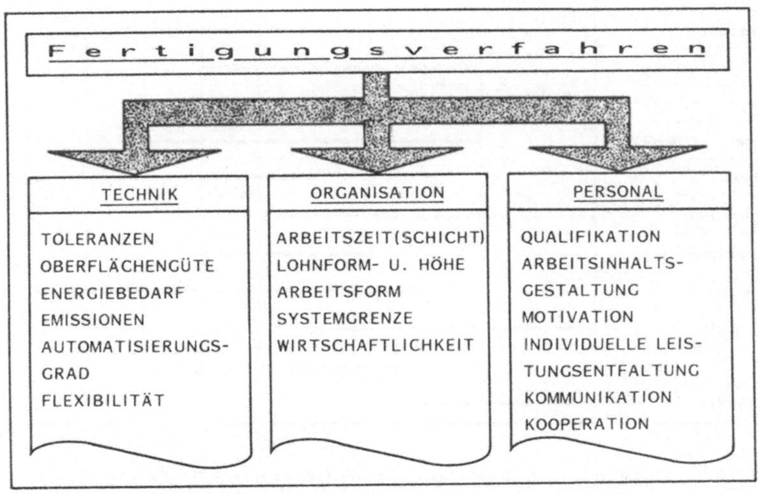

BILD 3-7 Mögliche Auswirkungen von Fertigungsverfahren bezüglich der Bereiche Technik, Organisation und Personal

Bild 3.3-11: Mögliche Auswirkungen von Fertigungsverfahren bezüglich der Bereiche Technik, Organisation und Personal

Technische Randparameter schränken die möglichen Fertigunsverfahren ein. Ist z.B. eine ISO-Toleranz von IT8 gefordert, verbleiben dem Fertigungsplaner als Gestaltungsspielraum nur die Fertigungsverfahren

- Gesenkschmieden (durch Sondermaßnahmen),
- Kaltfließpressen,
- Maßprägen,
- Drehen,
- Fräsen,
- Rundschleifen (vergl. Bild 3.3-12).

Ebenfalls durch die Auswahl des Fertigungsverfahrens wird die Höhe der Geräuschemissionen festgelegt. Beispielsweise darf ein Mensch, auf den 115 dB (A) Schalldruckpegel einwirken, nur maximal eine Viertelstunde pro Tag diesem Lärmpegel ausgesetzt sein, was z.B. umfangreiche organisatorische Maßnahmen (z.B. Umsetzung von Mitarbeitern) erforderlich macht.

ISO-QUALITÄT / VERFAHREN	5	6	7	8	9	10	11	12	13	14	15	16
Gesenkschmieden					- -	- -	- -	—	—	—	—	—
Präzisionsschmieden		- -	—	—								
Fließpressen		- -	—	—	—	—	—	—				
Walzen (Dicke)			—	—	—	—	—					
Maßwalzen (Dicke)	- -	—	—	—								
Maßprägen (Dicke)			—	—	—	—	—	—				
Tiefziehen						—	—	—	—			
Abstreckziehen	- -	—	—	—	—	—						
Rohr-Drahtziehen					—	—	—					
Schneiden				—	—	—	—	—	—	—		
Genauschneiden	- -	—	—	—	—							
Drehen			—	—	—	—						
Rundschleifen	—	—	—	—								

Bild 3.3-12: Auswahl von Fertigungsverfahren nach technischen Kriterien (nach Geiger, Balbach)

Ein wichtiges mitarbeiterbezogenes Kriterium bei der Planung neuer Arbeitsstrukturen ist die Kommunikation. Kommunikation ist ein Primärbedürfnis des Menschen. Der Entzug von Kommunikation bedeutet Bestrafung. Kommunikation ist aber erst dann möglich, wenn Verständigung möglich ist.

In Bild 3.3-13 ist die Sprachverständigung in Abhängigkeit vom Lärmpegel und Abstand des Sprechenden zum Hörenden aufgezeigt. Die Auswirkungen der Festlegung des Fertigungsverfahrens auf die Arbeitsinhaltsgestaltung zeigt Bild 3.3-14. Hier wurde das Fertigungsverfahren Abbeizen, d.h. mechanisches Beseitigen von Fremdstoffen an der Oberfläche durch Schaben, Meißeln, Spülen, Bürsten und Reiben unter Zuhilfenahme von Chemikalien (Abbeizpaste und Reinigungsmittel) durch das Fertigungsverfahren staubfreies Sandstrahlen ersetzt. Eine spezielle Strahldüse ermöglicht die unmittelbare Absaugung am Entstehungsort, so daß kein den Menschen belastender Staub entsteht. Die Bewertung beider Verfahren erfolgte nach den Verfahren der analytischen Arbeitsbewertung.

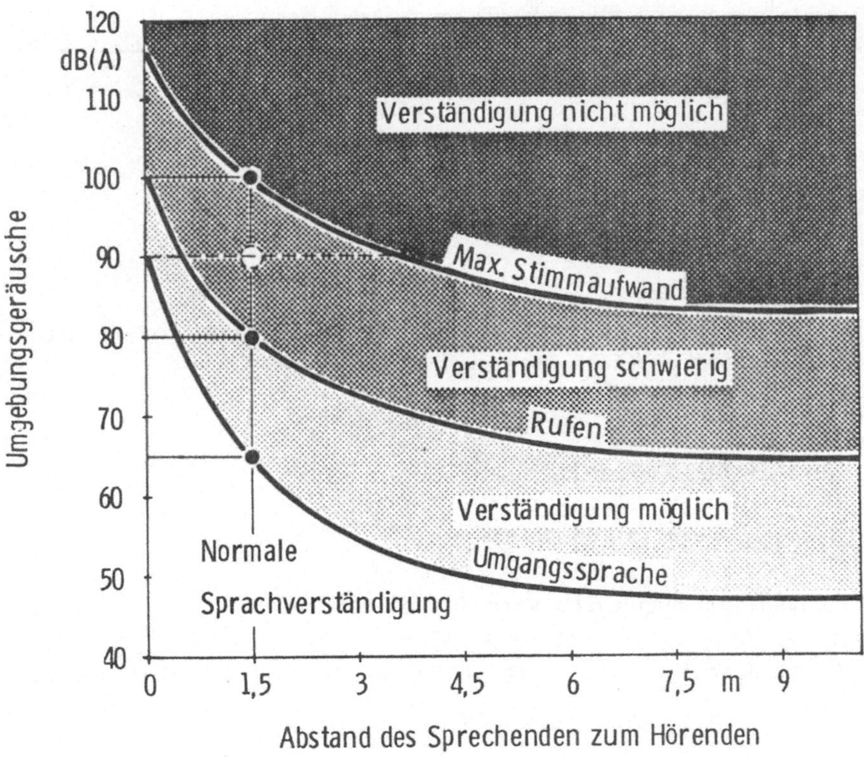

Bild 3.3-13: Sprachverständigung in Abhängigkeit von Umgebung und Entfernung

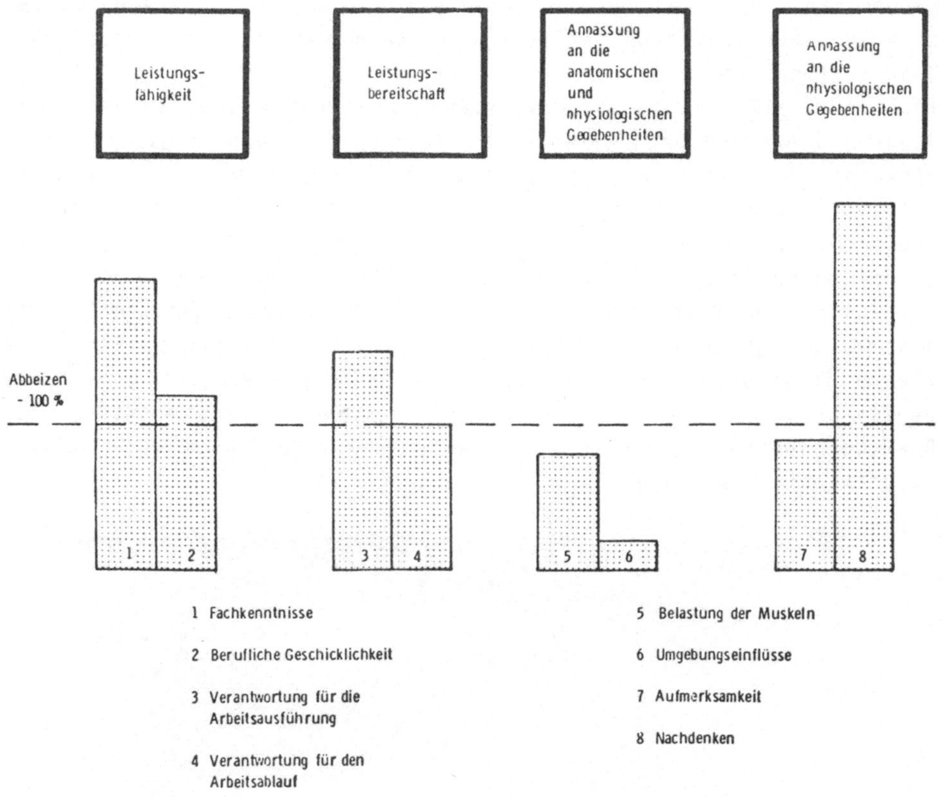

Bild 3.3-14: Anforderungen beim staubfreien Abstrahlen im Vergleich zum Abbeizen (nach Untersuchungen der BAU)

3.3.4 Gesamtsysstemstrukturierung (Bild 3.3-15)

Festlegung des Organisationsprinzips

Mit dem Organisationsprinzip wird festgelegt, wie die Kapazitätsteilung auf der Arbeitssystemebene aussieht, d.h. es wird in einem ersten Schritt überlegt, wie denkbare Formen der Systemverkettung aussehen könnten.

Die möglichen Systemverkettungen lassen sich in Form eines Kapazitätsfeldes darstellen und anhand von Beurteilungskriterien (Bild 3.3-16) bewerten und auswählen.

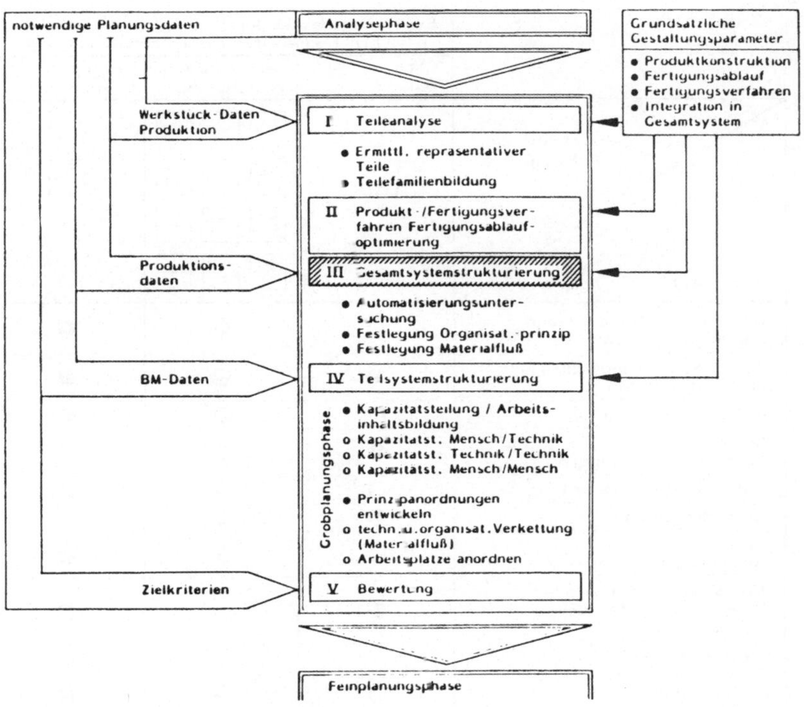

Bild 3.3-15: Gesamtsystemstrukturierung

Festlegung des Organisationsprinzips mit Hilfe des Kapazitätsfeldes

Zur Fertigung eines Produkts sind bestimmte Teilverrichtungen notwendig, die man dem Vorranggraphen entnehmen kann. Werden sie zeitlich bewertet und über einen Zeitmaßstab, z.B. min/Stck. nacheinander aufgetragen, dann erhält man die Abszisse des Kapazitätsfeldes. Auf der Ordinate wird die zu fertigende Stückzahl in z.B. Stck./Tag eingetragen. Ergänzt man nun den Abszissen- und Ordinatenabschnitt durch Parallelen, so erhält man das Kapazitätsfeld des Produktes. Die Fläche des Kapazitätsfeldes entspricht der zeitlichen Kapazität, die zur Fertigung des Produktes in der entsprechenden Stückzahl benötigt wird.

Ein Mitarbeiter hat eine bestimmte zeitliche Kapazität, die sich im Kapazitätsfeld ebenfalls als Fläche darstellt. Er kann seine Kapazi-

	Bewertung des Merkmals bei den charakteristischen Formen der Kapazitätsteilung		
	Art- teilung	Gemischte Kapazitätsteilung	Mengen- teilung
Beispiel für vier Arbeitsplätze MERKMALE			
Größe des Tätigkeits- und Handlungsspielraums	○	◒	●
Möglichkeit zu individueller Leistungsentfaltung	○	◒	●
Belastungswechsel	○	◒	●
Gefahr von Monotonieempfindungen	●	◒	○
Aufwand zur Einarbeitung	○	◒	●
Grad der Einübung	●	◒	○
Gefahr von hohen Arbeitsplatzaufbauten	○	◒	●
Überschaubarkeit des Materialflusses für den Vorgesetzten	●	◒	○
Flexibilität bezüglich Schwankungen im -Kapazitätsbedarf (Tagesmenge, Stückzeit) -Kapazitätsangebot (Anzahl Mitarbeiter)	 ○ ○	 ◒ ◒	 ● ●
Nebentätigkeitszeit	●	◒	○
Taktausgleichszeit	●	◒	○
Lohngruppe	○	◒	●
Höhe des Wiederbeschaffungswerts für -Arbeitsplatzaufbauten -Verkettungsmittel und Puffer	 ○ ●	 ◒ ◒	 ● ○
Auslastung der Arbeitsplatzaufbauten	●	◒	○
Flächenbedarf je Arbeitsplatz	○	◒	●
Auswirkungen von Störungen an Arbeitsmitteln	●	◒	○

○ tendenziell niedrig
◒ günstiger Kompromiß möglich
● tendenziell hoch

Bild 3.3-16: Bewertung alternativer Kapazitätsteilungen

tät dazu aufwenden, um die gesamte Tagesstückzahl zu bearbeiten; dann allerdings kann er am Produkt nur wenige Teilverrichtungen ausführen. Das andere Extrem: Der Mitarbeiter fertigt von den Einzelteilen bis zum fertigen Produkt. "Seine" Stückzahl wird dabei entsprechend klein werden. Zwischen diesen Extremen sind viele andere Aufteilungen möglich. Dabei bewegt sich der Eckpunkt des mitarbeiterbezogenen Kapazitätsfeldes auf einer Hyperbel, der sogenannten "Kapazitätshyperbel" (Bild 3.3-17).

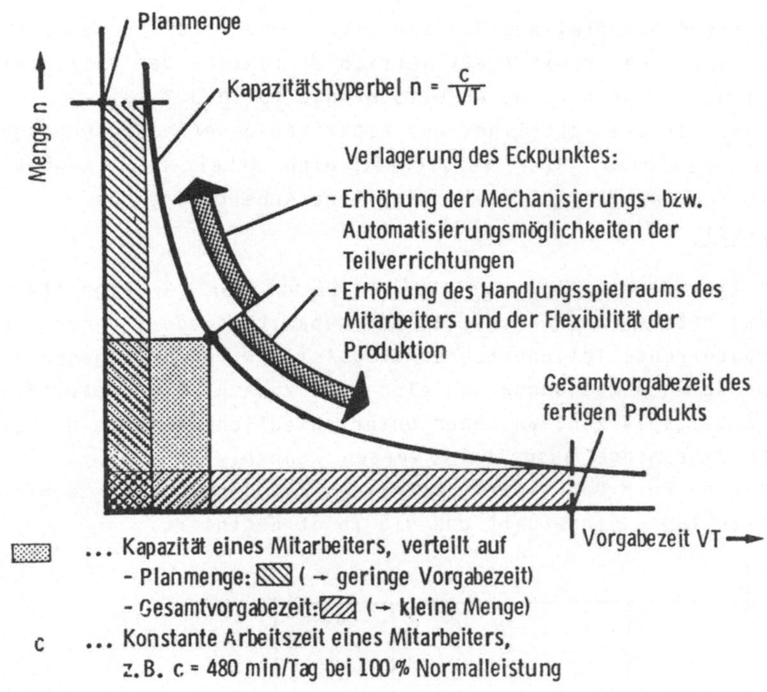

Bild 3.3-17: Darstellung der Kapazität eines Mitarbeiters im Kapazitätsfeld

Mit Hilfe des Kapazitätsfeldes können alternative Arbeitsteilungen dargestellt werden. Es stellt ein wichtiges Hilfsmittel zur Arbeitsgestaltung dar.

Die Auswertungsmöglichkeiten des Kapazitätsfeldes beziehen sich auf Arbeitsinhalte. Darunter sind zu verstehen:

- Arbeitsinhalte von Arbeitssystemen,
  sie geben die Produktionsaufgabe eines Arbeitssystems an.
- Arbeitsinhalte von Arbeitsplätzen,

sie schließen die Produktionsaufgabe des Arbeitsplatzes ein und

- Arbeitsinhalte von Mitarbeitern, zur Bildung von Arbeitsinhalten wird das Kapazitätsfeld aufgeteilt.

Die bisher bekannten Formen der Arbeitsteilung, die Artteilung und die Mengenteilung sind wie folgt erklärt:

* Artteilung ist die Aufteilung des Kapazitätsbedarfs durch senkrechte Teilungsachsen. Eine Arbeitskraft verrichtet während der ganzen Arbeitszeit jeweils nur geringe Arbeitsumfänge (Bild 3.3-18).
* Mengenteilung ist die Aufteilung des Kapazitätsbedarfs durch waagerechte Teilungsachsen. Hier verrichtet eine Arbeitskraft während eines Teils der Gesamtarbeitszeit sämtliche Arbeitsvorgänge (Bild 3.3.-19).

Zwischen den Extremen bestehen weitere Möglichkeiten der Kapazitätsteilung. Diese entstehen dadurch, daß der Kapazitätsbedarf durch senkrechte und waagerechte Teilungsachsen aufgeteilt wird. So ergeben sich sich Flächen, deren Abmessungen ungleich sein können. Die Kapazitäten entsprechen Arbeitsplätzen, an denen unterschiedliche Anteile der Stückzeit und der Tagesmenge ausgeführt werden können. Für diese dritte charakteristische Form der Kapazitätsteilung sei der Begriff "gemischte Kapazitätsteilung" eingeführt und wie folgt definiert:

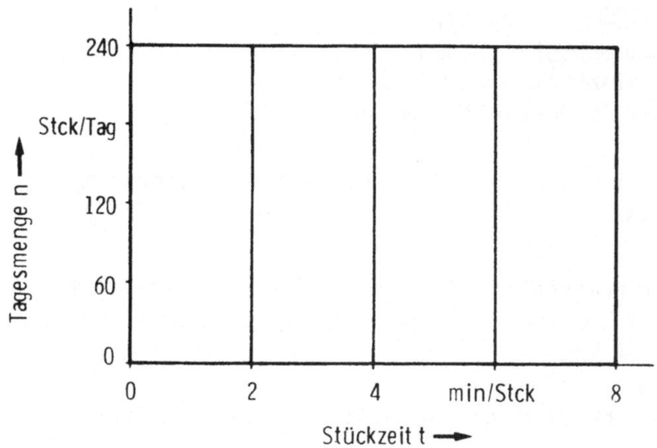

Jede Teilfläche entspricht der Kapazität eines Arbeitsplatzes

Bild 3.3-18: Artteilung bei 4 Arbeitsplätzen

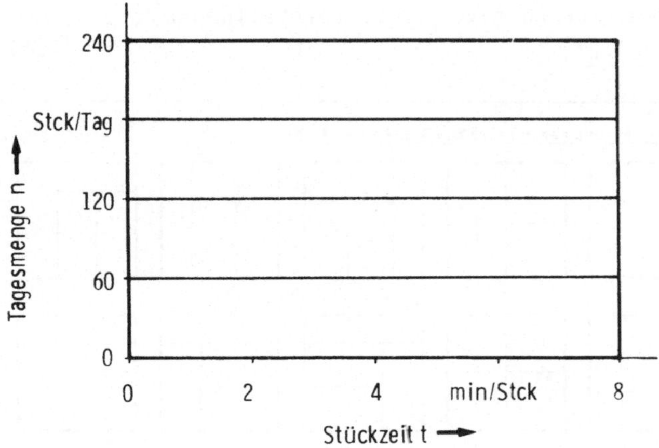

Jede Teilfläche entspricht der Kapazität eines Arbeitsplatzes

Bild 3.3-19: Mengenteilung bei 4 Arbeitsplätzen

* Gemischte Kapazitätsteilung ist die Verteilung eines Kapazitätsbedarfs auf mehrere Arbeitsplatzkapazitäten derart, daß an den einzelnen Arbeitsplätzen meist unterschiedliche Anteile der Stückzeit und der Tagesmenge ausgeführt werden können (Bild 3.3-20).

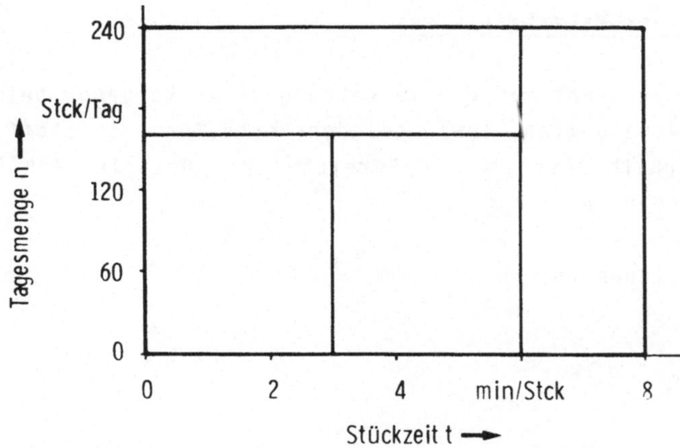

Jede Teilfläche entspricht der Kapazität eines Arbeitsplatzes

Bild 3.3-20: Beispiel einer gemischten Kapazitätsteilung bei 4 Arbeitsplätzen

Einen Überblick über alternative Kapazitätsteilungen bei 4 Arbeitsplätzen gibt Bild 3.3-21.

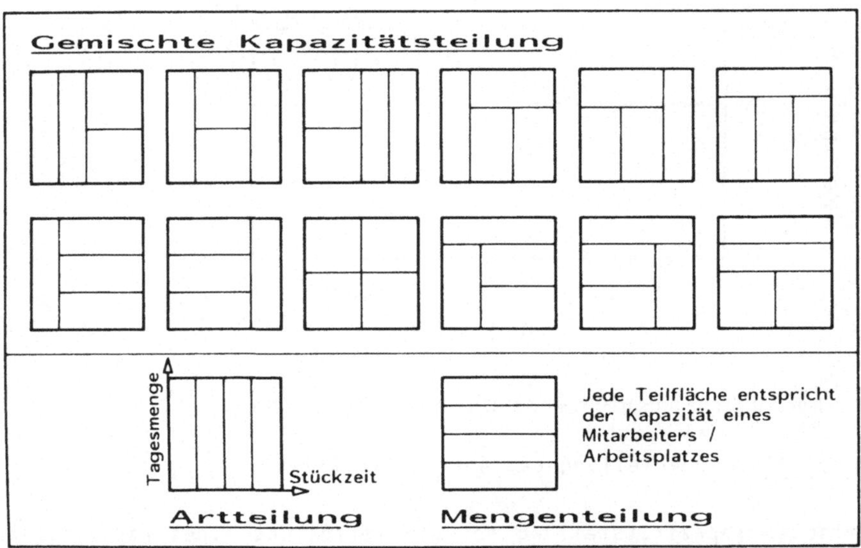

Bild 3.3-21: Alternative Kapazitätsteilungen bei 4 Arbeitsplätzen

3.3.5 Festlegung des Materialflusses

Unter Materialfluß versteht man die Verkettung aller Vorgänge beim Gewinnen, Be- und Verarbeiten, sowie bei der Verteilung von stofflichen Gütern innerhalb festgelegter Bereiche. Der Materialfluß kann grob gegliedert werden in

- den innerbetrieblichen und
- den äußeren

Materialfluß.

Der äußere Materialfluß umfaßt hierbei den Antransport von Waren zur Fabrik bzw. den Abtransport von der Firma weg. Der innerbetriebliche Transport umfaßt alle Ortsveränderungen der Grund- und Hilfsmaterialien einschließlich der Halbfertigteile innerhalb des industiellen Produktionsbetriebes zur planmäßigen Versorgung der Haupt-, Hilfs-

und Nebenabteilungen sowie der einzelnen Arbeitsplätze in diesen Abteilungen.

Bei der Einführung von Industrierobotern ist der Materialfluß dahingehend zu untersuchen, an welchem Ort das System installiert werden soll, um eine gute Einbindung in den Materialfluß zu erreichen. Da dies jedoch nicht Gegenstand des vorliegenden Handbuchs ist, soll hier nicht detailliert darauf eingegangen werden. Sinnvolle Unterstützung geben hier die folgenden Richtlinien:

VDI 2416 Materialfluß im Betrieb. Merkblatt für Betriebsbegehungen.
VDI 2492 Multimoment-Aufnahmen im Materialfluß.
VDI 2693 Investitionsrechnung bei Materialflußplanungen.
VDI 2498 Vorgehen bei einer Materialflußplanung.
VDI 2689 Leitfaden für Materialflußuntersuchungen.
VDI 3300 Materialflußuntersuchungen.
VDI 3595 Methoden zur materialflußgerechten Zuordnung von Betriebsbereichen und -mitteln.

3.3.6. Teilsystemstrukturierung

3.3.6.1 Kapazitätsteilung/Arbeitsinhaltsbildung

Als Gestaltungsansätze für die Arbeitsinhaltsbildung bei IR-Einsatz können genannt werden:

- o bei Teilautomatisierung:
  Integration von vor-/nachgelagerten parallelen Bereichen in das IR-Arbeitssystem (Internisierung).
- o bei Vollautomatisierung:
  Zuordnung des automatisierten Bereiches zu vor-/nachgelagerten Bereichen (Externisierung).
- o Bildung von organisatorischen Einheiten (organisatorisch geschlossene Systeme) mit Orientierung an der Organisationsform Fertigungszelle als Voraussetzung zur Delegation von Verantwortung/Entscheidung.
- o Bildung von Bediengruppen (keine Einzel- sondern Gruppenarbeitsplätze).

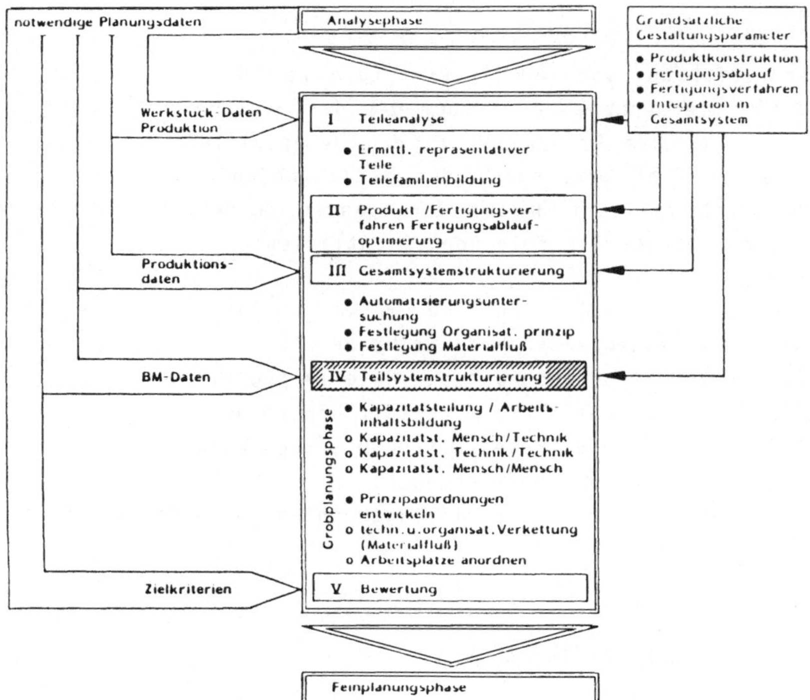

Bild 3.3-22: Teilsystemstrukturierung

Folgende Vorgehensweise bietet sich an:

- o Festlegung der Fertigungsaufgabe,
- o Ermittlung der Arbeitsfunktionen aufgrund Kapazitätsteilung Mensch/Technik bzw. Technik/Technik,
- o Untersuchung der Kombinationsfähigkeit/-relevanz der Funktionen (technische und organisatorische Ausführungsbedingungen),
- o Ermittlung der Auswirkung von alternativen Aufgabenkombinationen auf die Arbeitssituation,
- o Gestaltung der Arbeitsinhalte unter Berücksichtigung der Leistungsvoraussetzung der Mitarbeiter und der betrieblichen Anforderungen.

Kapazitätsteilung Mensch/Technik

Die Gestaltungsspielräume Mensch/Technik werden durch HdA-Kriterien und von wirtschaftlichen Gesichtspunkten bestimmt. Bei folgenden Tätigkeiten sollte eine Automatisierung der Tätigkeit angestrebt werden:

- gefährliche und gesundheitsschädliche Tätigkeiten,
- Tätigkeiten mit hoher physischer Belastung,
- kurzzyklische, repetitive Tätigkeiten.

Nach derzeitigem Stand der Technik können jedoch nur diejenigen Arbeitsaufgaben mittels Industrieroboter sinnvoll automatisiert werden, die nachfolgende Voraussetzungen erfüllen:

- Ordnungsgrad: Eine geordnete Zuführung der Handhabungsgegenstände nach Ort und Orientierung ist notwendig.
- Automatisierungsgrad: Sämtliche Teilfunktionen des Bearbeitungssystems müssen vollautomatisiert sein (Spannen, Bearbeiten, definierte Lage von Werkzeug und Werkstück nach der Bearbeitung erforderlich).
- Restarbeiten: Taktgebundene Kontroll- und Überwachungstätigkeiten sind entweder nicht erforderlich oder können verlegt bzw. automatisiert werden.
- Zuverlässigkeit: Die eingesetzten Geräte müssen eine hohe Zuverlässigkeit aufweisen, so daß sie längere Zeit ohne Eingriffe eines Mitarbeiters betrieben werden können.
- Arbeitsablauf: Der Ablauf der Arbeitsaufgabe muß jederzeit eindeutig festgelegt sein und darf nur einfache, anhand quanitifizierbarer Größen Entscheidungen beinhalten.
- Wirtschaftliche Voraussetzungen:
  * Verhältnis Rüstzeit/Hauptzeit: Der Einsatz eines Industrieroboters ist nur dort zweckmäßig, wo gleiche Arbeitsgänge mehrfach wiederholt werden.
  * Verhältnis Nutzungszeit/Gesamtzeit: Um wirtschaftlich zu sein, ist der ununterbrochene Einsatz eines Industrieroboters während mindestens einer Schicht sinnvoll.

Durch die Weiterentwicklung der Industrierobotertechnologie (Sensoren, Steuerungen, Effektoren, Programmierung) werden sich die Einsatzmöglichkeiten des Industrieroboters sicher vergrößern, so daß auch schwierige Anwendungsfälle wie z.B. Montagetätigkeiten zukünftig automatisierbar werden. Dieser Prozeß wird durch eine robotergerechte Konstruktion der Teile (robotergerechte Handhabung, Bearbeitung und Montage) und eine roboterorientierte Organisation der Arbeitsabläufe unterstützt. Dabei dürfen die Bedürfnisse der Mitarbeiter jedoch nicht vernachlässigt werden und es müssen auch die psychischen Belastungen von hochautomatisierten Mensch-Maschinen-Systemen berücksichtigt werden.

Beispiel:
Die Gestaltungsspielräume der Automatisierungsmöglichkeiten an Werkzeugmaschinen einschließlich der damit verbundenen durchschnittlichen Kosten sind im Bild 3.3-23 angegeben. Die Werkstückhandhabung läßt sich beispielsweise durch

- Industrieroboter oder
- Ladeportale

automatisieren.

Die Vorteile eines Ladeportals gegenüber einem Industrieroboter sind:

- weniger Flächenbedarf,
- bessere Zugänglichkeit zur Werkzeugmaschine bei manuellem Betrieb,
- geringere Unfallgefährdung.

Zur Beurteilung der Kapazitätsteilung Mensch/Technik ist eine Automatisierbarkeitsuntersuchung notwendig. Hierbei sind zwei prinzipielle Vorgehensweisen möglich:

- technische Möglichkeiten
- Vorranggraph

Technische Betrachtungsweise

Bei der Untersuchung der technischen Möglichkeiten spielt die Schnittstelle Mensch/Maschine eine bedeutende Rolle. Diese Schnittstelle ist definiert als der physikalische Ort, an welchem das Werkstück von der manuellen Handhabung/Bearbeitung zum Automatikblock bzw. umgekehrt geht. Dies sind beim Industrieroboteremsatz meist die Eingabe bzw. Entnahmestationen. Je nach Systemgestaltung können diese Stellen unterschiedlich ausgelegt werden. Diese Auslegung ist abhängig von

* der Anzahl der zu handhabenden Teile,
* von der Komplexität der Einzelteile,
* vom Arbeitsablauf,

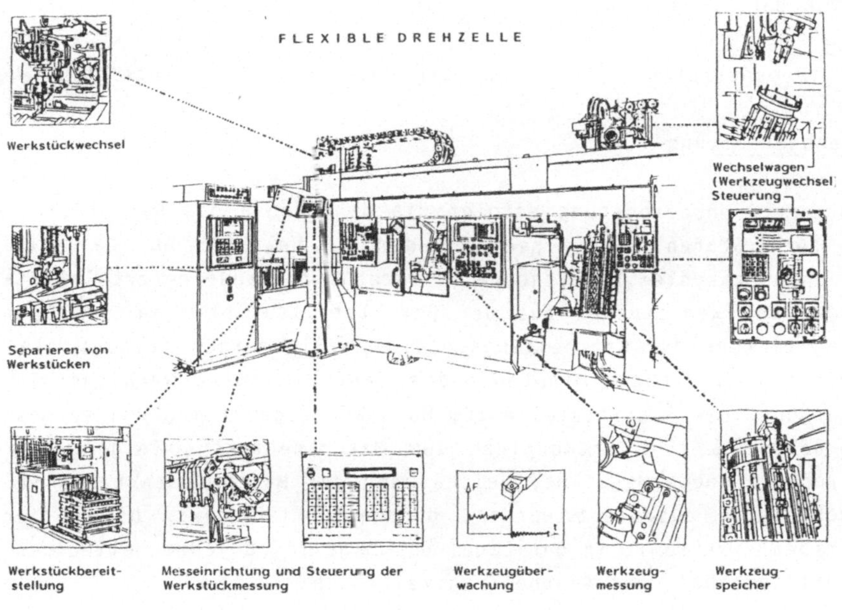

SYSTEMKOMPONENTEN	INVESTITIONSUMFANG
CNC - Drehmaschine	275 TDM
Handhabungs- und Transporteinrichtung	100 TDM
Greifer	10 TDM
Werkstückspeicher	15 TDM
Automatische Meßeinrichtung	20 TDM
Wendestation	5 TDM
FLEXIBLE DREHZELLE	GESAMTINVESTITIONSUMFANG 425 TDM

Quelle: G. Spur und Ö.S. Ganiyusufoglu

Bild 3.3-23: Fertigungszelle zur NC-Endenbearbeitung von Sonderwerkzeugen

* von der Gesamttaktzeit.

Zur Demonstration sollen hierbei zwei Beispiele angeführt werden.

Drehbearbeitung

Bei der Drehbearbeitung erfolgt die Handhabung des Werkstückes meist in zwei Stufen. Zum einen muß das zu bearbeitende Werkstück dem Handhabungssystem bereitgestellt werden. Zum anderen erfolgt das Einlegen des Werkstückes aus der Bereitstellposition in die Spannstation während der Bearbeitungszeit. Im allgemeinen beträgt die Taktzeit bis zu einigen Minuten und es erfolgt meist Werkstückeinzelbehandlung. Die Schnittstelle zum Handhabungsgerät muß nun so gestaltet werden, daß eine Entkopplung zum Maschinentakt erfolgt. Dies kann durch geeignete Magazine, welche nach der Maschinentaktzeit im Speichervolumen ausgelegt werden, durchgeführt werden. Das Bedienungspersonal ist somit in der Lage, das Magazin zu jedem beliebigen Zeitpunkt innerhalb der Abarbeitungszeit nachzufüllen.

Schweißen

Schweißkonstruktionen setzen sich immer aus mehreren Einzelteilen zusammen. Diese Einzelteile müssen in eine entsprechend gestaltete Spannvorrichtung eingelegt werden, welche die Teile zueinander fixiert und während des Schweißprozesses die thermischen Verlagerungen auffängt. In diesem Fall erfolgt die Handhabung - ähnlich wie in der Montage - aus entsprechenden Magazinen in die Vorrichtung. Bei der Automatisierung einer solchen Anlage ist demzufolge frühzeitig der anzustrebende Automatisierungsgrad und somit eventuell auch die Kapazitätsteilung Technik/Technik, d.h. die Vollautomatisierung zu beachten. Strebt man jedoch die Vollautomatisierung der Einlegetätigkeiten an, so bleiben immer noch die Tätigkeiten des Füllens entsprechender Magazine sowie die Kontrolle des Schweißergebnisses und die eventuell notwendige Störungsbeseitigung.

Automatisierungsuntersuchung Planungsmittel: Vorranggraph

Der Vorranggraph enthält netzplanartig sämtliche zur Montage eines Produktes gehörigen Tätigkeiten, die als Teilverrichtungen bezeichnet werden. Bei der Folge der Teilverrichtungen sind ihre gegenseitigen Abhängigkeiten, sog. Reihenfolgen- oder Vorrangbeziehungen zu beachten. Sie ergeben sich daraus, daß Teilverrichtungen einerseits vor und andererseits nach bestimmten Kriterien ausgeführt werden müssen. So muß beispielsweise eine Unterlagscheibe zuerst auf die die Schraube gesteckt werden, bevor die Mutter aufgeschraubt und angezogen werden kann. Die Vorrangbeziehungen werden im Vorranggraphen durch Pfeile und Linien dargestellt, die Beschreibung der Teilverrichtung steht in Kästchen oder Kreisen.

Bisher wurde und wird der Vorranggraph für einige Verfahren der Leistungsabstimmung, insbesondere der rechnergestützten Leistungsabstimmung von Montagelinien, eingesetzt. Das Hauptziel bei dieser Anwendung der Vorranggraphen besteht darin, die Teilverrichtungen so anzuordnen, daß alle Arbeitsplätze einer Montagelinie möglichst gleichmäßig hoch ausgelastet werden. Die hier vorzustellende erweiterte Anwendung des Vorranggraphen geht über alternative Teilverrichtungsfolgen hinaus. Es wird ein Bereich abgedeckt, der auch alternative Produktkonstruktionen für die Teilefertigung und die Montage enthält. Diese vier Teilbereiche, die sich gegenseitig beeinflussen, ergeben alle denkbaren Fertigungsmöglichkeiten eines Produktes. Es gilt, aus diesen die projektbezogen Günstigste abzuleiten.

Die Vorgehensweise zur Erstellung eines Vorranggraphen gliedert sich in 5 Schritte (vgl. Bild 3.3-24). Diese werden am besten im Team bearbeitet. Dem Team sollten neben dem Planer auch der Konstrukteur des Produktes sowie Fachleute aus den Bereichen "Fertigung" und "Qualitiätssicherung" angehören.

a. Randbedingungen

Randbedingungen sind z.B. die etwaige Wiederverwendung von Betriebsmitteln sowie die Festlegung einer "prinzipiellen Arbeitsweise", die sich aus einem iterativen Prozeß ergibt.

b. Teilverrichtungen

Der Inhalt einer Beschreibung einer Teilverrichtung richtet sich zum einen nach der gewünschten Auswertung des Vorranggraphen, zum anderen nach der angestreben Planungstiefe. So sind bei der Gestaltung der Arbeitsinhalte von Arbeitsplätzen detailliertere Informationen notwendig als bei der Gestaltung von Arbeitssystem-Arbeitsinhalten.

c. Schaltungsart der Teilverrichtung

Bei der Schaltungsart von Teilverrichtungen unterscheidet man
* Parallelschaltung und
* Reihenschaltung.

Parallelschaltung von Teilverrichtungen liegt vor, wenn verschiedene Teilverrichtungen mit bzw. an zunächst voneinander unabhängigen Einzelteilen zur gleichen Zeit ausgeführt werden können. Reihenschaltung von Teilverrichtungen liegt vor, wenn eine Teilverrichtung erst nach einer anderen ausgeführt werden kann. In diesem Fall werden die Karten der entsprechenden Teilverrichtung auf dem Papier nebeneinander geordnet.

d. Vorrangbeziehungen

Die Vorrangbeziehungen ergeben sich aus der prinzipiellen Arbeitsweise, den eingesetzten Betriebsmitteln sowie der Produktkonstruktion und sind im Team zu erarbeiten. Ein nach oben beschriebene Vorgehensweise erstellter Vorranggraph gibt Aufschluß über

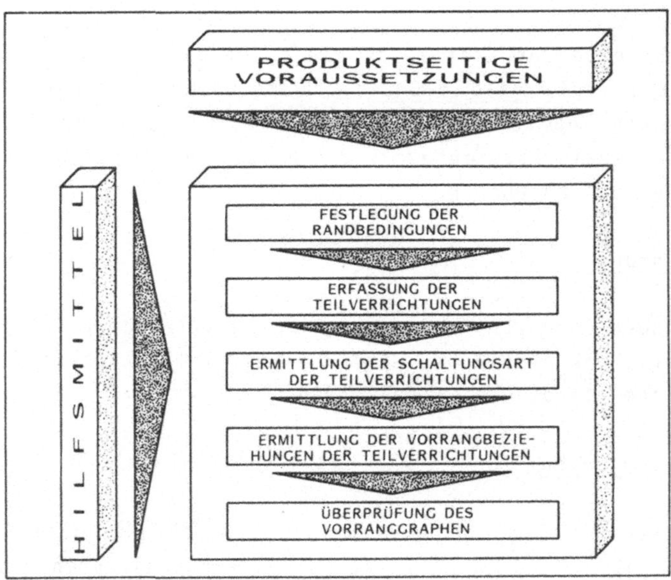

Bild 3.3-24: Die Vorgehensweise zur Erstellung eines Vorranggraphen

- die Anzahl der notwendigen Teilverrichtungen,
- die Art der einzelnen Teilverrichtungen,
- Wechselbeziehungen und gegenseitige Abhängigkeiten der Teilverrichtungen.

Aufbereitung und Auswertung eines Vorranggraphen

Der Vorranggraph, der die oben beschriebene Mindestinformation enthält, bildet die Grundlage für die Auswertung. In Bild 3.3-25 sind die verschiedenen Auswertungsmöglichkeiten aufgeführt. Diese betreffen vor allem die produkt- bzw. fertigungsbezogene Gestaltung von Arbeitsinhalten. Daneben ist es aber auch möglich, den Vorranggraphen hinsichtlich der Produktionskonstruktion auszuwerten. Die Klärung der Frage, nach welchem Ziel der Vorranggraph ausgewertet werden soll, ist meistens projektabhängig und orientiert sich z.B. an den Produkt- und Produktionsdaten. Abhängig von der gewünschten Auswertung muß der Vorranggraph aufbereitet werden.

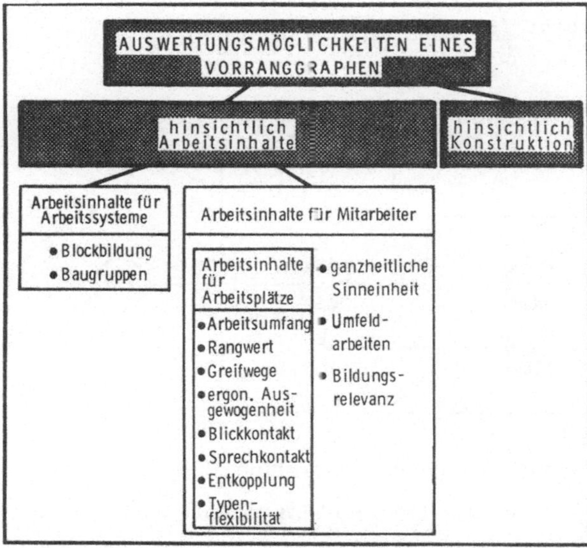

Bild 3.3-25: Auswertemöglichkeiten eines Vorranggraphes

Ein Vorranggraph wird grundsätzlich aufbereitet, indem man die einzelnen Teilverrichtungen mit Zusatzinformationen versieht. In der Praxis haben sich dazu folgende Möglichkeiten bewährt:

o Ergänzende verbale Beschreibung der Teilverrichtung

- o Farbliche und graphische Symbole,
- o Angabe von Kennzahlen (Investitionen für Betriebsmittel, Kapazitätsbedarf, ...),
- o Wolkenbildung (Zusammenfassung von Teilverrichtungen, die unter einem bestimmten Kriterium gleichrangig sind).

Bei der Auswertung im Hinblick auf die Kapazitätsteilung wird die Blockbildung nach der Automatisierbarkeit durchgeführt. Eine derartige Blockbildung ist eine Aufteilung aller Teilverrichtungen in manuell auszuführende und in automatisierbare Teilverrichtungen; lohnintensive Bereiche werden damit von kapitalintensiven Bereichen getrennt. Die Blockbildung wird sinnvoll, wenn die Produktionsmenge eine Automatisierung wirtschaftlich ermöglicht (Bild 3.3-26). Es ist zu untersuchen, ob sich die automatisierbaren Teilverrichtungen von den manuell auszuführenden trennen und somit zu Blöcken zusammenfassen lassen. Dazu verschiebt man die jeweilige Teilverrichtung auf der waagrechten Zeitpunktachse im Vorranggraphen, so daß sich eine Ansammlung z.B. automatisierbarer Teilverrichtungen innerhalb eines Zeitpunktbereiches ergibt (Bild 3.3-27).

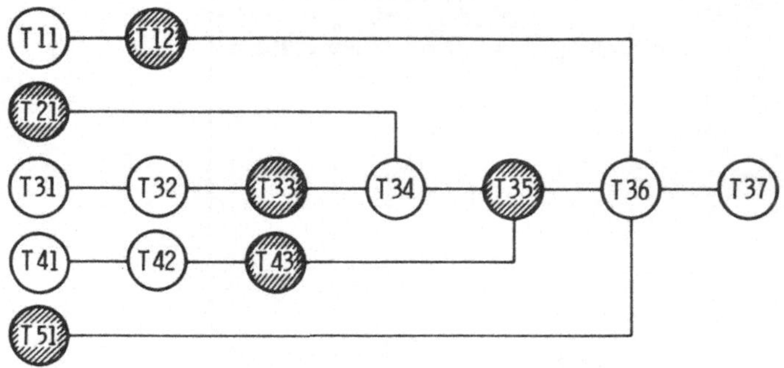

Bild 3.3-26: Vorranggraphen mit ausgewiesenen automatisierbaren Teilverrichtungen

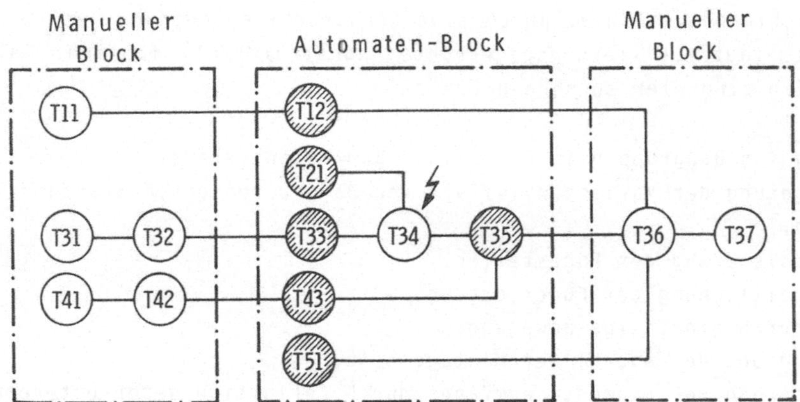

Bild 3.3-27: Blockbildung nach der Untersuchung der Automatisierbarkeit

Die Bildung von manuellen Blöcken und Automatenblöcken hat folgende Merkmale:

- o Der Automatenblock kann stark artteilig arbeiten, er ist an keine Mindestzykluszeiten gebunden.
- o Im manuellen Block kann mengenteilig gearbeitet werden, da die hierdurch erforderlichen Parallelinvestitionen lediglich manuelle Arbeitsplätze betreffen und demnach vertretbare Ausmaße annehmen. Durch die Mengenteilung im manuellen Block wird die Flexibilität bezüglich geändertem Personaleinsatz und bezüglich Mengenschwankungen erhöht.
- o Zwischen automatischen Stationen "eingezwängte" manuelle Arbeitsplätze, die zu einer sozialen Isolation des dort tätigen Mitarbeiters führen könnten, werden vermieden.
- o Die Blöcke können durch Abschnittpuffer entkoppelt werden. Damit sind sie organisatorisch und technisch voneinander unabhängig.

Eine Bereinigung des Automatenblocks von nichtautomatisierbaren Teilverrichtungen ist u.a. durch eine konstruktive Änderung des Produktes (automatisierungsgegerechte Konstruktion) möglich. Als Richtlinien sind hier zu nennen:

- o Bildung von Baugruppen in Form eines Baukastensystems,
- o Verringerung der Variantenvielfalt von Baugruppen durch Standardisierung,
- o Standardisierung der Fügestellen,
- o Vereinheitlichung der Fügerichtung,
- o Fügen durch einachsige Bewegung,
- o Verringerung der Anzahl der Montageteile,
- o Verringerung des Endmontageumfangs durch Definition neuer Unterbaugruppen,
- o Verwendung von Teilen mit konstant hoher Qualität,
- o Beachtung der Fügetoleranzen,
- o Anbringen von Montagehilfen an den Fügeteilen wie Phasen und Einführschrägen,
- o keine Verwendung von biegeschlaffen Teilen oder Wirrteilen,
- o Ersetzen von Schraubverbindungen durch Rastverbindungen,
- o Schaffung von ausgeprägten Aufnahme-, Spann- und Positioniermöglichkeiten an den Fügeteilen,
- o Verwendung von lageerkennbaren Teilen,
- o Beachtung der Pufferbarkeit in jedem Fertigungsstadium.

Kapazitätsteilung Mensch/Mensch

Für die Arbeitsinhaltsgestaltung stehen dem Planer die in Bild 3.3-28 dargestellten Funktionsblöcke zur Verfügung. Diese lassen sich in Primärtätigkeiten und Sekundärtätigkeiten unterscheiden, da Bedienen, Einrichten und Kontrollieren primär dem Fertigungsfortschritt dienen, während Instandhalten, dispositive Tätigkeiten und Programmieren mehr sekundär für den unmittelbaren Fertigungsfortschritt notwendig sind.

Während die in Bild 3.3-28 angegebenen Tätigkeiten wie Bedienen, Einrichten, Kontrollieren usw. weitgehend bekannt sind, werden unter dispositiven Tätigkeiten die Aufgaben der kurzfristigen Fertigungssteuerung verstanden.

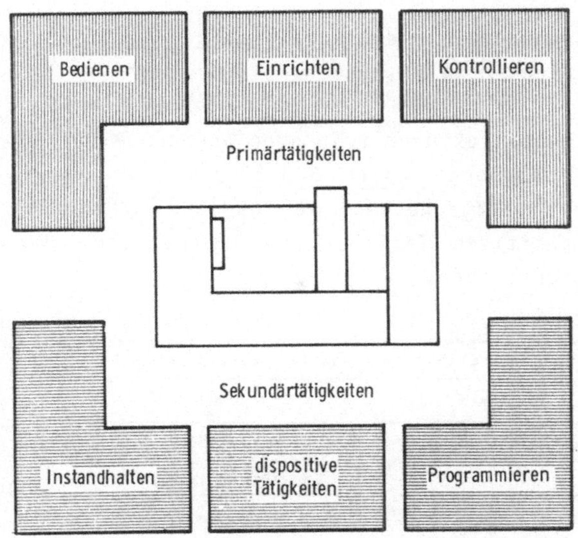

Bild 3.3-28: Personelle Funktionsblöcke

Aufgaben des Werkstattführungsbereichs

Technische Aufgaben	Organisatorische Aufgaben
VERFAHRENSPROBLEMLÖSUNGEN WERKZEUGAUSWAHL- UND BESCHAFFUNG BETRIEBSMITTELAUSWAHL	LOHNABRECHNUNG MITARBEITERSCHULUNG- UND BETREUUNG ZEICHNUNGS-, STÜCKLISTEN-VERWALTUNG

AUFGABEN DER KURZFRISTIGEN FERTIGUNGSSTEUERUNG

ARBEITSVER-TEILUNG	FERTIGUNGS-FORTSCHRITTS-ÜBERWACHUNG	QUALITÄTS-SICHERUNG	BETRIEBS-MITTEL-PRÜFUNG
EINZELAUFGABEN	EINZELAUFGABEN	EINZELAUFGABEN	EINZELAUFGABEN
Verfügbarkeits-kontrolle o Personal o Material o Arbeitsmittel Auftragsreihen-folge festlegen Auftragsbearbei-tung veranlassen Material bereit-stellen Materialtransport o ausserhalb / o innerhalb des Arbeitssystems	Fertigungszustand feststellen Rückmeldung verantworten Soll- und Ist-fertigungszustand vergleichen Störungs-meldungen aus-werten Rückstandslisten erstellen Reaktion auf Störungen o Personal o Material o Arbeitsmittel	Qualitätsprüfung nach Prüfvor-schrift und Prüfplan Entscheidung über Nacharbeit (ohne Neuteil-beschaffung) Nacharbeit veranlassen (mit Neuteil-beschaffung) Ausschussmenge erfassen Prüfergebnisse auswerten	Betriebsmittel auf Qualität prüfen Betriebsmittel auf Arbeitssicherheit prüfen Betriebsmittel-instandhaltung veranlassen Reaktion auf Störungen

Bild 3.3-29: Aufgaben und Einzelaufgaben kurzfristiger Fertigungssteuerung bei neuen Arbeitsstrukturen

Aus Bild 3.3-29 sind die 4 Hauptaufgaben der kurzfristigen Fertigungssteuerung mit ihren Einzelaufgaben zu entnehmen.

Die unterschiedlichen Fertigungsstrukturen erfordern von den Mitarbeitern unterschiedliche Qualifikationen (Bild 3.3-30). So erfordert beispielweise die Übernahme von Tätigkeiten, von Bedienen über Instandhalten bis hin zu dispositiven Tätigkeiten, eine Zunahme der Qualifikation in technischen Bereichen.

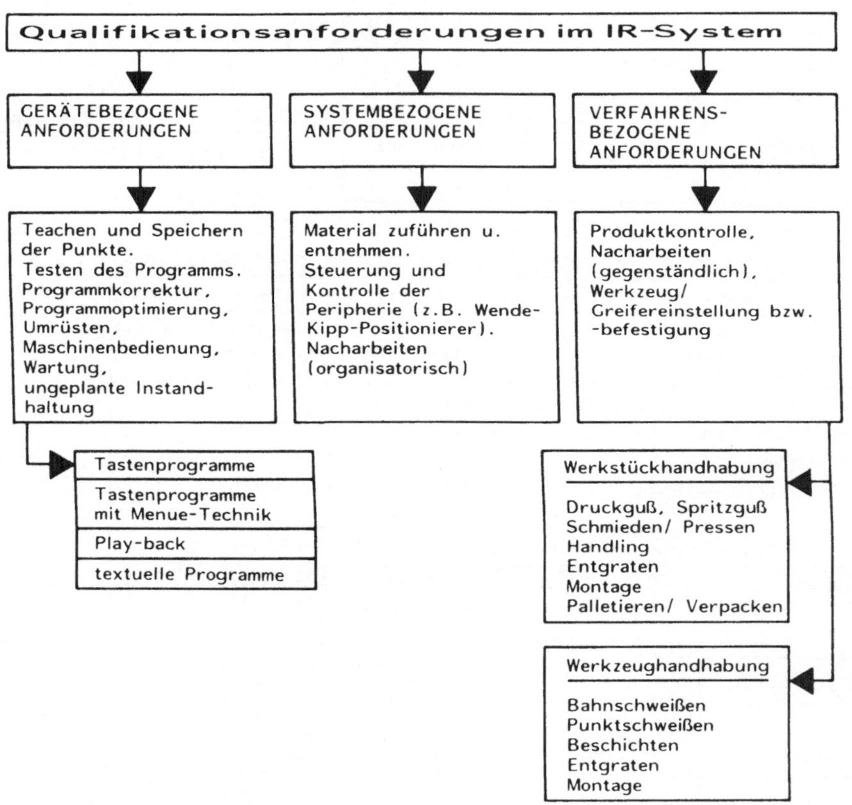

Bild 3.3-30: Qualifikationsanforderung im IR-System

Die möglichen Qualifikationsanforderungen eines IR-Systems im technisch-organistorischen Bereich sind in

- gerätebezogene Anforderungen,

- arbeitssystemabhängige Anforderungen und
- verfahrensbezogene Anforderungen

zu untergliedern.

Bezogen auf den IR-Einsatz besteht eine sehr hohe Abhängigkeit der Qualifikationsanforderungen, je nach Gerätetyp, vor allem an Steuerung und Bedienerschnittstelle.
Zum Einsatz kommen drei Gruppen von unterschiedlichen Bedientechniken

- reine Tastenprogrammierung,
- Tastenprogrammierung mit Menue-Technik und
- textuelle Programmierung.

Die spezifischen Qualifikationsanforderungen dieser Techniken sind nachfolgend aufgeführt.

Der Übergang von der Einzelmaschinenbedienung (Einzelarbeitsplatz) zum technologischen Team verlangt von den Mitarbeitern u.a. die Bereitschaft solidarisch im Team mit gegenseitiger Hilfestellung zu arbeiten (Qualifikation im sozial-kommunikativen Bereich).

<u>Anforderungen bei einer Tastenprogrammierung</u>

o Wissen (additive Aneignungsstruktur)
  - Kenntnis der Bedeutung und Funktion aller Tasten/Befehle,
  - Kenntnis der zugrundeliegenden Syntax (nicht alle Tastenfolgen/Kombinationen sind zulässig),
  - Kenntnis der (verschlüsselten) Fehlermeldungen.

o Können
  - Verfahren des IR mittels achsspezifischer Tasten (räumliches Vorstellungsvermögen und Nutzung von Koordinatensystemen),
  - Arbeitstechniken der Programmerstellung ohne Möglichkeit eines synoptischen Programmüberblicks.

<u>Anforderungen bei Tastenprogrammierung mit Menue-Technik:</u>

o Wissen
  - aktive Kenntnis nur weniger Funktionstasten,
  - passive Kenntnis der Mehrzahl der Funktionen (meist mehr als bei reiner Tastenprogrammierung),

- kaum aktive Kenntnis der Syntax (Bedienerführung).

o Können
- Nutzen der Bedienerführung
- Arbeitstechnik der Programmerstellung ohne Möglichkeit eines synoptischen Programmüberblicks.

Anforderungen bei Textprogrammierung:

o Wissen
- aktive Kenntnis nur weniger Funktionstasten,
- Kenntnis der Mehrzahl der Funktionen und Parameter,
- aktive und exakte Kenntnis der Syntax der Programmiersprache.

o Können
- Arbeitstechniken der Programmerstellung mit der Möglichkeit eines synoptischen Überblicks,
- Ausschöpfen der Kombinationsmöglichkeiten der Programmiersprache.

Aus den Fallstudien geht hervor, daß der Programmierer immer auch - wenn auch unterschiedlich - differenzierte, tiefgehend-orientierende und konkrete Kenntnisse über den eigentlichen Produktionsprozeß haben muß. Vor allem bei der Werkzeughandhabung, hier insbesondere beim Bahnschweißen, ist eine differenzierte Kenntnis des Bearbeitungsvorgangs und seiner Parameter erforderlich. Bei der Werkstückhandhabung erstrecken sich die erforderlichen Kenntnisse auf die informatorische und materielle Verkettung von IR und anderen Betriebsmitteln sowie auf diese Betriebsmittel selbst.

Mit Hilfe des Fragebogens zur Arbeitsplatzanalyse können verschiedene Tätigkeiten hinsichtlich ihrer qualifikatorischen Anforderungen an den Menschen beurteilt werden. Wie aus Bild 3.3-31 hervorgeht, stellen nur die Einrichter- und Vorarbeiterfunktionen nennenswerte Anforderungen an den Bereich Denk- und Entscheidungsprozesse, Eigenständigkeit der Arbeit, Schätz- und Beurteilungsleistungen usw..

AUSPRÄGUNGSGRAD DER F.A.A.-DIMENSIONEN \ F.A.A.-DIMENSIONEN	Denk- und Entscheidungsprozesse	Eigenständigkeit der Arbeitstätigkeit	Schätz- und Beurteilungsleistungen	Steuern, Regeln von Prozessen	Informationsaufnahme im Rahmen von Prüftätigkeiten	Vermittelte Informationsaufnahme	Direkte Informationsaufnahme	Feinmotorische Tätigkeiten	Grobmotorische Tätigkeiten
Einrichten	◑	◑	●	●	◑	◑	◑	◑	◑
Vorarbeiten	◑	◑	●	●	◑	◑	◑	◑	
Pendelschleifen				●	◑		●	◑	
Fräsen und Richten				◑	◑		◑		◑
Waschmaschine			◑	◑	◑				
Meßlehre				◑	◑	◑			
Opt. Kontrolle - Ölen					◑		◑		
Bohren				◑				◑	◑
Draht einrollen				◑				◑	
Nutenziehen				◑					◑
Laufschiene richten				◑					
Nocken abfräsen				◑					
Pendelschleifen in 2-MB							◑	◑	
Drähte von Hand einschlagen								◑	◑
Fräsen in 2-MB								◑	◑
Fräsen in 3-MB								◑	◑
Bohrwerk								◑	
Anfasen									
Vollschnittschleifen in 2-MB									

Legende:

- ☐ geringer Ausprägungsgrad
- ◑ mittlerer Ausprägungsgrad
- ● hoher Ausprägungsgrad

Bild 3.3-31: Ausprägungsgrade der Qualifikationsanforderungen

Während die Ergebnisse, die auf der Durchführung der Arbeitsplatzanalyse beruhen, den objektiven Sachverhalt der Arbeitssituation wiederspiegeln, zeigt Bild 3.3-32 die subjektive Einschätzung von Mitarbeitern bezüglich ihrer eigenen Arbeit.

Hier geht beispielsweise hervor, daß die Selbständigkeit der eigenen Arbeit als sehr gering empfunden wurde. Beide Befragungsergebnisse basieren auf derselben Stichprobe von Mitarbeitern.

Mittelwerte zur Wahrnehmung der Arbeitssituation	Mittelwerte zur subjektiv empfundenen Beanspruchung
1. Zusammenarbeit 2,9	physische Beanspruchung 3,8
2. Selbständigkeit 1,9	psychische Beanspruchung 3,6
3. Fertigung eines ganzen Teiles 2,1	Beanspruchung durch ungünstig konstruierte Werkzeuge etc. 2,6
4. Abwechslung 3,3	Stehbelastung 4,4
5. Leben und Gesundheit 2,5	
6. Feedback Vorgesetzte 2,2	
7. Feedback Arbeit 5,3	(1 = fast gar nicht, 6 = sehr hoch)
(1 = gar nicht, 7 = sehr viel)	Zeitdruck 3,5
	(1 = nie, 5 = fast immer)

Bild 3.3-32: Ausgewählte Befragungsergebnisse der Arbeitspsychologie

In Bild 3.3-33 sind noch einmal die Strukturbausteine Einzelmaschinenbedienung, Einpersonen-Mehrmaschinenbedienung, Mehrpersonen-Mehrmaschinenbedienung und technologisches Team den Arbeitsstrukturierungszielen in den Bereichen Ergonomie, Qualifikation und Ablauforganisation gegenübergestellt. Bezüglich der arbeitswissenschaftlichen Zielsetzungen, ist das technologische Team am besten geeignet.

Die Zeitteile externer Mitarbeiter am gesamten Zeitverbrauch können bei einer Umgestaltung des Arbeitssystems als Potential für mögliche Erweiterungen der Handlungs- und Entscheidungsspielräume (Stichwort: Arbeitsbereicherung) der Mitarbeiter im Arbeitssystem verstanden werden. Bei einer Veränderung der Systemstruktur durch den Einsatz eines oder mehrerer IR können durch Integration bislang außerhalb der Systemgrenzen gelegener Aufgabenbereiche die Arbeitsinhalte und die Tätigkeitsbilder der Mitarbeiter verändert bzw. erweitert werden.

ARBEITS-STRUKTURIERUNGS-ZIELE		Einzel-maschinen-bedienung	Einpersonen-Mehr-maschinen-bedienung	Mehr-personen-Mehr-maschinen-bedienung	techno-logisches Team
Ergo-nomie	Physische Belastung	mittel	mittel	mittel	mittel
	Psychische Belastung	mittel	mittel	mittel	mittel
Qualifikation	Basisqualifikation*	hoch	mittel	mittel	hoch
	Qualifikations-möglichkeiten	mittel	mittel	mittel	hoch
	Verwertbarkeit	mittel	gering	mittel	hoch
Ablauf-organisation	räumliche Entkopplung	gering	gering	mittel	hoch
	zeitliche Entkopplung	gering	gering	mittel	hoch
	Kommunikation	gering	gering	mittel	hoch
	Kooperation	gering	gering	mittel	hoch
* Möglichkeit zum Belastungswechsel		gering	gering	mittel	hoch

○ gering ◒ mittel ● hoch

Bild 3.3-33: Arbeitswissenschaftliche Bewertung von Organisationsprinzipien

Bild 3.3-34 zeigt einige Beispiele für die Bereicherung des Arbeitsinhalts durch Tätigkeitskomponenten, die bislang nicht im Aufgabenbereich eines im System tätigen Mitarbeiters lagen.

- MATERIAL BEREITSTELLEN
- MATERIALBESTAND ÜBERPRÜFEN
- MATERIALTRANSPORT DURCHFÜHREN
- TRANSPORTVERANTWORTUNG ÜBERNEHMEN
- BETRIEBSMITTEL SELBST EINRICHTEN
- FERTIGUNGSFORTSCHRITT KONTROLLIEREN
- BETRIEBSMITTEL WARTEN
- SELBSTPRÜFEN DER EIGENEN ARBEIT
- PRÜFERGEBNISSE AUSWERTEN
- AUSSCHUSS ERFASSEN
- MATERIAL FÜR NACHARBEIT BESCHAFFEN
- NACHARBEIT DURCHFÜHREN
- TERMINÜBERWACHUNG VORNEHMEN
- RÜCKSTANDSLISTEN ERSTELLEN

Bild 3.3-34: Beispiele zur Bereicherung des Arbeitsinhaltes

3.4 Literaturhinweis zu Kapitel 3

o.V. — Ausbildungsmöglichkeiten im NC-Bereich. Schweiz. Masch.Markt, 81(1981)11, S.41.

o.V. — Computer-Aided-Automation - Ausbildung im zweiten Impulsprogramm. Techn.Rundschau, Bern, 76(1984)41, S. 86-87.

o.V — NC-Trainer für numerisch gesteuerte Werkzeugmaschinen. Technik, 27(1972)10, S.666.

o.V — Preinstallation Planning Speeds up ROI. (Erhöhung der Produktivität durch Planung der Inbetriebnahmeeinzelheiten vor Anlieferung der Werkzeugmaschine.) Mach.Tool Blue Book, 77(1982)5, S.85-87.

o.V. — Preparation de l'entreprise a l'indroduction d'une premiere machine a commande numerique. Mach.Outil France, 43(1978)358, S.45,47,49.

Astrop, A. — How Ford Trained for Automation. (Technische Betriebsschulung an Werkzeugmaschinen-Automaten bei Ford), Mach.a.Prod.Engng., 141(1983)3630, S.41-42.

Atkey, A. — Can You Offer CNC-Training on the Shop Floor? (CNC-Drehmaschinen für Lehrzwecke), Mach.a.Prod.Engng., 136(1980)3504, S. 65-67.

AWF — Flexible Fertigungsorganisation am Beispiel von Fertigungsinseln. Eschborn

Basey, R.W. — Training for New Technology (Robots and Control Systems, Operation and Maintenance). (Ausbildung für eine gute Technologie (Roboter und Steuerungssysteme, Betrieb und Instandhaltung)), Proc.of the 6th British Robot Ass., Annual Conf., Birmingham, 16.-19-5-1983, S. 41-52.

Berger, G. Vorgehensweise beim Einsatz der PC-Steuerung in einer Gießerei. Freiprogrammierbare Steuerungen für Gießereianlagen. Podiumsgespräch des VDG-Schulungsdienstes, Düsseldorf, 1982, S. 33-56.

Biber, J. Hermann, P. Unterrichtshilfe für Lehrkräfte. Grundlagen des Programmierens von NC-Maschinen. Metallverarbeitung, 37(1983)3, S. 91-92.

Buschhaus, D. Goldgräbe, A. Veränderte Qualifikationen der Metallfacharbeiter durch eine rechnerunterstützte Fertigung. Berufsbildung in Wissenschaft und Praxis, 13(1984)5, S. 160-163.

Cathey, P. Robots Will Change Managing From Shop Floor to CEO. (Roboter verändern das Verhältnis zwischen Unternehmensführung und Betrieb) Iron Age, 225(1982)33, S. 37-39.

Cooley, M.J.E. Auswirkungen der Informationstechnologie auf den Arbeitsprozeß: das Beispiel CAD. Psychosozial, H.18, Jg.6, S. 70-89.

Cziudaj, M. et.al. Probleme der NC-Ausbildung. Angewandte Arbeitswissenschaft, (1983)97, S. 2-11.

Delventhal, B. CNC-Aus- und Fortbildung im Handwerk - Ergebnisse einer Umfrage - Berufsbildung in Wissenschaft und Praxis, 5(1984), S. 168-170.

Dittrich, L. CNC-Ausbildung für Vorgesetzte und Berufsfachleute wird dringlich. Management-Zeitschrift i0, 7,8/82.

Eschwey, F. Ausbildung von Facharbeitern an CNC-Werkzeugmaschinen. Werkstatt und Betrieb, 117(1984)1, S. 43-45.

Franksen, O. On the Future in Automatic Control Education. (Über die Zukunft der Ausbildung in automatischer Steuerung). Automatica, 8(1972)5, S. 517-524.

Frevel, A. Qualifizierung von angelernten Arbeitern an Industrierobotern. Vortrag auf einer Tagung: New Technologies in Professional Training - an Answer to the Technological Challenge. Journees Antem II, Paris, 27.-29.3. 1984.

Fürstenberg, F. Qualifikationsänderungen bei Robotereinsatz. Untersuchungsergebnisse aus der Automobilindustrie. Berufsbildung in Wissenschaft und Praxis, 13(1984)5, S. 170-174.

Gilde, W. Thieme, G. Entwicklung neuer Schweißausrüstung - Anforderungen an die Qualifikation Schweißtechnischer Kader ZIS-Mitteilung, 24(1982)4, S.354-358.

Gottschalch, H. Qualifikationsentwicklung für angelernte Metallarbeiter. Eine Strategie zum Vermeiden von Rationalisierungsfolgen bei Automation am Beispiel eines Humanisierungsprojektes. Gewerkschaftliche Monatshefte 3/82.

Hammond, G.C. Robot Education for Engineers in Manufacturing. (Ingenieurausbildung an Robotern in der Fertigung). 13th Intern.Symp. on Ind.Robots and Robots 7, Vol. 2, Chicago, 17.-21.4. 1983, 2(1983), S. 55.51-15.60.

Hipp, G. Anforderungen an den Leistungssatz- und Vorbereitungsprozeß beim Einsatz von Industrierobotern Fertigungstechnik + Betrieb, 32(1983)9, S. 533-536, 541.

Höhndorf, S. et. al — Notwendigkeiten und Möglichkeiten der vollen Nutzung des qualitativen Arbeitsvermögens beim Einsatz automatisierter Arbeitsmittel. Fertigungstechnik + Betrieb, 33(1983)9, S. 558-560.

Hofmann, D. — Unterstützung: Fundierte CNC-Ausbildung. Entscheidende Voraussetzungen für den Einsatz numerisch gesteuerter Fertigungsmittel. NC-Fertigung 2(1982), S. 66ff.

Hunzinger, J — Fehlerursache: Mangelnde Schulung. Ergebnisse einer Umfrage zum Thema "Werkstattprogrammierung". Betr.-Techn., 20(1979)9, S. 75-76, 78, 80, 82.

Jakobs, H.J. et.al. — Zur durchgängigen Informationsverarbeitung und Prozessautomatisierung in der Teilefertigung Wiss.Z.d.TU Dresden, 32(1983)5, S. 27-30.

Kellock, B. — If You're into NC This Man Has a Message. Mach.Prod.Engng., 135(1979)3487, S. 30-32.

Kiefer, U. Strasser, G. — Prozeßrechner für die Ingenieurausbildung. Siemens-Z., 46(1972)1, S. 58-63.

Kolbe, G. — Werden Roboter den Schweißer verdrängen? Der Prakt., Schweißen, Schneiden, 35(1983)2, S. 43-45.

Krunoslav, B. — Weiterbildung in CAD-CAM für Maschineningenieure. Techn.Rundschau, Bern, 75(1983)47, S. 14-15.

Lacy, K. — Productivity: The Centre of Attraction. (Produktivitätssteigerung durch Ausbildung im Werkzeugmaschinen-Schulungszentrum) Mach.a.Prod.Engng., 140(1982)3605, S. 57-59.

Larson, T
Dunne, W. Indoctrination and Training for the User of Computer Controlled Robots. Proc. of the 11th Int.Symp.on Ind.Robots, Tokyo, 7.-9.10.1981, S. 63-69.

Lauenstein, T. Humanisierungsrelevante Gestaltung von Arbeitssystemen beim Einsatz von Industrierobotern, Hum.Prod.- Hum.Arb.-Plätze, 6(1984)7, S. 10-13.

Laur-Ernst, U.
Buchholz, Ch. CNC-Ausbildung an der Produktionsmaschine oder am Simulator? Berufsausbildung in Wissenschaft + Praxis, 13(1984)5, S. 164-167.

Lederer, K.
Buresch, J. Technologischer Wandel und seine Auswirkungen auf die Ausbildung. Refa-Nachrichten, 33(1980)6, S. 305-308.

Lehr, H.E. Robotics User Education. Robotics Trends: Proc. of the 8th Annual Conference of the Brit.Robot Association, 14.-17.5.1985, Birmingham.

Luck, K.
et.al. Lehre und Forschung auf dem Fachgebiet Getreidetechnik in der DDR. Masch.Bau-Technik, 32(1983)11, S. 485-490.

Lutz, B. Personalstrukturen bei automatisierter Fertigung. Campus Forschung. Forschungsberichte aus dem Inst. f. sozwiss. Forschung, München, 338(1982), S. 85-101.

Melino, M. Automazione e formazione professionale. Riv.Mecc., 30(1979)687/A, S. 175-180.

Mengerssen, K. PROMO - eine universelle Maschinensprache für NC-Maschinen. Tz.f.prakt.Metallverarb., 75(1981)2, S. 47-48.

Methner, H. NC-Ausbildung - Erfordernisse und Bildungswege NC-Fertigung, (1982)2, S. 50-52, 54.

Meyer, H. Werkstattprogrammierung in Klein- und Mittelbetrieben. Werkstattechnik, 73(1983)10, S. 623-625.

Miller, P.C. Programming at the Machine. (Programmierung von numerisch gesteuerten Werkzeugmaschinen.) Tool.a.Prod., 48(1982)4, S. 65-71.

Moorhead, J. Getting the Handle on NC-Programming, Maintenance, Operation. (NC-Lehrgang - Programmierung, Instandhaltung, Betrieb), Mod.Mach.Shop, 52(1979)6, S. 118-122.

Mundry, E. et.al. Entwicklungstendenzen in der Ultraschall-Prüfung anhand von Problemen der Reaktionssicherheit. Mater.-Prüf., 17(1975)10, S. 347-352.

Osborne, D.M. Training the Key to Success in the Use of Robots. (Ausbildung ist der Schlüssel zum Erfolg bei der Anwendung von Robotern), 13th Int.Symp. on Ind.Robots and Robots 7, Vol.2, Chicago, 17.-21.4.1983, 2(2983), S. 15.1-15.11.

Ottinger, L.V. Robot System's Success Based on Maintenance (Der Erfolg von Robotersystemen hängt von der Wartung ab). Ind.Engng., 14(1982)6, S. 38-43.

Powley, C. In Perspective: Local Training There is so Much to Offer. (Im Blickpunkt: Das technische Ausbildungswesen). Mach.a.Prod.Engng., 141(1983)3632, S. 38-39, 41-42.

Rast, E. Industrieroboter in Lehre, Forschung und Weiterbildung auf dem Gebiet der Mechanisierung der Landwirtschaft. Agrartechnik, 34(1984)10, S. 467-469.

Rehg, J. Upchurch, R. Automated Manufactoring a Systems Training Concept. (Automatische Fertigung - ein System-Trainingskonzept), 13th Int.Symp.on Ind.Robots and Robots 7, Vol.2, Chicago, 17.-21.4.1983, 2(1983), S. 19.10-19.23.

Rethy, A. Eindeutig unklar. NC-Programmierer, NC-Operator: Berufsbildung und Entlohnung. NC-Fertigung 2(1982), S. 56-63.

Riddel, G. et.al. Traffic Service Positions System No. 1: Operator-training Facilities. (Verkehrsbedienungsplatz-system Nr.1: Einrichtungen zur Ausbildung des Personals), Bell System Techn.J., 58(1979)6/1, S. 1347-1357.

Ryan, M. Customer Service - Its Changing Role With the Advent of Advanced Manufactoring Systems. Robotics Trends: Proc. of the 8th Annual Conf. of the Brit.Robot Association, 14.17.5.1985, Birmingham.

Sari, S. Seitz, D. Technische und arbeitsorganisatorische Gestaltung des Einsatzes von Industrierobotern, Humane Produktion 10(1985), S.16-20.

Schmitz, G. Gottschalk, G. Zur Qualifizieurng von Arbeitskräften an CNC-gesteuerten Maschinen, Z.f.Arb.-Wiss., 35(1981)4, S. 241-246.

Schneider, H.G. Nees, G. Weiterbildung "Mikroelektronik im Maschinenbau". Fertigungstechnik und Betrieb, 3/1983.

Sonntag, K. Auswirkungen neuartiger Technologien auf Qualifikationsanforderungen und Ausbildung von Facharbeitern im gewerblich-technischen Bereich. Referat: Fachtagung der Sektion Arbeits- und Betriebspsychologie im BDP, 21.-23.5.1984 in Lübeck.

Soroka, B.J. How Should the University Teach Robotics? (Wie sollte die Robotertechnik an der Universität gelehrt werden?), 13th Int.Symp.on Ind.Robots and Robots 7, Vol.2, Chicago, 17.-21.4.1983, 2(1983), S. 15.12-15.21.
Ausbildung des Personals), Bell System Techn.J., 58(1979)6/1, S. 1347-1357.

Staudt, E. Schepanski, N. Innovation, Qualifikation und Organisationsentwicklung: Folgen der Mikrocomputertechnik für Ausbildung und Personalwirtschaft, Teil 1. Z. Führung und Organisation - zfo, 52(1983)5/6, S. 304, 307-316.

Stauffer, R.H. Robots Provide Efficience and Quality in New Production Weldung Lines at Jeep. (Automatisierte Montagestraßen für Fahrzeugkarosserien - Roboter erhöhen Produktivität und Qualität). Manuf.Engng., 91(1983)4, S. 57-60.

Stevenson, D.R. Diaper: Ein Diagnoserechnerprogramm für die Ausbildung in der NC-Programmierung. SME Education Report Series, (1981), S. 1-4.

Stier, F. Veränderungen der Arbeitsanforderungen im chemischen Betrieb. Z.f.Arb.-Wiss., 34(1980)1, S. 46-49.

Tanner, W A users Guide to Robot Applications. SME Techn. Pap., (1976). S. 1-10.

Theobald, E. Mikro-Robot - Kleinroboter für Labor, Simulation und Training. Elektronik, 30(1981)24, S. 95-98.

Tijunelis, D. et.al. Managing Technology Transfer for Robot and CAM-Application. (Management der Technologievermittlung für die Anwendung von Robotern und CAM). CIM. The Winter Annual Meeting of the ASME, Boston, Mass., USA, 13.-18.11.1983, PED-8(1983)N00, S. 47-53.

Trouteaud, R.: Safety, Training and Maintenance: Their Influence of the Success of Your Robot Application. (Sicherheit, Ausbildung und Wartung: Ihr Einfluß auf den Erfolg Ihrer Roboteranwendung) SME Techn.Pap., (1979), S. 1-15.

Vine, D. Automated Hot Strip Mil Operation - A Human Factors Study. (Automat. Warmbandwalzwerke und ihr Einfluß auf das Verhalten der Bedienungsmannschaft). Iron a.Steel Int., 50(1977)2, S. 95,97,99,101.

Weisel, W.E. Career Opportunities in Robotics and Education Requirements. (Karrieremöglichkeiten in der Robotertechnik und Anforderungen an die Ausbildung). 13th Int.Symp.on Ind.Robots and Robots 7, Vol.2, Chicago, 17.-21.4.1983, 2(1983), S.19.1-19.9.

Wiethold, F. Hypothesen zum Zusammenhang von technisch-organisatorischer Entwicklung des Arbeitsprozesses und Entwicklung der Qualifikationsanforderungen. WSI-Mitteilungen 6/1978.

Williams, J.M. Education and Training for Logistics Management. (Aus- und Weiterbildungskonzepte für das Logistik-Management) 4.Int.Logistik Kongress, Dortmund, 7.-9.12.1983, Kongresshandbuch 2, 2(1983)Dez., S. 279-282.

Witte, H. Überbetriebliche CNC-Ausbildung, Neue Technologien und Qualifikation II, 1985.

Wobbe-Ohlenburg,W. The Influence of Robots on Qualifikation and Strain. (Einfluß der Roboter auf Qualifikation und Arbeitsbelastung) Robots in the Automotiv Industry.Int.Conf. of the Brit.Robot Ass., Birmingham, 20.-22.4.1982, S. 51-57.

4 Wirtschaftlichkeitsrechnung, Feinplanung

4.1 Wirtschaftlichkeitsbetrachtungen beim Einsatz von Industrierobotern

4.1.1 Einleitung

Bei der Beurteilung von Arbeitssystemen spielt die Frage der Wirtschaftlichkeit eine wichtige Rolle. In der Regel wird ein Unternehmen, falls keine übergeordneten (z.B. humanitäre) Gesichtspunkte die Entscheidung von vorneherein in eine bestimmte Richtung lenken, dasjenige Arbeitssystem bevorzugen, in welchem längerfristig bei der Herstellung von Gütern die geringsten Kosten pro Stück verursacht werden.

Unter Arbeitssystem wird in diesem Zusammenhang ein Teilsystem eines industriellen Produktionssystems verstanden, wobei die Erfüllung der Arbeitsaufgabe durch die Kombination der Systemkomponenten Mensch - Betriebsmittel - Arbeitsgegenstand erfolgt. Die Grenzen des Arbeitssystems müssen so gelegt werden, daß eine Berücksichtigung aller relevanten Einflußgrößen möglich ist.

Um alle Einflußgrößen erfassen zu können, darf sich die Wirtschaftlichkeitsuntersuchung nicht mit der Betrachtung des Industrieroboters allein zufrieden geben, sondern es bedarf eines Vergleiches der Arbeitssysteme vor und nach dem Einsatz des Industrieroboters.

Den geldmäßigen Ausdruck findet die Wirtschaftlichkeit in Relationen wie dem Verhältnis zwischen der gegebenen und der künftigen Kostensituation (Ist-Kosten/Soll-Kosten), oder dem Quotienten aus Ertrag und Aufwand. Der dem Konzept zugrundeliegende Wirtschaftlichkeitsbegriff bezieht jedoch nicht nur die in Geldeinheiten ausdrückbaren, sondern alle wertbestimmenden Einsatz-und Ausbringungsgrößen in die Betrachtung ein.

4.1.2 Isolierte und erweiterte Wirtschaftlichkeit

Die isolierte Wirtschaftlichkeit berücksichtigt alle zeitlich und sachlich unmittelbar von dem isoliert betrachteten Industrieroboter-Einsatz ausgehenden Effekte wie:

- Betriebsmittelkosten
- Abschreibung
- Zinsen
- Kapitalkosten
- Raumkosten
- Energiekosten
- Wartungskosten
- Lohnkosten.

Die erweiterte Wirtschaftlichkeitsrechnung umfaßt zusätzlich zeitlich und sachlich mittelbar bei der Einbeziehung des Arbeitssystems entstehende Effekte wie:

- Kosten der Flexibilität
- Nacharbeitskosten
- Ausschußkosten
- Fluktuationskosten
- Kosten für Fehlzeiten.

Während die Erfassung der Daten bei isolierter Wirtschaftlichkeitsbetrachtung ohne größere Probleme möglich ist, liegen die Schwierigkeiten bei der erweiterten Wirtschaftlichkeit in der Quantifizierung der mittelbar entstehenden Effekte.

4.1.3 Kenngrößen

4.1.3.1 Hauptnutzungsgrad

Der Industrieroboter sollte möglichst immer in "Bewegung" sein, das heißt, ablaufbedingte Wartezeiten (BA) müssen so gering wie möglich gehalten werden. Eine Kennzahl für den optimalen Einsatz ist der Hauptnutzungsgrad:

$$\text{Hauptnutzungsgrad} = \frac{\text{Hauptnutzungszeit}}{\text{theoret. Einsatzzeit}} \times 100\% \qquad (1)$$

Die Gesellschaft für Datenverarbeitung und Produktionstechnik mbH Berlin fordert bei 1-Maschinenbedienung für die Zeitvorgabe bei einem Bearbeitungsvorgang $t_e < 1$ min.

Längere Bearbeitungszeiten können durch Mehrmaschinenbedienung ausgeglichen werden.

4.1.3.2 Zuverlässigkeit

Für einen wirtschaftlichen Einsatz von Industrierobotern ist eine Nutzung über längere Zeiträume hinweg ohne Eingriffe des Menschen erforderlich.

Ein Maß für die Zuverlässigkeit ist der Ausnutzungsgrad:

$$\eta = \frac{\text{Gesamtnutzungszeit - Ausfallzeit}}{\text{Gesamtnutzungszeit}} \qquad (2)$$

Unter der Gesamtnutzungszeit wird die Zeit verstanden, während der der Roboter produktiv tätig ist. Mit Ausfallzeit werden solche Stillstandszeiten bezeichnet, die aufgrund von Reparaturen oder vorbeugenden Instandsetzungen auftreten. Die Zuverlässigkeit des Industrieroboter-Arbeitssystems ist nicht alleine vom Roboter selbst abhängig. Störungen in der Peripherie führen ebenfalls zu Stillstandszeiten des Arbeitssystems. Bei einem System, bestehend aus mehreren Einzelbausteinen, sinkt trotz einer hohen Zuverlässigkeit seiner Bausteine die Systemzuverlässigkeit ab. Das bedeutet, die Zuverlässigkeit des Industrieroboter-Arbeitssystems liegt unter der geringsten Sicherheit seiner Systembestandteile.

4.1.4 Investitionsrechnungsverfahren als Entscheidungshilfen

Investitions- und Wirtschaftlichkeitsrechnungen sind Methoden, die eine Beurteilung hinsichtlich quantifizierbarer Kriterien wie Gewinn oder Rentabilität ermöglichen.

Der Begriff der Investitionsrechnung wird häufig mit dem Begriff der Wirtschaftlichkeitsrechnung gleichgesetzt. Dies ist nur dann richtig, wenn die Rentabilität (Verhältnis von Gewinn zu eingesetztem Kapital) ausschließlich durch eine Verminderung der Ausgaben erreicht wird /1/.

Kommt es sowohl durch eine Verringerung der Kosten als auch durch eine Erhöhung der absetzbaren Ausbringungsmenge zu einer Rentabilität, liegt eine Investitionsrechnung vor. Bei vielen Industrieroboter-Einsatzfällen ist die Investitionsrechnung mit der Wirtschaftlichkeitsrechnung gleichzusetzen, da die Gründe für den Einsatz weniger darin liegen, die Produktion auszuweiten, sondern vor allem, um die Kosten zu senken. Investitions- bzw. Wirtschaftlichkeitsrechnungen sind eine wesentliche Grundlage für eine Investitionsentscheidung; eine optimale Kapitalverwertung ist jedoch nur dann gegeben, wenn neben den quantitativen Beurteilungskriterien (Einnahmen und Ausgaben) auch die qualitativen Merkmale (Vor- und Nachteile, die sich nicht oder nur schwer in Geld ausdrücken lassen) ausreichend berücksichtigt werden. Deshalb sollte eine erweiterte Wirtschaftlichkeitsrechnung angestrebt werden.

4.1.4.1 Eignung der statischen Amortisationsrechnung bei der Entscheidung für Industrieroboter

Bei vielen Unternehmen, besonders bei Klein- und Mittelbetrieben, ist die Amortisationszeit ein wichtiges, wenn nicht das wichtigste Kriterium für eine Investitionsentscheidung. Oftmals werden von der Geschäftsleitung pauschale Amortisationszeiten festgelegt, die eine Investition nicht überschreiten darf. Damit wird beabsichtigt, das Risiko in Form einer Zeitdauer deutlich zu machen und zu begrenzen.

Bei Klein- und Mittelbetrieben mit geringer Kapitalbasis wird der Rückflußdauer große Bedeutung beigemessen, da in dieser Zeit das eingesetzte Kapital gebunden und die Liquidität, besonders bei kapitalintensiven Investitionen, gering ist. Bei Erweiterungsinvestitionen fallen die Rückflüsse in Form von zusätzlichen Gewinnen an, bei Rationalisierungsinvestitionen in Form von Kostenersparnissen.

Bei der statischen Amortisationsrechnung wird der Zeitraum ermittelt, innerhalb dem der Kapitaleinsatz einer Investition über die jährlichen Rückflüsse wiedergewonnen wird:

$$\text{Wiedergewinnungszeit (Jahre)} = \frac{\text{Kapitaleinsatz}}{\text{Ø jährl. Wiedergewinnung}} \qquad (3)$$

Bei Einzweckanlagen hat diese Vorgehensweise durchaus ihre Berechtigung. Man ist an ein bestimmtes Projekt gebunden und kann die Anlage verschrotten, wenn für das Produkt kein Markt mehr vorhanden ist. Die Amortisationsdauer wird mit der Produktlebensdauer verglichen und danach die Investition entschieden. Der Industrieroboter dagegen ist flexibel für verschiedene Produkte einsetzbar. Sein Einsatz hängt nicht von der Produktlebensdauer, sondern von der technischen Lebensdauer des Gerätes selbst ab. In diesem Fall darf die Amortisationszeit also nicht mit der Produktlebensdauer, sondern mit der technischen Lebensdauer des Industrieroboters verglichen werden.

4.1.4.2 Einbeziehung der Flexibilität in die Amortisationsrechnung

Flexibilitätsgrad eines Arbeitssystems

Ein Arbeitssystem kann dann als flexibel bezeichnet werden, wenn in einem sozio-technischen System ein optimales Zusammenwirken der Systembestandteile bei ständig veränderten Randbedingungen gegeben ist. Die Flexibilität seiner Komponenten ist daher in hohem Maße verantwortlich für die Systemflexibilität.

Mit der konventionellen Technik wurde bisher wachsende Automatisierung nur auf Kosten der Flexibilität erreicht. Ein hoher Automatisierungsgrad führte zwar im allgemeinen zu einer Produktivitätssteigerung und hohen Stückzahlen, begrenzte aber die Möglichkeit, verschiedene Produkte zu fertigen.

Im Gegensatz zur konventionellen Technik bietet der Industrieroboter neben einem hohen Automatisierungsgrad noch eine ausreichende Flexibilität. Die Flexibilität des Industrieroboter-Arbeitssystems wird durch seine Systembestandteile, Roboter und Zubringeeinrichtungen bestimmt.

Flexibilität von Industrierobotern

Das Flexibilitätspotential von Industrierobotern ist durch die Anzahl der übernehmbaren Aufgaben und den erforderlichen Umstellungsaufwand beim Aufgabenwechsel gekennzeichnet. Die verschiedenen Aufgaben sind bestimmt durch die unterschiedlich zu handhabenden Werkstücke und Werkzeuge.

Bild 4.1-1 zeigt eine empirische Aufgabenanalyse an verschiedenen charakteristischen Industrieroboter-Arbeitssystemen. Einer allgemein gültigen Funktionsfolge (Speichern, Abteilen, Ordnen, Weitergeben, Spannen...) wurden, je nachdem welche Aufgaben zu bewältigen waren (Beschichten, Punktschweißen, Bahnschweißen...) verschiedene typische Funktionsträger (Maschinenbediener, Industrieroboter, Weitergabeeinrichtung...) zugeordnet. Dabei stellen die Nummern 1 bis 4 des Industrierobotereinsatzes die Werkzeughandhabung, die Nummern 5-8 die Werkstückhandhabung dar.

Funktionsfolge		Speichern	Abteilen	Ordnen	Weitergeben	Spannen	Fertigungsschritt	Entspannen	Weitergeben	Zuteilen	Speichern
IR-Einsatz	Nr.	1	2	3	4	5	6	7	8	9	10
Beschichten	1	Mag	M	-	WgE	-	IR	-	WgE	M	Mag
Punktschweißen	2	n-B	M	M	M	SpE	IR	SpE	M	M	Mag
Bahnschweißen	3	n-B	M	M	M	SpE	IR	SpE	M	M	Mag
Entgraten	4	B	M	M	M	SpE	IR	SpE	M	M	Mag
Pressen	5	Mag	IR	-	IR	-	FE	-	IR	IR	Mag
Schmiedemaschinen	6	Mag	IR	-	IR	-	FE	-	IR	IR	Mag
Druck/Spritzgießm.	7	-	-	-		-	FE		IR	IR	Mag
Werkzeugmaschinen	8	Mag	IR	-	IR	FE	FE	FE	IR	IR	Mag

M : Maschinenbediener
IR : Industrieroboter
FE : Fertigungseinrichtung
WgE : Weitergabeeinrichtung
SpE : Spanneinrichtung
Mag : Magazin
B : Bunker
n-B : mehrere Bunker

Bild 4.1-1: Allgemeine Funktionsfolge mit typischen Funktionsträgern bei unterschiedlichen Aufgaben /2/

Die Analyse macht deutlich, daß der Industrieroboter innerhalb der Werkstück- bzw. Werkzeughandhabung für unterschiedliche Aufgaben eingesetzt werden kann und nicht nur für unterschiedliche Ausprägungen derselben Aufgabe. Ein Industrieroboter für die Werkzeughandhabung ist beispielsweise nicht nur für das Entgraten verschiedener Werkstückarten, sondern auch für das Bahnschweißen und Beschichten verwendbar. Die Möglichkeiten, den Industrieroboter für unterschiedliche Aufgaben einzusetzen, besteht nur im grundsätzlichen. Folgende Faktoren sind für den Roboter flexibilitätsbestimmend und begrenzen den Einsatz:

- Arbeitsbereich,
- Positioniergenauigkeit,
- Speicherkapazität,
- Tragfähigkeit,
- Programmierung,
- Sensoreinrichtungen,
- Greifereinrichtungen.

Diese Einflußgrößen führen zu einer gewissen Flexibilität des Industrieroboters, die als Einsatzflexibilität bezeichnet werden kann. Die grundsätzliche Möglichkeit des Roboters, innerhalb der Werkstück- bzw. Werkzeughandhabung unterschiedliche Aufgaben durchzuführen, läßt sich durch den Begriff Grundflexibilität kennzeichnen.

Zwei verschiedene Industrieroboter lassen sich demnach nur durch den Flexibilitätsgrad unterscheiden. Die Grundflexibilität besitzen beide. Bei einem Vergleich Einzweckautomat - Industrieroboter muß das Fehlen der Grundflexibilität bei der starren Mechanisierung berücksichtigt werden.

Flexibilitätsanforderungen beim Industrierobotereinsatz

Die Einzweckmechanisierung wurde bisher vor allem in der Großserienfertigung eingesetzt. Durch ihren gravierenden Nachteil, nicht oder nur mit großem Aufwand auf ein anderes Produkt oder einen anderen Fertigungsablauf umgestellt werden zu können, war sie als Automatisierungsmöglichkeit in der Klein- und Mittelserienfertigung mit häufig wechselnden Aufgabenstellungen nicht geeignet. Hinzu kommt, daß aufgrund steigender Produktvielfalt die Großserienfertigung zugunsten kleiner und mittlerer Serien zurückgedrängt wird. Erst durch den Industrierobotereinsatz als flexible Fertigungseinrichtung bietet sich die Möglichkeit, kleine und mittlere Serien automatisiert zu fertigen.

Um dieser Aufgabe gerecht zu werden, muß die Flexibilität hohen Anforderungen genügen. Welche Anforderungen an flexible Fertigungseinrichtungen gestellt werden, zeigt Bild 4.1-2.

Flexibilität bezüglich ...

- des Nachfolgemodells
- der Kapazitätsänderung
- der Redundanz
- der Bauteiländerung während der Modellaufzeit
- des Varianten- und Modellmixes

Bild 4.1-2: Anforderungen an flexible Fertigungseinrichtungen /3/

4.1.4.3 Auswirkungen unterschiedlicher Flexibilität auf die Investitionsrechnung

Die positiven Auswirkungen der Flexibilität müssen unter Berücksichtigung des zeitlichen Aspekts betrachtet werden. Kurzfristig wird sich die Auslastung der Kapazitäten und die Einsatzzeit des Fertigungsmittels durch Steigerung der Umrüstfähigkeit für ein wechselndes Produktspektrum erhöhen. Langfristig wird die Anpassung des Arbeitssystems an Modell- und Produktänderung ermöglicht, was zu einer längeren wirtschaftlichen Nutzung bis hin zur technischen Nutzungsdauer des Industrieroboters führt. Im folgenden soll untersucht werden, wie langfristige Auswirkungen der Flexibilität in der Investitionsrechnung ihre Berücksichtigung finden.

Bei den bisherigen Investitionsplanungen ging die Flexibilität, wenn überhaupt, nur bei der qualitativen Betrachtung in die Überlegungen ein. In Form einer Nutzwertanalyse wurden die unterschiedlichen Flexibilitätsgrade der Investitionsalternativen einer Bewertung unterzogen. Soll die Flexibilität (ihre langfristigen Auswirkungen) in der Investitionsrechnung berücksichtigt werden, besteht das Problem der Quantifizierung und Zurechnung des Nutzens, den eine Investitionsalternative, abhängig vom Flexibilitätsgrad, bietet.

Da die Flexibilität eines Arbeitssystems vom Flexibilitätsgrad seiner Komponenten abhängig ist, darf nicht für jede Komponente eine gesonderte Investitionsrechnung durchgeführt werden, sondern alle Systembestandteile müssen in eine Investitionsrechnung eingehen (Prinzip der simultanen Investitionsplanung).

Gewichtete Nutzungsdauer

Eine Möglichkeit zur Quantifizierung langfristiger Flexibilitätsauswirkungen ist die wirtschaftliche Nutzungsdauer, die um so höher angesetzt werden kann, je flexibler die Investitionsalternative einsetzbar ist.

Dazu werden die Investitionskosten aufgegliedert in

- Kosten für modellunabhängige Betriebsmittel und
- Kosten für Sonderbetriebsmittel.

Es läßt sich nun eine gewichtete Nutzungsdauer bestimmen, indem die Kostenanteile an den gesamten Investitionskosten und die unterschiedliche Nutzungsdauer von modellunabhängigen Betriebsmitteln und Sonderbetriebsmitteln berücksichtigt werden.

Die Beziehung lautet dann für eine Investitionsalternative:

$$\text{gewichtete Nutzungsdauer (Jahre)} = \frac{a_{mu} * n_{mu} + a_{SB} * n_{SB}}{100\%} \qquad (4)$$

mit:

a_{mu} (%) = prozentualer Anteil der modellunabhängigen Betriebsmittel an den Gesamtinvestitionskosten

n_{mu} (Jahre) = Nutzungsdauer der modellunabhängigen Betriebsmittel

a_{SB} (%) = prozentualer Anteil der Sonderbetriebsmittel an den Gesamtinvestitionskosten

n_{SB} (Jahre) = Nutzungsdauer der Sonderbetriebsmittel.

Um eine allgemeingültige Beziehung herzustellen, wird auf die Begriffe "modellunabhängige Betriebsmittel" und "Sonderbetriebsmittel" verzichtet. Die Formel lautet dann:

$$\text{gewichtete Nutzungsdauer (Jahre)} = \frac{a_1 * n_1 + a_2 * n_2 + \ldots + a_n * n_n}{100\%} \qquad (5)$$

mit:

a (%) = prozentualer Anteil des Betriebsmittels mit bestimmter Nutzungsdauer an den Gesamtinvestitionskosten

n (Jahre) = Nutzungsdauer des Betriebsmittels.

Wiederverwendbarkeitsgrad

Diese Möglichkeit der gewichteten Nutzungsdauer weist aber einen gravierenden Mangel auf: Es werden keine Aussagen über notwendige Auszahlungen gemacht, die bei der Anpassung des Arbeitssystems an wechselnde Aufgaben (Produkt- und Modelländerungen) entstehen. Einen Ausweg bietet der von Schünemann und Lehnen eingeführte Weiterverwendbarkeitsgrad, mit dessen Hilfe langfristige Auswirkungen der Flexibilität von Arbeitssystemen quantifiziert und als eine in Geldeinheiten bewertbare Größe (Folgeauszahlungen) in das Investitionskalkül einbezogen werden kann /2/. Der Weiterverwendbarkeitsgrad bestimmt den Anteil an den Investitionskosten eines Arbeitssystems, der nach der Umstellung auf ein anderes Produkt weiterverwendet werden kann. Ein Weiterverwendbarkeitsgrad von 0,5 bedeutet beispielsweise, daß die Hälfte der ursprünglichen Investitionsausgaben produktspezifisch sind, und dieser Anteil am Arbeitssystem nach Beendigung der Produktlaufzeit verschrottet werden kann. Der Wiederverwendbarkeitsgrad von Transferstraßen in der Automobilindustrie liegt für konventionelle Systeme zwischen 0,05 und 0,4, für flexible Systeme zwischen 0,5 und 0,8.

Die Berücksichtigung des Weiterverwendbarkeitsgrades zur Quantifizierung läßt die Anwendung statischer Investitionsrechnungsverfahren nicht zu, da eine Mehrperioden-Betrachtung erforderlich ist. Im folgenden soll die Kapitalwertmethode als dynamisches Verfahren zur

Demonstration herangezogen werden. Grundsätzlich ist jedes Verfahren geeignet, das eine Mehrperioden-Betrachtung ermöglicht.

Bei der Kapitalwertmethode wird die absolute Höhe der Kapitalwerte von Investitionsalternativen verglichen. Bei Ersatz- oder Rationalisierungsinvestitionen, was in der Regel beim Einsatz von Industrierobotern der Fall ist, werden die Barwerte der Einsparungen den Anschaffungszahlungen gegenübergestellt. Ergibt sich ein positiver Kapitalwert, so ist die Investition vorteilhaft. Der Barwert einer Einsparung ist ihr Wert nach der Diskontierung, das heißt nach der Abzinsung mit dem Kalkulationszinssatz. Die Gleichung für den Kapitalwert ohne Berücksichtigung der Flexibilität lautet:

$$c_0 = -a_0 + \frac{e_1}{q} + \frac{e_2}{q^2} + \ldots + \frac{e_n}{q^n} \quad \text{oder} \qquad (6)$$

$$c_0 = \sum_{t=1}^{T} e_t * q^{-t} - a_0 \qquad (7)$$

mit:

C_o = Kapitalwert zum Planungszeitpunkt

$q = 1 + \frac{p}{100}$

p = Kalkulationszinsfuß

a_o = Anschaffungsauszahlung

T = Anzahl der betrachteten Perioden

e_t = Einsparungen während der Periode t
Die Einsparungen setzen sich zusammen aus den verminderten Kosten, hervorgerufen durch die Investition (z.B. Personaleinsparungen, abzüglich der Aufwendungen, die druch die Investitionen zusätzlich entstehen (z.B. Wartungsaufwand).

Bei Einbeziehung der Flexibilität in die Gleichung muß der Wiederverwendbarkeitsgrad in eine Zahlungsreihe umgewandelt werden. Laut Definition bestimmt der Weiterverwendbarkeitsgrad den Anteil an den Anschaffungskosten, der nach der Umstellung auf ein anderes Produkt weiterverwendet werden kann. Der restliche Teil muß neu investiert werden. Die Auszahlungen, die nach jeder Produktumstellung getätigt werden müssen, bestimmen sich also folgendermaßen:

$$b = a_0 - a_0 * w \quad (8) \qquad \text{oder} \qquad b = a_0(1-w) \quad (9)$$

Da sich bei den Investitionsrechnungen die Auszahlungen auf eine bestimmte Periode beziehen, lautet die Gleichung wie folgt:

$$b(t) = a_0(1-w) * u(t) \quad (10)$$

mit:

$b(t)$ = Auszahlungen für die Anpassungsmaßnahmen aufgrund der in Periode t stattfindenden Aufgabenwechsel

w = Weiterverwendbarkeitsgrad

$u(t)$ = Anzahl der Aufgabenwechsel in Periode t

a_0 = Anschaffungsauszahlung.

Die Einbindung von b(t) in die Kapitalwertgleichung führt bei Schünemann und Lehnen zu folgender Formel:

$$c_0 = a_0 + \sum_{t=1}^{T} \frac{b(t)}{(1+p)^t} \quad (11)$$

Zweck dieser Beziehung ist der Vergleich von Industrierobotern mit unterschiedlicher Flexibilität und Anschaffungsauszahlungen. Die Investitionsrechnung beschränkt sich auf den "Vergleich der Kapitalwerte der Auszahlungsreihen aufgrund der angenommenen Vorteilhaftigkeit des Roboter-Einsatzes und der identischen Leistungsfähigkeit. Dabei ist die Investitionsalternative mit dem geringeren Kapitalwert vorzuziehen". Für die Autoren Schünemann und Lehnen ist die Vorteilhaftigkeit des Industrieroboters im Vergleich zum bestehenden System Voraussetzung ihrer Überlegungen. Sie beschränken sich auf die Beantwortung der Frage: Werden die höheren Anschaffungskosten infolge aufwendiger Sensorsysteme durch die größere Flexibilität kompensiert?

Sie vergleichen zwei Industrieroboter mit unterschiedlicher Flexibilität und Anschaffungsauszahlungen. Für einen Vergleich "bestehendes Arbeitssystem" - "Industrieroboter-Arbeitssystem" ist die von Schünemann und Lehnen entwickelte Beziehung (4) ungeeignet. Um diesen Vergleich zu ermöglichen, müssen zunächst die Einsparungen, als Differenz zwischen verminderten Kosten und zusätzlichen Aufwendungen, ermittelt werden (in Gleichung (2) mit "e" benannt). Des weiteren ist die Flexibilität des alten und neuen Systems in Form des Weiterverwendbarkeitsgrades anzugeben. Die Auszahlungen für Anpassungsmaßnahmen bestimmen sich beim Arbeitssystem-Industrieroboter nach Gleichung (3), beim bestehenden Arbeitssystem wird statt der Anschaffungsauszahlung a_0 der Wiederbeschaffungswert a_w eingesetzt:

$$b(t)_{alt} = a_w(1-w_{alt}) * u(t) \tag{12}$$

$$b(t)_{neu} = a_0(1-w_{neu}) * u(t) \tag{13}$$

Der Kapitalwert C der Investition errechnet sich aus der Summe der Barwerte der Einsparungen abzüglich der Anschaffungsauszahlungen, zuzüglich der Barwertdifferenz zwischen den Auszahlungen für Anpassungsmaßnahmen des alten Arbeitssystems und des Industrieroboter-Arbeitssystems. Die Differenz der Auszahlungen für Anpassungsmaßnahmen $(b_{alt} - b_{neu})$ stellt also eine Verringerung der Ausgaben in späteren Perioden dar. Die Gleichung für den Kapitalwert unter Berücksichtigung der Flexibilität lautet:

$$c_0 = \sum_{t=1}^{T} \frac{e_t}{(1+p)^t} - a_0 + \sum_{t=1}^{T} \frac{b(t)}{(1+p)^t} \tag{14}$$

$$b(t) = b(t)_{alt} - b(t)_{neu} \tag{15}$$

$$b(t) = a_w(1-w_{alt}) * u(t) - a_0(1-w_{neu}) * u(t) \tag{16}$$

mit:

$b(t)_{neu}$ = Auszahlungen für Anpassungsmaßnahmen beim Industrieroboter-Arbeitssystem aufgrund der in Periode t stattfindenden Aufgabenwechsel

$b(t)_{alt}$ = Auszahlungen für Anpassungsmaßnahmen des bisherigen Arbeitssystems aufgrund der in Periode t stattfindenden Aufgabenwechsel

a_o = Anschaffungsauszahlung für das Arbeitssystem-Industrieroboter

a_w = Wiederbeschaffungswert der bisherigen Anlage

w_{alt} = Weiterverwendbarkeitsgrad der bisherigen Anlage

w_{neu} = Weiterverwendbarkeitsgrad der Industrieroboteranlage

u(t) = Anzahl der Aufgabenwechsel in Periode t

t = Index Periode

T = Anzahl der bei der Investitionsplanung betrachteten Perioden

p = Kalkulationszinsfuß

e_t = Einsparungen in Periode t.

Die Investition ist vorteilhaft, wenn der Kapitalwert C größer oder gleich Null ist. Ergibt sich als Kapitalwert Null, so wird der Kapitaleinsatz und dessen Verzinsung erbracht. Sind die Auszahlungen für Anpassungsmaßnahmen einer Periode für die neue Anlage größer ($b(t)_{alt} < b(t)_{neu}$), so ist die Differenz $\Delta b(t)$ negativ, wodurch sich der Kapitalwert verringert.

Der umgekehrte Fall ($b(t)_{alt} > b(t)_{neu}$) führt zu einem größeren Kapitalwert, was die Investition vorteilhafter macht. Die Flexibilität, ausgedrückt durch den Weiterverwendbarkeitsgrad, wirkt sich somit direkt auf den Kapitalwert aus und wird ein bestimmender Faktor bei der Investitionsrechnung. Ein Beispiel soll die Auswirkungen verdeutlichen:

Eine teilmechanisierte Anlage wird durch den Industrieroboter-Einsatz ersetzt. Die Einsparungen, als Differenz zwischen verminderten Kosten und zusätzlich entstandenen Aufwendungen, werden mit DM 55.000 pro Periode veranschlagt. Als Planungszeitraum werden 7 Jahre angesetzt. Der Kalkulationszinssatz wird mit 10% angenommen. Der Anschaffungswert für die neue Anlage betrage DM 350.000. Der Weiterverwendbarkeitsgrad wird für die alte Anlage auf 0,2, für die neue Anlage auf 0,8 geschätzt. Bei einer angenommenen Produktlebensdauer von 3 Jahren kommt es zu zwei Anpassungsmaßnahmen. Die erste findet in der dritten Periode statt, die zweite in der sechsten Periode. In allen anderen Perioden sind keine Auszahlungen für Anpassungsmaßnahmen notwendig. Die Anzahl der Aufgabenwechsel u(t) ist in den Perioden 3 und 6 gleich 1, in den übrigen Perioden gleich Null:

u(3,6) = 1
u(1,2,4,5,7,) = 0

Die Differenz der Auszahlung für die Anpassungsmaßnahmen errechnet sich nach Gleichung (17) bzw. (18):

$$b(t) = b(t)_{alt} - b(t)_{neu} \quad (17)$$

$$b(t) = a_w(1-w_{alt}) * u(t) - a_0(1-w_{neu}) * u(t) \quad (18)$$

$$b(3,6) = 350.000(1-0,2)1 - 500.000(1-0,8)1$$

$$b(3,6) = 180.000 \quad b(1,2,4,5,7) = 0$$

Das bedeutet, die Auszahlungen für die Anpassungsmaßnahmen in den Perioden 3 und 6 sind beim Industrieroboter-Arbeitssystem im Vergleich zur konventionellen Anlage um DM 180.000 geringer.

Der Kapitalwert errechnet sich wie folgt (Gleichung 19):

$$c_0 = \sum_{t=1}^{T} \frac{e_t}{(1+p)^t} - a_0 + \sum_{t=1}^{T} \frac{b(t)}{(1+p)^t} \quad \text{mit } p \quad \frac{10\%}{100\%} = 0,1 \quad (19)$$

Die erste Summe kann durch die Benützung des Rentenbarwertfaktors vereinfacht werden, da die Einsparungen in jeder Periode in gleicher Höhe anfallen.

$$c_0 = e_t * \frac{q^n - 1}{q^n(q-1)} - a_0 + \sum_{t=1}^{T} \frac{b(t)}{(1+p)^t} \quad \text{mit } q = 1+p = 1,1 \quad (20)$$

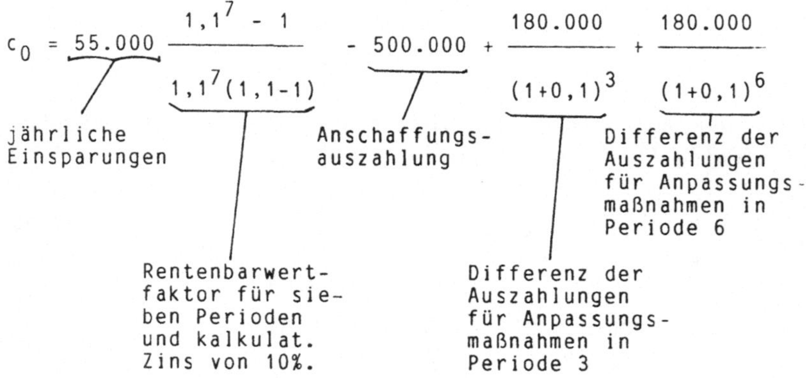

Ergebnis: C_0 = 4 605 DM

Der Kapitalwert ist größer Null, die Investition daher vorteilhaft.

Ohne Berücksichtigung der Flexibilität in Form von Auszahlungen für Anpassungsmaßnahmen bei Produktwechsel wäre der Kapitalwert negativ und die Investition für nicht vorteilhaft erklärt worden. Der Mangel bei dieser Vorgehensweise liegt im pauschalen Ansatz des Weiterverwendbarkeitsgrades. Es wird unterstellt, daß der Weiterverwendbarkeitsgrad der alten und neuen Anlage während der gesamten Nutzungsdauer konstant bleibt und jeder Aufgabenwechsel zu Auszahlungen in gleicher Höhe führt. Dies kann natürlich nur eine Annäherung an die tatsächlichen Verhältnisse bedeuten. Theoretisch müßten die Auszahlungen in Form von Personal-, Produktionsausfall- und Materialkosten für jeden Aufgabenwechsel neu bestimmt werden. Die Höhe dieser Auszahlungen hängt von den Bedingungen der Entscheidungssituation ab, beispielsweise dem Ausmaß der Aufgabenwechsel (Varianten-, Modell-, Produkt- oder Verfahrensänderung) und den Flexibilitätsgraden der Anlagen vor und nach der Anpassung.

Weiterhin bestehen große Unsicherheiten bei der Bestimmung der Anzahl der Aufgabenwechsel innerhalb der Planungsperiode. Trotzdem ist der Ansatz der Auszahlungen als Funktion des Weiterverwendbarkeitsgrades und der Anzahl der Aufgabenwechsel geeignet, langfristige Auswirkungen der Flexibilität zu messen.

Um die Unsicherheit der Daten zu berücksichtigen, kann eine Sensitivitätsanalyse durchgeführt werden, bei der die Anzahl der Aufgabenwechsel und der Weiterverwendbarkeitsgrad variiert und dadurch die Unsicherheit verringert werden kann.

Durch den vorgeschlagenen Ansatz bietet sich die Möglichkeit, die gegenwärtigen dynamischen Investitionsrechnungsverfahren im Hinblick auf die Einbeziehung der Flexibilität in das Investitionskalkül zu erweitern.

4.1.4.4 Einflußfaktoren Einnahmen-/ Ausgabenrechnung

In Bild 4.1-3 sind die wesentlichen Einflußfaktoren technischer, organisatorischer und personeller Natur der Einnahmen- und Ausgabenrechnung in einer Übersicht zusammengestellt. Einige Richtwerte für Berechnungshinweise können aus Bild 4.1-4 entnommen werden.

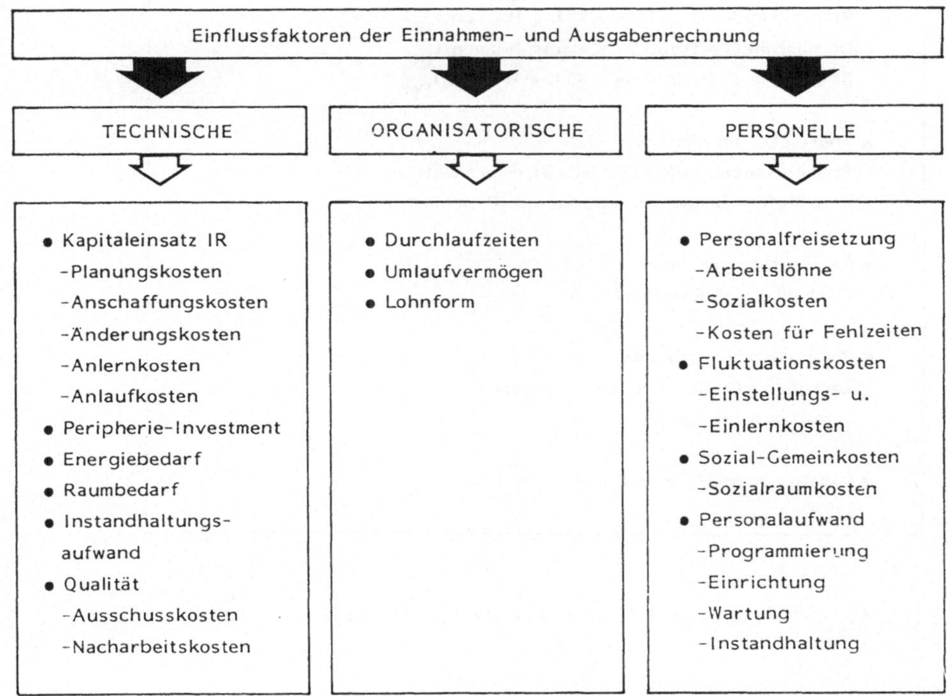

Bild 4.1-3: Einflußfaktoren der Einnahmen- und Ausgabenrechnung

- IR-Investment

  Richtwert: I_{IR}=80 TDM bis 250 TDM

- Peripherie-Investment

  I_{Per}: Entwicklungs-, Bau- u. Inbetriebnahmekosten

  Richtwerte: Einfache Handlingaufgabe $I_{Per}=0{,}5\ I_{IR}$

  Komplexe Handlingaufgabe $I_{Per}=1{,}0\ I_{IR}$

  Montage $I_{Per}=1{,}5$ bis $2{,}5\ I_{IR}$

- Einsatzdauer

  Richtwert für IR: 5 bis 10 Jahre (2-Schichtbetrieb)

  Richtwert für Peripherie: 3 bis 5 Jahre (Produktlebensdauer)

- Instandhaltungskosten pro Jahr

  Richtwert für IR: 5% bis 10% von I_{IR}

  IR-Wartungsvertrag: 4% bis 10% von I_{IR}

  Richtwerte f. Peripherie: 5% bis 10% von I_{Per}

- Energiekosten pro Jahr

  AnschlusswertxBelegungszeitxStrompreis/h

  DruckluftverbrauchxBelegungszeitxDruckluftpreis/h

- Raumkosten pro Jahr

  FlächenbedarfxRaumkosten/a

- Personalkosten pro Jahr

  Lohn+Lohn GK für Bedienungspersonal

  Lohn+Lohn GK für Einrichter

- Sonstige Kosten/Einsparungen pro Jahr

Bild 4.1-4: Richtwerte und Berechnungshinweise

Statische Investitionsrechnungsverfahren

Im folgenden wird auf die Kostenvergleichsrechnung und die Amortisationsrechnung als Vertreter der statischen Verfahren näher eingegangen.

Kostenvergleichsrechnung

Grundlage aller statischen Verfahren ist die Kostenvergleichsrechnung. Damit ergeben sich bereits erste Erkenntnisse über die Wirtschaftlichkeit. Um alle Einflußgrößen zu berücksichtigen, muß sich der Vergleich auf das Arbeitssystem im herkömmlichen und im neuen Zustand beziehen. Die Maschinenstundensatzrechnung ist nicht geeignet, da neben den maschinenspezifischen Kosten (Abschreibung, Zinsen, Wartung usw.) noch arbeitssystemspezifische Einflußgrößen, wie Resttätigkeiten, Nacharbeit, Ausschuß berücksichtigt werden müssen. Die Maschinenstundensatz rechnung muß daher zu einer Arbeitssystemstundensatzrechnung erweitert werden.

In Bild 4.1-5 und 4.1-6 sind die erforderlichen Input-Daten zusammengestellt. Zu den einzelnen Posten erscheinen die folgenden erläuternden Bemerkungen erforderlich.

(2) Für den kalkulatorischen Zinssatz ist bei Fremdfinanzierung der Fremdkapitalzinssatz, bei Eigenfinanzierung der Zinssatz am Kapitalmarkt einzusetzen. Erfolgt eine Mischfinanzierung, so errechnet sich der Mischzinssatz wie folgt:

$$i_M = \frac{EK * i_{EF} + FK * i_{FF}}{EK + FK} \tag{21}$$

mit:

EK = Eigenkapital
FK = Fremdkapital
i_{EF} = Zinssatz am Kapitalmarkt
i_{FF} = Fremdkapitalzinssatz

(3) Die wirtschaftliche Nutzungsdauer wird als gewichtete Nutzungsdauer nach Gleichung (1) errechnet. Die Lebensdauer des Industrieroboters liegt in der Größenordnung zwischen 25.000 und 40.000 Betriebsstunden. Das bedeutet, in Jahren ausgedrückt:

bei Ein-Schicht-Betrieb ...12 bis 20 Jahre,
bei Zwei-Schicht-Betrieb ... 6 bis 10 Jahre,
bei Drei-Schicht-Betrieb ... 3 bis 5 Jahre Lebensdauer.

<table>
<tr><th colspan="6">Input-Daten Industrieroboter-Arbeitssystem</th></tr>
<tr><th>Nr.</th><th colspan="3">Bezeichnung</th><th>Einheit</th><th></th></tr>
<tr><td rowspan="6">(1)</td><td rowspan="6">Kapitaleinsatz</td><td colspan="2">Planungskosten</td><td>DM</td><td></td></tr>
<tr><td colspan="2">Anschaffungskosten (ges.)</td><td>DM</td><td></td></tr>
<tr><td colspan="2">Installationskosten</td><td>DM</td><td></td></tr>
<tr><td colspan="2">Änderungskosten</td><td>DM</td><td></td></tr>
<tr><td colspan="2">Anlernkosten</td><td>DM</td><td></td></tr>
<tr><td colspan="2">Anlaufkosten</td><td>DM</td><td></td></tr>
<tr><td>(2)</td><td colspan="3">Kalkulatorischer Zinssatz</td><td>%</td><td></td></tr>
<tr><td>(3)</td><td colspan="3">Wirtschaftliche Nutzungsdauer</td><td>Jahre</td><td></td></tr>
<tr><td rowspan="6">(4)</td><td rowspan="6">Personal</td><td rowspan="2">Wartung/ Inst.</td><td>Lohn- und Sozialkosten</td><td>DM/a</td><td></td></tr>
<tr><td>Anzahl</td><td>-</td><td></td></tr>
<tr><td rowspan="2">Progr./ Einst.</td><td>Lohn- und Sozialkosten</td><td>DM/a</td><td></td></tr>
<tr><td>Anzahl</td><td>-</td><td></td></tr>
<tr><td rowspan="2">Rest-tätigkeit</td><td>Lohn- und Sozialkosten</td><td>DM/a</td><td></td></tr>
<tr><td>Anzahl</td><td>-</td><td></td></tr>
<tr><td rowspan="2">(5)</td><td rowspan="2">Energie</td><td colspan="2">mittlere Leistungsaufnahme</td><td>kW</td><td></td></tr>
<tr><td colspan="2">Strompreis</td><td>DM/kWh</td><td></td></tr>
<tr><td rowspan="2">(6)</td><td rowspan="2">Raum</td><td colspan="2">Flächenbedarf</td><td>m^2</td><td></td></tr>
<tr><td colspan="2">Quadratmeterpreis</td><td>$DM/m^2 \cdot a$</td><td></td></tr>
<tr><td>(7)</td><td colspan="3">Nachbearbeitungskosten</td><td>DM/a</td><td></td></tr>
<tr><td>(8)</td><td colspan="3">Ausschußkosten</td><td>DM/a</td><td></td></tr>
<tr><td>(9)</td><td colspan="3">Geplante Auslastung</td><td>h/a</td><td></td></tr>
<tr><td>(10)
⋮
(11)</td><td colspan="3">Stückzeit Produkt a
⋮
Stückzeit Produkt n</td><td>h/St

h/St</td><td></td></tr>
</table>

Bild 4.1-5: Input-Daten Industrieroboter-Arbeitssystem

(4) Die Bezeichnung "Anzahl" stellt den Anteil an den Personalkosten fest, der für das Industrieroboter-Arbeitssystem aufgewendet werden muß. Wird beispielsweise vermutet, daß für 10 Roboter zwei Mitarbeiter für die Wartung und Instandhaltung erforderlich sind, so muß die "Anzahl" für einen Roboter mit "0,2" angegeben werden. Die Anzahl des Programmier- und Einstellungspersonals ist abhängig von der Zahl der Lose pro Jahr und der durchschnittlichen Zeit für das Programmieren und Einrichten des Industrieroboters. Diese Vorgehensweise unterstellt, daß die Mitarbeiter während der übrigen Zeit anderweitig einsetzbar sind.

Nr.	Bezeichnung		Einheit	
(1)	Kalkulatorischer Buchwert		DM	
(2)	Kalkulatorischer Zinssatz		%	
(3)	Restnutzungsdauer		Jahre	
(4)	Einstellungs- und Einarbeitungskosten		DM	
(5)	Durchschnittliche Verweildauer		Jahre	
(6)	Personal	Lohn- und Sozialkosten	DM/a	
		Anzahl	–	
(7)	Energiekosten		DM/a	
(8)	Raumkosten		DM/a	
(9)	Nacharbeitskosten		DM/a	
(10)	Ausschußkosten		DM/a	
(11)	Geplante Auslastung		h/a	
(12)	Stückzeit Produkt a		h/St	
	• • •			
(13)	Stückzeit Produkt n		h/St	

Bild 4.1-6: Input-Daten herkömmliches Arbeitssystem

Zu Bild 4.1-6 Input-Daten herkömmliches Arbeitssystem:

(1) Unter kalkulatorischen Buchwerten sind die Restwerte von Vorrichtungen und technischen Geräten zu verstehen, die durch den Einsatz des Industrieroboters ersetzt und verschrottet werden.

(5) Die durchschnittliche Verweildauer errechnet sich aus der Fluktuation des herkömmlichen Arbeitssystems.

(6) Neben den Lohn- und Sozialkosten für das Personal müssen die gleichen Kosten anteilig für Fehlzeiten (Urlaub, Krankheit, sonstiges Fehlen) berücksichtigt werden, da während der Abwesenheit Ersatzpersonal zur Verfügung gestellt werden muß. Liegt beispielsweise die Summe aller Fehlzeiten im Arbeitssystem über 10% der der theoretischen Arbeitszeit, so muß der Personalaufwand mit 110% angesetzt werden.

Auf die Berücksichtigung von Restwerten nach Ablauf der Nutzungsdauer wurde verzichtet. Im Arbeitssystemkostenvergleich (Bild 4.1-7) werden die Kostenarten für das herkömmliche und das Industrieroboter-Arbeitssystem einander gegenübergestellt. Folgende Erläuterungen erscheinen notwendig:

1) herkömmliches Arbeitssystem:

$$\text{kalk. Abschreibung} = \frac{\text{kalk. Buchwert}}{\text{Restnutzungsdauer}} + \frac{\text{Einstellungs- und Einarbeitungskosten}}{\text{durchschnittliche Verweildauer}} \tag{22}$$

Industrieroboter-Arbeitssystem:

$$\text{kalk. Abschreibung} = \frac{\text{Kapitaleinsatz}}{\text{wirtschaftliche Nutzungsdauer}} \tag{23}$$

2) <u>herkömmliches Arbeitssystem:</u>

$$\text{kalk. Zinsen} = \text{kalk. Zinssatz}\left(\frac{\text{kalk. Buchwert}}{2} + \frac{\text{Einstellungs- und Einarbeitungskosten}}{2}\right) \quad (24)$$

<u>Industrieroboter-Arbeitssystem:</u>

$$\text{kalk. Zinsen} = \text{kalk. Zinssatz}\ \frac{\text{Kapitaleinsatz}}{2} \quad (25)$$

(8) Die Gesamtkosten setzen sich aus der Summe der Positionen (1) bis (7) zusammen.

(9) $$\text{Arbeitssystemstundensatz} = \frac{\text{Gesamtkosten}}{\text{geplante Auslastung}} \quad (26)$$

(10) $$\text{Stückkosten}_a = \frac{\text{Arbeitssystemstundensatz}}{\text{Stückzeit}_a} \quad (27)$$

$$\text{Stückkosten}_n = \frac{\text{Arbeitssystemstundensatz}}{\text{Stückzeit}_n} \quad (28)$$

Die Berechnung der Stückkosten erfolgt unter der Annahme, daß sich die Ausschuß- und Nacharbeitskosten auf alle Produkte gleichmäßig verteilen. Dies dürfte in der Praxis kaum zutreffen. Da das Ziel dieser Untersuchung nicht darin liegt, Daten für die Kalkulation zur Verfügung zu stellen, beeinflussen diese Ungenauigkeiten die Wirtschaftlichkeitsuntersuchung nicht.

Der beschriebene Arbeitssystemkostenvergleich wurde auf der Basis von Vollkosten durchgeführt. Die Kosten wurden also nicht in fixe und variable Anteile gegliedert. Dabei ist aber nicht unbedingt eine Teilkostenbetrachtung zu fordern. Nur mit Hilfe der Aufteilung in fixe und variable Kostenanteile kann das Auslastungsrisiko einer automatisierten Anlage beurteilt werden. Deshalb ist der Arbeitssystemstundensatz nur bedingt als Entscheidungskriterium geeignet, da alle Kostenanteile - auch die fixen Abschreibungskosten - zur geplanten Auslastung proportionalisiert werden.

Arbeitssystemkostenvergleich - herkömmliches Arbeitssystem					
Nr.	Kostenart	Berechnungsgrundlage	Kosten	Ergebnis	Einheit
1.	Kalk. Abschreibung	$\frac{\text{kalk. Buchwert (DM)}}{\text{Restnutzungsdauer (a)}} + \frac{\text{Einstellungs- u. Einarbeitungskosten (DM)}}{\text{durchschnittliche Verweildauer (a)}}$			DM/a
2.	Kalk. Zinsen	$\frac{\text{Kalk. Zinssatz (\%)}}{100} \left(\frac{\text{Kalk. Buchwert (DM/a)}}{2} + \frac{\text{Einstellung- u. Einarbeitungskosten (DM/a)}}{2}\right)$			DM/a
3.	Lohn- u. Sozialkosten				DM/a
4.	Energiekosten				DM/a
5.	Raumkosten				DM/a
6.	Nacharbeitskosten				DM/a
7.	Ausschußkosten				DM/a
8.	Gesamtkosten	Summe 1. - 7.			DM/a
9.	Arbeitssystemstundensatz	$\frac{\text{Gesamtkosten (DM)}}{\text{geplante Auslastung (h)}}$			DM/h
10.	Stückkosten Produkt a	$\frac{\text{Arbeitsstundensatz (DM/h)}}{\text{Stückzeit a (Stk/h)}}$			DM/Stk
11.	Stückkosten Produkt n	$\frac{\text{Arbeitssystemstundensatz (DM/h)}}{\text{Stückzeit n (Stk/h)}}$			DM/Stk

Bild 4.1-7: Arbeitssystemkostenvergleich

Wenn der Arbeitssystemstundensatz aufgrund einer erwarteten Auslastung für den jährlichen Planungszeitraum festgelegt wird und diese Nutzungsstunden durch fehlende Auslastung nicht erreicht werden, sind in Wirklichkeit mehr Kosten für das Unternehmen entstanden als auf die Produkte umgelegt worden sind. Diese Diskrepanz soll am folgenden Beispiel erläutert werden: An einem Arbeitsplatz fallen jährlich DM 25.000 als Fixkosten (Abschreibung, Zinsen usw.) an. Mit jeder Nutzungsstunde werden DM 18,75 als variable Kosten - das heißt, bei 1.600 Stunden pro Jahr K_{var} = 30.000 DM/a - verrechnet.

Aus den jährlichen Gesamtkosten K = 55.000 DM/a wird ein Verrechnungssatz von K_{plan} = 34,37 DM/h errechnet. Infolge verschiedener Störeinflüsse kann die geplante Auslastung von 1600 Stunden pro Jahr nicht erreicht werden, sondern es wird nur an 1200 Stunden produziert. In diesen 1200 Stunden werden jetzt 1200 * 34,37 DM = DM 41.244 verrechnet und auf die Produkte umgelegt. In Wirklichkeit sind aber DM 25.000 als Fixkosten und DM 18,75 * 1200 = DM 22.500 als variable Kosten angefallen. In 1200 Stunden hätten demnach DM 47.000 Gesamtkosten anstelle von DM 41.244 Verrechnungskosten umgelegt werden müssen, um eine Vollkostendeckung zu erreichen. Die Differenz zwischen den geplanten Sollkosten und den tatsächlich entstandenen Istkosten aufgrund fehlender Auslastung wird Beschäftigungsabweichung K_{BA} genannt. Bild 4.1-8 soll die Verhältnisse verdeutlichen.

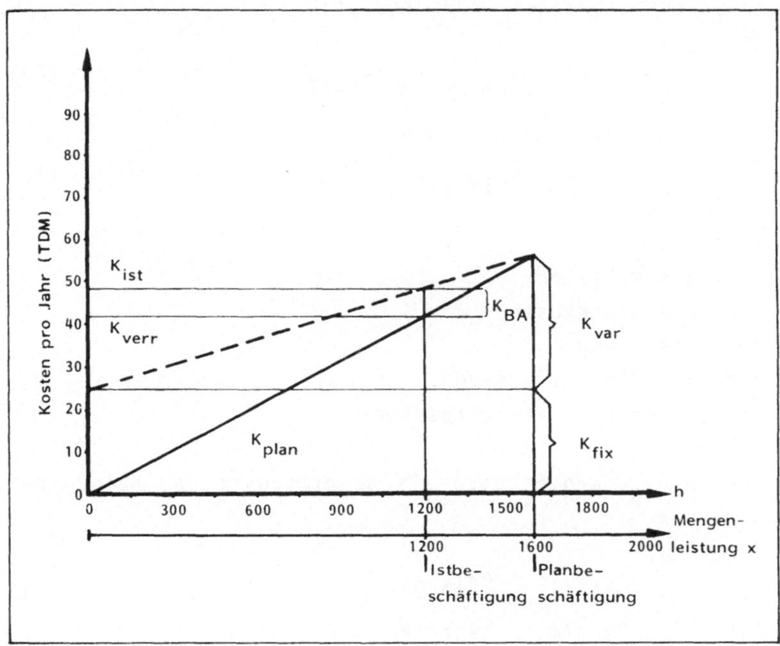

Bild 4.1-8 : Kostenunterdeckung aufgrund fehlender Auslastung

Beim Vergleich zweier Fertigungsanlagen kann man demnach nur variable Kostenanteile miteinander vergleichen. Die größeren Fixkosten der höher automatisierten Anlage sind mit einer Risikoanalyse zu beurteilen, indem man die Grenzstückzahlen ermittelt. Die Grenzstückzahl ist die Mengenleistung, die nicht unterschritten werden darf, um bei größeren Fixkosten einer hochautomatisierten Anlage höhere Wirtschaftlichkeit als bei der geringer automatisierten Anlage zu erreichen. Die Einteilung in fixe und variable Kosten bedarf einer vorherigen Untersuchung über die Abhängigkeit der Kosten vom Beschäftigungsgrad. Dazu müssen oftmals Vereinfachungen getroffen werden. Bei den Personalkosten des Industrieroboter-Arbeitsystems dürfte es sich größtenteils um fixe Kosten handeln, während die Personalkosten des manuellen Arbeitssystems eher variablen Charakter aufweisen. Aufgrund tariflicher Vereinbarungen wird dieser Vorteil des manuellen Arbeitssystem jedoch immer geringer. Die Zerlegung der Kosten in fixe und variable Bestandteile muß in einem Erfassungsformular für die Kostenvergleichsbetrachtung durchgeführt werden.

Das Ergebnis der Zerlegung ist eine Gesamtkostengerade, deren Steigung den variablen Stückkostenanteil k darstellt:

$$K_m = K_{fix/m} + x*k_{var/m} \tag{29}$$

mit:

$$K_{IR} = K_{fix/IR} + x*k_{var/IR} \tag{30}$$

K = Gesamtkosten
K_{fix} = fixe Gesamtkosten
k = variable Stückkosten
x = Mengenleistung
Index m = manuelles Arbeitssystem
Index IR = Industrieroboter-Arbeitssystem

Die Grenzstückzahl x_G ergibt sich als Schnittpunkt der beiden Geraden:

$$x_G = \frac{K_{fix/IR} - K_{fix/m}}{k_{var/m} - k_{var/IR}} \tag{31}$$

In diesem Zusammenhang muß darauf hingewiesen werden, daß die Unterstellung der Linearität der Kostenkurven auf Vereinfachungen beruht. Diese Vereinfachungen beeinträchtigen das Ergebnis jedoch nicht, mußten ja bereits bei der Aufteilung in fixe und variable Bestandteile Annahmen getroffen werden.

Um der Flexibilität des Industrieroboter-Arbeitssystems (Fertigung verschiedener Produkte) Rechnung zu tragen, müssen die Kostengleichungen dementsprechend angepaßt werden. Hierbei wird die vereinfachende Annahme getroffen, daß alle Produkte gleiche Fixkosten verursachen. Es ergeben sich folgende Beziehungen:

Industrieroboter-Arbeitssystem:

$$K_{ges} = K_{fix} + k_{var/1} * x_1 + k_{var/2} * x_2 + \ldots \quad (32)$$

$$K_{ges} = K_{fix} + \sum_{i=1}^{n} k_{var/i} * x_i \quad (33)$$

manuelles Arbeitssystem:

$$K_{ges} = K_{fix} + k_{var/1} * x_1 + k_{var/2} * x_2 + \ldots$$

$$K_{ges} = K_{fix} + \sum_{i=1}^{n} k_{var/i} * x_i \quad (34)$$

mit:
Index i = Produkt

Der variable Stückkostenanteil $k_{var/i}$ errechnet sich für die einzelnen Produkte wie folgt:

$$k_{var/i} = \frac{K_{var}}{\text{geplante Auslastung}} * t_{e/i} \quad (\frac{DM}{St}) \quad (35)$$

mit:

k_{var} = variable Gesamtkosten pro Jahr $(\frac{DM}{a})$

t = Stückzeit $(\frac{h}{St})$

Bild 4.1-9 zeigt die graphische Darstellung bei der Fertigung zweier verschiedener Produkte.

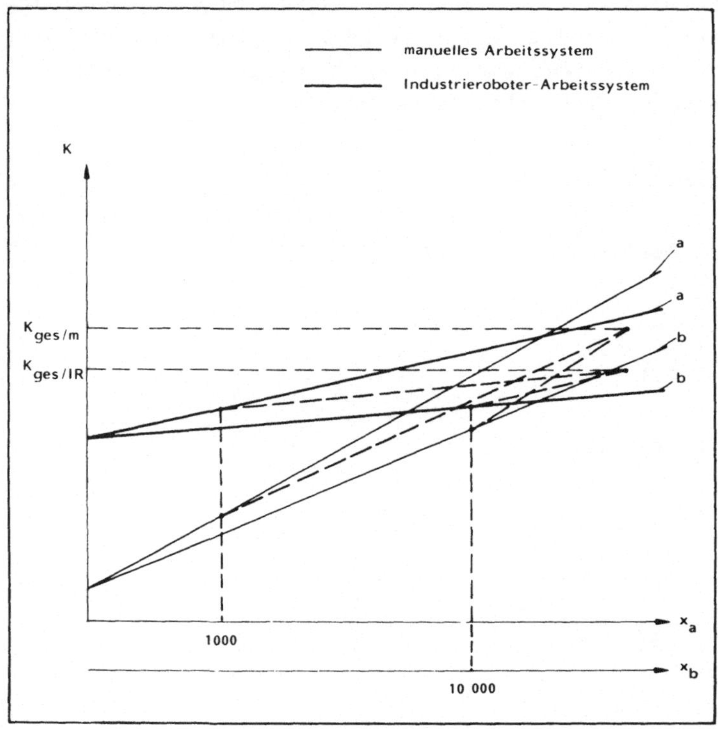

Bild 4.1-9: Kostengeraden bei Fertigung zweier Produkte

Die Gesamtkosten werden wie folgt berechnet:

Industrieroboter-Arbeitssystem

$$K_{ges/IR} = K_{fix/IR} + k_{var/IR/a} * x_a + k_{var/IR/b} * x_b \quad (36)$$

mit:

$K_{ges/IR}$ = jährliche Gesamtkosten
$K_{fix/IR}$ = jährliche Fixkosten
$k_{var/IR/a}$ = variable Stückkosten Produkt a
$k_{var/IR/b}$ = variable Stückkosten Produkt b
x_a = jährliche Ausbringungsmenge Produkt a
x_b = jährliche Ausbringungsmenge Produkt b

manuelles Arbeitssystem

$$K_{ges/m} = K_{fix/m} + k_{var/m/a} * x_a + k_{var/m/b} * x_b \qquad (37)$$

mit:
analog Industrieroboter-Arbeitssystem.

Die Gesamtkosten ergeben sich graphisch durch Parallelverschiebung des variablen Anteils (s. Bild 4.1-9).
Da es sich hier um eine Mehr-Produkt-Betrachtung handelt, ist die Berechnung einer Grenzstückzahl nicht durchführbar. Es gibt unendlich viele Wertepaare (x_a/x_b), die der Bedingung - gleiche Gesamtkosten - genügen:

Bedingung für die Grenzstückzahl: $K_{ges/IR} = K_{ges/m}$

Bei der Ein-Produkt-Betrachtung wird, nachdem die Grenzstückzahl ermittelt wurde, überprüft, ob die Stückzahlen auf dem Markt absetzbar sind. Da bei der Mehr-Produktbetrachtung die Ermittlung der Grenzstückzahl nicht durchführbar ist, muß umgekehrt vorgegangen werden. Zunächst erfolgt eine Abschätzung, wieviel von den einzelnen Produkten vom Markt aufgenommen werden. Aufgrund dieser Stückzahlen läßt sich nun graphisch oder rechnerisch bestimmen, welches Arbeitssystem kostengünstiger fertigt.

Um eine Risikoabschätzung vornehmen zu können, empfiehlt es sich, die Berechnung mit positiven und negativen Schätzwerten (bei Kosten und Stückzahlen) in Form einer Sensitivitätsanalyse durchzuführen.

Amortisationsrechnung (Pay-off-Methode)

Die Amortisationsrechnung baut auf der Kostenvergleichsmethode auf. Mit ihrer Hilfe soll der Zeitraum ermittelt werden, in welchem der Kapitaleinsatz über die durchschnittliche jährliche Wiedergewinnung zurückgeflossen ist. Die Beziehung lautet:

$$\text{Amortisationszeit (Jahre)} = \frac{\text{Kapitaleinsatz}}{\text{Ø jährliche Wiedergewinnung}} \qquad (38)$$

Die jährliche Wiedergewinnung setzt sich zusammen aus:

- jährliche Kostenersparnis ($K_{ges/m} - K_{ges/IR}$)
- jährlicher Gewinnzuwachs. (39)

Ein Gewinnzuwachs ist nur dann zu verzeichnen, wenn ein erhöhter Ausstoß vom Markt angenommen wird. Eine Verringerung des Stückpreises muß daher bei der Berechnung berücksichtigt werden. Nach der Aufteilung der jährlichen Wiedergewinnung lautet die Formel folgendermaßen:

$$AZ\ (\text{Jahre}) = \frac{\text{Kapitaleinsatz}}{\text{Ø jährl. Kostenersparnis + jährl. Gewinnzuwachs}} \tag{40}$$

mit:
AZ = Amortisationszeit

Grundlage für die Berechnung soll die Mehr-Produkt-Betrachtung sein.

Zustand manuelles Arbeitssystem:

Jahresstückzahl: $x_{m/1};\ x_{m/2}\ \cdots\ x_{m/n}$
Preis: $p_{m/1};\ p_{m/2}\ \cdots\ p_{m/n}$

Gesamtkosten: $K_{ges/m} = K_{fix/m} + \sum_{i=1}^{n} k_{var/m/i} * x_{m/i}$

Einnahmen: $E_m = \sum_{i=1}^{n} x_{m/i} * p_{m/i}$

Zustand Industrieroboter-Arbeitssystem:

Jahresstückzahl: $x_{IR/1};\ x_{IR/2}\ \cdots\ x_{IR/n}$

Preis: $p_{IR/1};\ p_{IR/2}\ \cdots\ p_{IR/n}$

Gesamtkosten: $K_{ges/IR} = K_{fix/IR} + \sum_{i=1}^{n} k_{var/IR/i} * x_{IR/i}$

Einnahmen: $E_{IR} = \sum_{i=1}^{n} x_{IR/i} * p_{IR/i}$

Berechnung der Amortisationszeit (AZ):

1) Keine Stückzahl-/Preisänderungen

$$AZ = \frac{I_0}{K} = \frac{I_0}{K_{ges/m} - K_{ges/IR}} \quad (41)$$

mit:

I_0 = Kapitaleinsatz

2) Veränderung der Stückzahl und/oder der Preise

$$AZ = \frac{I_0}{K + E} = \frac{I_0}{K_{ges/m} - K_{ges/IR} + E_{IR} - E_m} \quad (42)$$

Dynamische Investitionsrechnungsverfahren

Relevante Einnahmen und Ausgaben

Maßgebend für die dynamische Investitionsbetrachtung ist der Zahlungsstrom in Form von zusätzlichen Einnahmen und Ausgaben (Zu- und Abfluß von liquiden Mitteln). Gleichzeitig ist auf die zeitliche Verschiebung gemäß dem wirklich erwarteten Zeitpunkt der Zahlungen zu achten.

Der Zahlungsstrom stellt also die zeitliche Verteilung der Einnahmen und Ausgaben dar, die mit

- der erwarteten Menge,
- dem erwarteten Preis,
- zum erwarteten Zahlungszeitpunkt

angesetzt werden /6/. Das bedeutet, es müssen Produktivitätssteigerungen, Preissteigerungen und die Unterschiedlichkeit der Zahlungszeitpunkte berücksichtigt werden. Letzteres erfolgt durch Diskontierung (Auf- und Abzinsung der Zahlungen) auf einen Bezugszeitpunkt, der im allgemeinen dem Planungszeitpunkt entspricht.

Da bei den dynamischen Verfahren der Zu- und Abfluß von liquiden Mitteln von Bedeutung ist, muß geklärt werden, was bei der Investitionsentscheidung für Industrieroboter unter Einnahmen und Ausgaben zu verstehen ist:

1) Im Gemeinkostenbereich ist es erforderlich, folgende Kapazitäten zu erweitern oder neu zu schaffen:

   - Programmierung und Einstellung
   - Wartung und Instandhaltung

   Da man es dabei aber in der Regel mit sprungfixen Kosten zu tun hat, übersteigt oftmals die zusätzliche Kapazität die Erfordernisse des Industrieroboter-Einsatzes aufgrund der Unteilbarkeit der Produktionsfaktoren. Grundsätzlich sind die vollen zusätzlichen Kosten dem Industrieroboter-Projekt anzulasten. Gelingt es, das Personal anderweitig auszulasten, werden nur die anteiligen Kosten in Rechnung gestellt. Nicht ausgelastete Kapazitäten belasten jedoch das Industrieroboterarbeitssystem. Im Bereich der Gemeinkosten fallen auch die gesamten Planungskosten für den Roboter-Einsatz. Der anteilige Aufwand (verrechnete Stunden) wird dem Kapitalaufwand zugerechnet.

2) Lohn- und Sozialkosten werden nur dann berücksichtigt, wenn sich durch den Einsatz des Industrieroboters der Personalbestand des Unternehmens und/oder die Ausgaben für Überstunden, Schichtarbeit etc. verändern. Dies gilt auch dann, wenn freiwerdende Kapazitäten alternativ benötigt werden. Hierbei wird unterstellt, daß auch ohne das Projekt Personaleinstellungen notwendig würden. Den Einsparungen auf diesem Gebiet steht der Personalaufwand für Resttätigkeiten des Menschen beim Einsatz von Industrierobotern gegenüber. Falls für solche Tätigkeiten das Personal nicht vollständig ausgelastet ist, können die Kosten anteilig dem Industrieroboterarbeitssystem angelastet werden, da es sich hierbei um direktes Personal handelt und eine Austauschbarkeit dieses Personals möglich ist. Materialkosten werden nur dann eingespart, wenn sich

durch die gleichmäßigere Fertigung des Roboters entweder der Materialverbrauch und/oder der Ausschuß vermindern.

3) Die Kosten für die Bereitstellung von Aktiva (Industrieroboter, Peripherie, Gebäude usw.) sind nur dann zu berücksichtigen, wenn diese für die Realisierung des Industrieroboter-Arbeitssystems neu beschafft werden müssen. Es werden also keine Raumkosten angesetzt, wenn bereits die notwendigen Räumlichkeiten vorhanden sind. Anstatt der jährlichen kalkulatorischen Abschreibung werden bei den dynamischen Verfahren die gesamten Anschaffungskosten als Auszahlung im ersten Jahr des Planungszeitraumes berücksichtigt. Eventuell anfallende Abbruchkosten und/oder Verkaufserlöse müssen den Anschaffungskosten zu- bzw. abgerechnet werden.

4) Zinsen sind bei den dynamischen Investitionsrechnungsverfahren keine relevanten Posten. Ihre Berücksichtigung erfolgt durch die Festlegung eines angemessenen Diskontierungssatzes. Dieser beinhaltet:

- Verzinsung des Eigenkapitals
- Risikoausgleich
- Inflationsverlust auf Eigenkapital
- Finanzierungskosten
- Steuerersparnis auf Finanzierungskosten /6/

Ein Beispiel soll die Berechnung verdeutlichen:

Verhältnis Eigenkapital/Fremdkapital: 40/60

- Eigenkapitalanteil

Verzinsung:	8%
Risikoausgleich:	5%
Inflationsrate:	6%
	= 19%

- Fremdkapitalanteil

    Verzinsung: 10%

    Finanzierungskosten: 2%

    = 12%

    Steuerabzug: 50% von 12% = 6%

$$\text{Diskontierungszinssatz} = \frac{19\% * 40 + 6\% * 60}{100} = 11{,}2\%$$

5) Zusätzliche Erlöse sind relevante Einnahmen. Neben Mengen- sind auch Preisänderungen zu berücksichtigen.

6) Innerhalb des Planungszeitraumes anfallende Kosten für Anpassungsmaßnahmen sind relevante Ausgaben bei der Wirtschaftlichkeitsbetrachtung.

Im allgemeinen kann davon ausgegangen werden, daß sich bei der Umstellung von Einzweckmechanisierung zum Industrieroboter-Arbeitssystem die Kosten für spätere Anpassungsmaßnahmen verringern. Im Gegensatz dazu wird sich dieser Aufwand beim Ersatz des Menschen durch den Industrieroboter erhöhen. Der Sachverhalt wird durch die Gleichung (12) und (13) deutlich.

Kapitalwertmethode

Als Beispiel für die dynamischen Investitionsrechnungsverfahren soll die Kapitalwertmethode (present value method) dienen. Das Vorteilhaftigkeitskriterium dieses Verfahrens ist die absolute Höhe der Kapitalwerte der Einnahmen und Ausgaben. Die Investition ist dann vorteilhaft, wenn der Kapitalwert größer oder gleich Null ist. Die Gleichung für den Kapitalwert lautet /7/:

$$C_0 = -a_0 + \frac{e_1-a_1}{(1+\frac{p}{100})} + \frac{e_2-a_2}{(1+\frac{p}{100})^2} + \dots + \frac{e_n-a_n}{(1+\frac{p}{100})^n} + \frac{1}{(1+\frac{p}{100})^n} \tag{43}$$

mit:

C_0 = Kapitalwert
a_0 = Kapitaleinsatz
$e_1 \ldots e_n$ = Einsparungen in den jeweiligen Perioden
$a_1 \ldots a_n$ = Kosten in den jeweiligen Perioden
l = Restwert nach Ablauf der Nutzungsdauer
p = Diskontierungssatz
n = Planungszeitraum.

Die Gleichung beruht auf folgenden Annahmen:

- der Kapitaleinsatz erfolgt in einer Summe im Bezugszeitpunkt,
- die Ausgaben entstehen jeweils zu Beginn, die Einnahmen jeweils am Ende einer Periode.

Der Wahl des Planungszeitraumes kommt erhebliche Bedeutung zu. Mit steigender Periodenzahl wächst die Anzahl der jährlichen Einsparungen, was zu einem immer höheren Kapitalwert führt. Zum einen ist die Wahl eines längeren Planungszeitraumes notwendig, um die Auswirkungen der langfristigen Flexibilität zu quantifizieren, zum anderen muß er aber in jedem Fall geringer als die Lebensdauer des Industrieroboters sein. Dieser Problematik wird dadurch begegnet, daß die dynamische Amortisationszeit als Risikoabschätzung bestimmt wird. Sie ist dann erreicht, wenn die Summe aller diskontierten Einsparungen über den diskontierten Ausgaben dem Kapitaleinsatz entspricht.

Die Gleichung dazu lautet:

$$a_0 = \frac{e_1 - a_1}{\left(1 + \frac{p}{100}\right)} + \frac{e_2 - a_2}{\left(1 + \frac{p}{100}\right)^2} + \ldots + \frac{e_t - a_t}{\left(1 + \frac{p}{100}\right)^t} \qquad (44)$$

mit:
t = dynamische Amortisationszeit

Für die Bestimmung des Kapitalwertes und der dynamischen Amortisationszeit erscheint die Tabellenform am geeignetsten. In Bild 4.1-10 wird dafür ein Schema vorgeschlagen.

(1) Planungszeitraum	(Jahre)								
(2) Diskontierungssatz	(%)								
(3) Inflationsrate	Jahr	0	1	2	3	4	5	6	7
	%								
(4) Kapitaleinsatz (5) Restwert (6) Kosten (7) Personaleinsparung (8) Erlössteigerung (9) Differenz der Kosten für Anpassungsmaßnahmen(Δb) (10) sonstige Einsparungen	[DM/a]								
(11) Netto-Einzahlungen/Auszahlungen(Rückflüsse)	[DM/a]								
(12) Diskontierungsfaktor	[–]								
(13) Barwert der Rückflüsse	[DM/a]								

Bild 4.1-10: Schema zur Berechnung des Kapitalwertes der dynamischen Amortisationszeit

Folgende Erläuterungen zu den einzelnen Posten erscheinen notwendig:

zu (3): Die Inflationsrate berücksichtigt Preissteigerungen, indem die Werte für Kosten, Einsparungen und Erlössteigerungen mit dem geschätzten Prozentsatz multipliziert werden.

zu (4): Der Kapitaleinsatz erfolgt zum Planungszeitpunkt und wird daher nicht herabdiskontiert.

zu (5): Der Restwert wird am Ende des Planungszeitraumes angesetzt. Er wird nur dann berücksichtigt, wenn der voraussichtliche Liquidationserlös die Abbruchkosten übersteigt.

zu (11): Die Netto-Einzahlungen bzw. Auszahlungen (Rückflüsse) sind die Summen der Positionen (4) bis (10).

zu (12): Der Diskontierungsfaktor ist für verschiedene Zinssätze der einschlägigen Literatur zu entnehmen /8/.

Die Anwendung des Schemas soll in einem Zahlenbeispiel deutlich gemacht werden.

Ein teilmechanisiertes Arbeitssystem wird durch den Einsatz des Industrieroboters automatisiert. Als Kapitaleinsatz werden insgesamt

DM 300.000 veranschlagt. Ein Restwert wird nicht berücksichtigt. Die jährlichen, durch den Industrieroboter verursachten Kosten belaufen sich auf DM 20.000, die Personaleinsparungen auf jährlich DM 100.000. Die Erlössteigerung schlägt pro Jahr mit DM 10.000 zu Buche. Im dritten und sechsten Jahr wird ein Produktwechsel erwartet, wodurch beim herkömmlichen Arbeitssystem Kosten für Anpassungsmaßnahmen in Höhe von DM 70.000 (b_{alt}), beim Industrieroboter-Arbeitssystem von DM 30.000 (b_{neu}) entstehen. Als Differenz der Kosten für Anpassungsmaßnahmen $b = b_{alt}-b_{neu}$ ergeben sich DM 40.000. Der Planungszeitraum soll sieben Jahre umfassen; der Diskontierungssatz wird mit 10%, die jährliche Inflationsrate mit 5% angesetzt. In Bild 4.1-11 erfolgt die Berechnung des Kapitalwertes und der dynamischen Amortisationszeit.

(1) Planungszeitraum	(Jahre)	7							
(2) Diskontierungssatz	(%)	10							
(3) Inflationsrate	Jahr	0	1	2	3	4	5	6	7
	%		5	5	5	5	5	5	5
(4) Kapitaleinsatz	[DM/a]	300							
(5) Restwert	[DM/a]								—
(6) Kosten	[DM/a]		20,0	21,0	22,0	23,2	24,3	25,6	26,8
(7) Personaleinsparung	[DM/a]		100,0	105,0	110,3	115,8	121,6	127,6	134,0
(8) Erlössteigerung	[DM/a]		10,0	10,5	11,0	11,6	12,2	12,8	14,4
(9) Differenz der Kosten für Anpassungsmaßnahmen(Δb)	[DM/a]		—	—	40,0	—	—	40,0	—
(10) sonstige Einsparungen	[DM/a]		—	—	—	—	—	—	—
(11) Netto-Einzahlungen/Auszahlungen(Rückflüsse)	[DM/a]	-300	90,0	94,5	139,3	104,2	109,5	154,8	120,6
(12) Diskontierungsfaktor	[–]	1,0000	0,9091	0,8264	0,7531	0,6830	0,6209	0,5645	0,5132
(13) Barwert der Rückflüsse	[DM/a]	-300	81,8	78,1	104,7	71,2	68,0	87,4	61,9

Bild 4.1-11: Berechnung des Kapitalwertes und der dynamischen Amortisation

4.1.5 Nicht quantifizierbare Einflußgrößen

Der Schwerpunkt der bisherigen Ausführungen lag in dem Vergleich monetärer Einflußgrößen (Personalkosten, Abschreibung usw.) durch die Anwendung von Investitionsrechnungsverfahren. Dabei wurde versucht, schwer zu quantifizierende Einflußgrößen in die Verfahren einzubeziehen (Fluktuation, Flexibilität, Qualität). Bei der Beurteilung des Industrieroboter-Einsatzes müssen jedoch auch nicht quantifizierbare Einflußgrößen mit berücksichtigt werden. Wesentliche nicht-quanitifizierbare Einflußgrößen sind in Bild 4.1-12 dargestellt. Berücksichtigung können derartige Aspekte in einer Nutzwertanalyse finden.

NUTZWERT-ERMITTLUNG GW × E = TN

	KRITERIEN	GW	Alt. I E	Alt. I TN	Alt. II E	Alt. II TN	Alt. III E	Alt. III TN	Alt. IV E	Alt. IV TN
PERSONENBEZOGEN	REDUZIERUNG DER PHYSISCHEN UND PSYCHISCHEN BELASTUNG	14	10	140	8	112	6	84	6	84
	ERHÖHUNG DER ARBEITSINHALTE	8	8	64	8	64	4	32	2	16
	VERBESSERUNG DER ARBEITSUMGEBUNG	6	8	48	8	48	8	48	8	48
	MÖGLICHKEIT ZUR KOOPERATION UND KOMMUNIKATION	6	10	60	10	60	8	48	2	12
	ERHÖHUNG DER ARBEITS-SICHERHEIT	20	10	200	10	200	10	200	10	200
	MÖGLICHKEITEN FÜR FLEXIBLE ARBEITSZEIT	2	4	8	4	8	4	8	4	8
	PERSONENBEZOGENER TEILNUTZEN	GW × E =		520		492		420		368
SACHBEZOGEN	ERHÖHUNG DER FLEXIBILITÄT BZGL. TYPEN- UND VARIANTENVIELFALT	12	8	96	8	96	6	72	6	72
	ERHÖHUNG DES QUALITÄTSNIVEAUS	14	10	140	10	140	8	112	6	84
	VERBESSERUNG DES MATERIALFLUSSES	13	10	130	10	130	6	78	6	78
	ERHÖHUNG DER INSTANDHALTUNGS- UND WARTUNGSFREUNDLICHKEIT	2	8	16	8	16	8	16	8	16
	REDUZIERUNG ABLAUFORGANISAT. REIBUNGSVERLUSTE	13	8	104	8	104	4	52	4	52
	SACHBEZOGENER TEILNUTZEN	GW × E =		486		486		330		302

GW = GEWICHTUNGSFAKTOR
E = ERFÜLLUNGSGRAD
TN = TEILNUTZEN

Bild 4.1-12: Beispiel für die Nutzwertermittlung mit nicht-quantifizierbaren Kriterien

Nutzwertanalyse

Im ersten Abschnitt des Planungsprozesses wurde im Rahmen der Zieldefinition ein Anforderungsprofil für das neu zu gestaltende Arbeitssystem erstellt. Die ermittelten Anforderungskriterien und deren Gewicht können jetzt als Basis für eine Bewertung alternativer Arbeitssysteme im Hinblick auf ihren Nutzwert herangezogen werden.

Die Arbeitssystemwerte der Alternativen ergeben sich aus der Summation der Einzel-Nutzen, die sich als Produkt aus Gewichtungs- und Erfüllungsfaktor darstellen. Je nach Grad der Erfüllung (nicht ausreichend bis sehr gut) werden entsprechende Erfüllungsfaktoren E (Punktwert 1 - 10) vergeben. Da die Ausprägung der Erfüllungsfaktoren stark vom subjektiven Einschätzungsvermögen des/der Planer(s) abhängt, sollten mehrere Planer aus verschiedenen Fachgebieten die Erfüllungsfaktoren gemeinsam festlegen. Nach erfolgter Systembewertung und abgeschlossener Wirtschaftlichkeitsbetrachtung werden die alternativen Arbeitssystemwerte einander gegenübergestellt. In graphisch dargestellter Form bietet diese Vorgehensweise die Grundlage für eine endgültige Auswahl der optimalen Alternative durch den Entscheidungsträger.

4.1.6 Zusammenfassung

Für eine optimale Investitionsentscheidung für Industrieroboter ist es erforderlich, neben Kosten- und Leistungsgrößen auch solche Effekte in die Betrachtung mit einzubeziehen, die sich nur schwer in Geld ausdrücken lassen. Dabei muß der Flexibilität als wesentliche Eigenschaft des Industrieroboters besondere Bedeutung zukommen.

Das Ziel der Arbeit war die Ermittlung und Aufbereitung von Kriterien, die bei der Investitionsentscheidung für Industrieroboter als Entscheidungshilfen und Entscheidungsgrundlagen dienen. Die vorgeschlagenen Schemata für statische und dynamische Investitionsrechnungsverfahren stellen dazu konkrete Handlungsinstrumente dar.

4.2 Feinplanung von Industrierobotersystemen

4.2.1 Einleitung

Schwergewicht dieses vorliegenden Beitrags stellt die Feinplanung der Arbeitssystemkomponenten und die detaillierte Auslegung der Arbeitsplätze bei Industrierobotereinsätzen dar.

Die Zielsetzung - Schaffung eines aufgabengerechten, optimalen Zusammenwirkens von Mensch, Industrieroboter, Arbeitsgegenstand durch zweckmäßige Organisation und technischer Beachtung der menschlichen

Leistungsfähigkeit und Bedürfnisse - steht mit im Vordergrund der Betrachtungen.

Während die Arbeitssystemgestaltung entsprechend ihrem übergreifenden Charakter durch technische und organisatorische Maßnahmen eher übergeordnet diese Zielsetzung zu erfüllen sucht, beispielsweise durch die Festlegung des Automatisierungsgrads, der Auslegung von Verkettungseinrichtungen oder durch die Bestimmung der Arbeitsorganisation (Gruppengröße, Arbeitsumfänge, etc.), wird neben der technischen Feinplanung die Arbeitsplatzgestaltung o.g. Forderungen gerecht, indem speziell im Hinblick auf eine menschengerechte Systemgestaltung detailliert folgende Punkte berücksichtigt werden: Anthropometrische Daten, physiologische Größen, arbeitspsychologische Erkenntnisse, informations- und sicherheitstechnische Gestaltungsmaßnahmen.

4.2.2 Technische Feinplanung der Arbeitsstationen

Die Ausarbeitung der ausgewählten Konzeptvarianten zu technischen Gesamtlösungen beginnt mit der Kritik der am Arbeitsplatz eingesetzten Fertigungsmittel. Ziel dieser Kritik ist es, sämtliche Änderungsmaßnahmen zusammenzustellen, die beim Übergang vom manuellen zum automatisierten Zustand zu treffen sind.

Hierbei ist zu unterscheiden nach Änderungsmaßnahmen, die die Automatisierung

- des Bearbeitungsprozesses,
- der Abfallabfuhr und Hilfsstoffzufuhr und
- der Prüffunktionen
  (bzgl. Werkstück, Werkzeug und Betriebsbedingungen)

zum Ziel haben.

Bei nicht ausreichendem Automatisierungsgrad eines Fertigungsmittels sind anhand des aufgestellten Maßnahmenkatalogs geeignete technische Lösungen zur nachträglichen Automatisierung zu erarbeiten und die dafür erforderlichen finanziellen Aufwendungen abzuschätzen.

Diese sind den Kosten für eine Neuanschaffung des entsprechenden Fertigungsmittels gegenüberzustellen, um zu entscheiden, ob im gegebenen

Fall eine nachträgliche Automatisierung oder die Anschaffung eines neuen Fertigungsmittels günstiger ist.

Während sich zur nachträglichen Automatisierung der Bearbeitung und Prüfung je nach Fertigungsmitteltyp und Automatisierungsgrad eine Vielzahl sehr unterschiedlicher Lösungsmöglichkeiten anbietet, steht zur Automatisierung der Hilfsstoffzufuhr und Abfallabfuhr nur eine beschränkte Anzahl von Lösungsalternativen zur Auswahl.

Bei der Automatisierung der Abfallabfuhr bereiten in der Regel nur feste Stoffe Schwierigkeiten. Sie können grundsätzlich auf die folgende Weise entfernt werden:

- mechanisch,
- durch Magnetkraft,
- durch Ausblasen,
- durch Absaugen,
- durch Ausschwemmen,
- mittels Schwerkraft.

Für die nachträgliche Installation an bereits in der Fertigung eingesetzten Maschinen kommen i.a. nur die vier zuerst genannten Möglichkeiten in Frage. Die beiden letzten müssen bereits bei der Maschinenkonzeption berücksichtigt werden /9/.

Von besonderem Interesse für die weitere Einsatzplanung ist die Frage, ob Industrieroboter zur Hilfsstoffzufuhr oder Abfallabfuhr eingesetzt werden sollen. Hierbei ist zu beachten, daß bei einer Entscheidung zwischen mehreren technischen Lösungen der Industrieroboter nur dann gewählt werden sollte, wenn die Bedingungen an dem gegebenen Arbeitsplatz häufig wechseln oder Industrieroboter mit der Ausführung der Werkstückhandhabungsfunktion nicht ausgelastet sind.

4.2.3 Industrieroboterauswahl

Die Auswahl geeigneter Industrieroboter muß, wie vorne gezeigt, in zwei Stufen erfolgen. Eine Vorauswahl ist vor der Planung der Maschinenaufstellung anhand der "layoutunabhängigen" Anforderungen vorzunehmen. Die endgültige Auswahl ist nach Abschluß der Planung der Maschinenaufstellung zu treffen.

Aufgrund der bisherigen Arbeitsschritte liegen die mittels eines Industrieroboters zu automatisierenden Handhabungsfunktionen sowie die eventuell auszuführenden Nebenfunktionen (Hilfsstoffzufuhr, Abfallabfuhr) fest. Ausgehend von diesen Ergebnissen, sowie den in der Arbeitsplatzanalyse erfaßten Daten können die layoutabhängigen Anforderungen formuliert werden. Dies sind im wesentlichen Anforderungen, die sich auf nicht geometrische Gerätegrößen, wie die Traglast, die Art des Antriebs, der Steuerung oder der Programmierung beziehen. Sie können jedoch auch Forderungen an geometrische Größen beinhalten, sofern diese aus den gegebenen Werkzeug- oder Maschineneigenschaften resultieren und damit von Änderungen der Maschinenaufstellung unbeeinflußt bleiben.

Die layoutunabhängigen Anforderungen sind zusammen mit betriebsspezifischen Wunschvorstellungen hinsichtlich der Geräteausführung in einem Pflichtenheft zusammenzufassen. Der Umfang des Pflichtenheftes hängt dabei wesentlich von der gegebenen Maschinenaufstellung ab. Einen Überblick über die wichtigsten zu beschreibenden Gerätemerkmale gibt Bild 4.2-1. Diese sollen nachfolgend erläutert werden.

4.2.3.1 Nutzbarer Arbeitsraum

Die Form des Arbeitsraumes eines Industrieroboters wird durch Anzahl, Art und Anordnung seiner Grundachsen bestimmt. Seine Größe und die darin während eines Zykluses anzufahrenden Punkte werden durch Angabe der erforderlichen Verfahrwege, Reichweite und Positionen je Achse gekennzeichnet.

4.2.3.2 Greiferachsen

Greiferachsen oder Nebenachsen sind erforderlich, um die Handhabungsgegenstände in die geforderten Lagen zu drehen sowie kleine translatorische Bewegungen auszuführen. Darüberhinaus sind sie notwendig, wenn zur Verkürzung der Nebenzeiten zwei oder mehrere Greifer eingesetzt werden, die über funktional nicht notwendige Achsen verbunden sind.

MERKMAL	BEISPIEL
Nutzbarer Arbeitsraum	
- Rotationsachsen	C
- Verfahrenachsen	X, Z
- Schwenkwinkel (A, B, C) (°)	—, —, 240
- Verfahrwege (X, Y, Z) (mm)	1200, —, 800
- Reichweite (X, Y, Z) (mm)	2000, —, 1600,
- Anfahrbare Positionen (X, Y, Z, A, B, C)	40, —, 5, —, —, 40
Greiferachsen	
- Rotationsachsen	A, C
- Translationsachsen	Y
Tragfähigkeit (kg)	50
Positionierfehler (mm)	1,0
Geschwindigkeit	
- Der Translationsachsen X, Y, Z (mm/s)	1000, —, 500
- Der Rotationsachsen A, B, C (°)	—, —, 90
Ausführbarer Funktionsumfang	
- Art der Steuerung	Punktsteuerung
- Programmlänge	60 Programmschritte
- Anzahl der Unterprogramme	3
- Anzahl der Ein- und Ausgänge von Signalen	15, 10
- Greifer	Doppelgreifer
Schutz gegen Umwelteinflüsse	Abkapselung gegen Hitze
Einbaulage	Über-Kopf

Bild 4.2-1: Wichtige Merkmale zur Auswahl geeigneter Industrieroboter

4.2.3.3 Nennlast

Die Nennlast berechnet sich aus der Werkzeuglast und der Nutzlast. Sie ist definiert in VDI 2861.

4.2.3.4 Geschwindigkeit

Konkrete Anforderungen bzgl. der Geschwindigkeiten sollten nur dann gestellt werden, wenn an dem untersuchten Arbeitsplatz funktional bedingte Maximalgeschwindigkeiten auftreten. Dies ist jedoch die Ausnahme. Im allgemeinen wird in bezug auf einen Arbeitsplatz nur verlangt, daß die Bewegungen so schnell wie möglich ausgeübt werden. In diesem Fall sollte die Industrieroboterauswahl zunächst abhängig von den Verfahrgeschwindigkeiten durchgeführt werden. Für die ausgewählten Lösungen sollten anschließend mit den speziellen Gerätekenndaten die erreichbaren Verfahrzeiten berechnet werden. Mit Hilfe dieser Ergebnisse können dann die jeweils erreichbaren Mengenleistungen ermittelt und durch Vergleich mit der Mengenleistung des Istzustandes eine engere Geräteauswahl getroffen werden.

4.2.3.5 Ausführbarer Funktionsumfang

Der Funktionsumfang wird durch vier Angaben, die die Steuerung des Gerätes betreffen, definiert und zwar:

1. Art der erforderlichen Steuerung
2. Programmlänge
3. Unterprogramme
4. Verkettungsfähigkeit.

Die Steuerungsarten werden in Punkt- und Bahnsteuerungen (PTP,CP) unterschieden. Die Entscheidung, welche dieser Steuerungsarten für eine Aufgabe benötigt wird, kann aus einer Ist-Zustands-Analyse entschieden werden. Für Werkstückhandhabungsaufgaben reichen in der Regel PTP-Steuerungen aus. Die Programmlänge wird bei Bahnsteuerungen in Minuten, bei Punktsteuerungen in der Anzahl von Programmschritten angegeben. Während sich die Programmlänge einer Bahnsteuerung aus der Zyklusdauer des Handhabungsvorganges ergibt, folgt sie bei Punktsteuerung aus der Anzahl der anzufahrenden Positonen während des Arbeitszykluses. Während in der Vergangenheit die speicherbare Programmlänge oftmals vor allem in der lacktechnischen Anwendung ein Problem darstellte, ist dies heute durch moderne Methoden weitgehend gelöst.

Für Abschnitte im Bewegungsablauf des Industrieroboters,

- die sich mehrfach während eines Zyklus wiederholen,
- die unabhängig von vorausgehenden oder nachfolgenden Ablaufschritten sind (Beispiel: Be- und Entladen einer nicht verketteten Maschine bei Mehrmaschinenbedienung),
- die nicht ständig ausgeführt werden (Beispiel: Einsprühen von Gesenken nach jedem 3. Bearbeitungsvorgang),
- die regelmäßige Veränderungen erfahren (Beispiel: Palettieren von Werkstücken),

ist es wegen des dadurch verringerten Speicherbedarfs und Programmieraufwandes oft zweckmäßig, Unterprogramme zur Verfügung zu haben, die beliebig aufgerufen werden können. Die Zweckmäßigkeit kann aus den Bewegungsablaufanalysen abgeleitet werden. Industrieroboter wirken immer mit einem oder mehreren Fertigungsmitteln zusammen. Zur zeitlichen Koordination der Arbeitsabläufe sowie zur Kontrolle bestimmter Zustände müssen die Steuerungen aller betroffenen Elemente des Arbeitsplatzes miteinander in Verbindung stehen, d.h. verkettet werden. An der Steuerung des Handhabungsgerätes sind hierfür ausreichend viele Signaleingänge und -ausgänge vorzusehen. Ihre Anzahl wird aus dem Funktionsablauf heraus sowie der Anzahl vorgesehener Kontrolleinrichtungen bestimmt.

Aufgrund des Pflichtenheftes sind anschließend geeignete käufliche Handhabungsgeräte aus dem Marktangebot auszuwählen. Ein Überblick über das komplette Marktangebot an Industrierobotern liegt vor /10/. Es existiert eine Rechnerdatei, in der von den am bundesdeutschen Markt vertriebenen Geräten jeweils ca. 90 charakteristische Merkmale abgespeichert sind. Gleichfalls wurde am IPA ein Serviceprogramm erstellt, welches automatisch für ein gegebenes Anforderungsprofil die Geräteauswahl vornimmt. Dieser Vorgang wäre bei manueller Vorgehensweise aufgrund der großen Typenvielfalt sehr zeitaufwendig.

4.2.4 Auswahl der Geräteperipherie

Durch den Industrieroboter können nur in Ausnahmefällen sämtliche an einem Arbeitsplatz auszuführende Handhabungsfunktionen automatisiert werden. In der Mehrzahl der Planungsfälle wird sich der Einsatz weiterer Handhabungseinrichtungen als notwendig erweisen, um eine Vollautomatisierung zu erzielen. Diese unter dem Begriff der "Geräteperipherie" zusammenfassbaren Einrichtungen gilt es, soweit sie nicht direkt von der Gestaltung des Layouts abhängen, im nächsten Planungsschritt auszuwählen.

Die Geräteperipherie kann in Anlehnung an die VDI 2860 eingeteilt werden in Einrichtungen zum Speichern; Verändern der Menge, Position und Orientierung; zum Sichern und Kontrollieren. Beispielhaft werden die beiden wichtigsten Peripheriegruppen Speichereinrichtungen und Ordnungseinrichtungen näher beschrieben.

4.2.4.1 Speichereinrichtungen

Der Einsatz von Speicher- oder Magazineinrichtungen in der Fertigung unterscheidet sich durch die unterschiedlichen Eingliederungsformen in den Materialfluß (Bild 4.2-2). Sind die Magazine ortsfest und in den Materialfluß eingebunden, so bezeichnet man die Magazine als integrierte Magazineinrichtungen. Stehen die Magazine einzeln und auswechselbar neben den Fertigungseinrichtungen, so werden die Magazine als separate Magazineinrichtungen bezeichnet.

Das Magaziniersystem als Gesamtkonzept

Flachmagazine sind als separate Werkstückspeicher in der Fertigung selbständig nicht sinnvoll einsetzbar, da im Gegensatz zu den integrierten Werkstückspeichern ohne zusätzliche Systemkomponenten der Materialfluß nicht aufrechterhalten werden kann. Deshalb müssen sie in ein Magaziniersystem (Bild 4.2-3) eingegliedert werden. Diese Magaziniersysteme bestehen in der Regel aus den Komponenten:

- Magazin für die Werkstückspeicherung
- Ladeeinrichtung für das Be- und Entladen der Werkstücke
- Decodiereinrichtung für die Erkennung von unterschiedlichen Magazinen
- Transport- und Speichereinrichtung für die Bereitstellung der Magazine.

Die Flexibilität wird von allen Teilsystemen eines Magaziniersystems gleichermaßen gefordert.

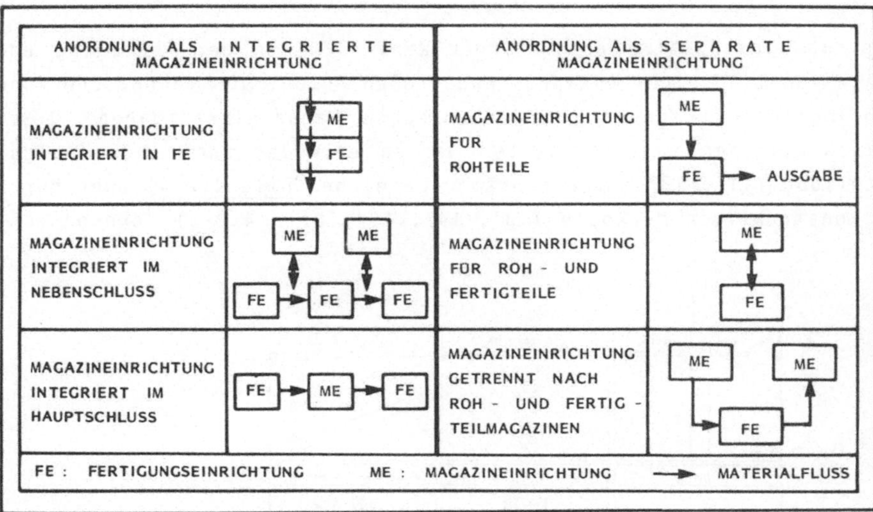

Bild 4.2-2: Eingliederungsformen von Magaziniereinrichtungen

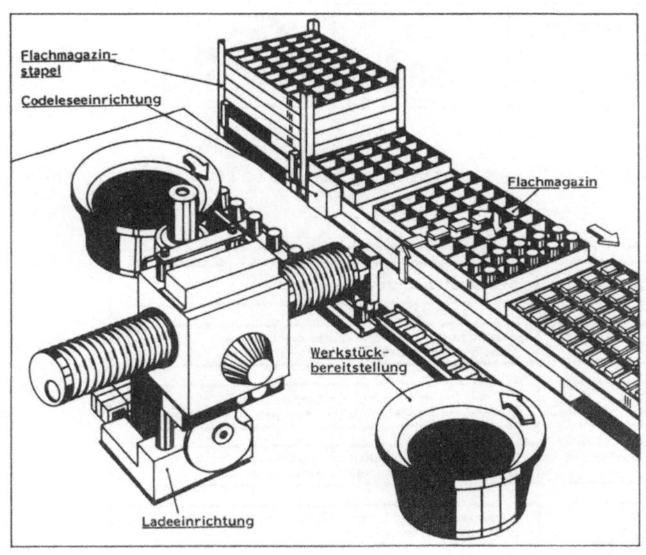

Bild 4.2-3: Magaziniersystem für das Beladen von Flachmagazinen mit unterschiedlichen Werkstücken

Kennzeichen von Magaziniereinrichtungen

Die große konstruktive Vielfalt der Werkstücke in der Fertigung und Montage führt zu einer entsprechend großen Anzahl von technischen und technologischen Lösungen für verschiedene Magazinieraufgaben. Diese unterschiedlichen Magazinarbeiten werden entweder nach ihrer Aufgabenstellung /11/,/12/ durch Funktionsbereiche (Bild 4.2-4) oder durch ihre konstruktiven Merkmale /13/,/14/,/15/ (Bild 4.2-5) gekennzeichnet.

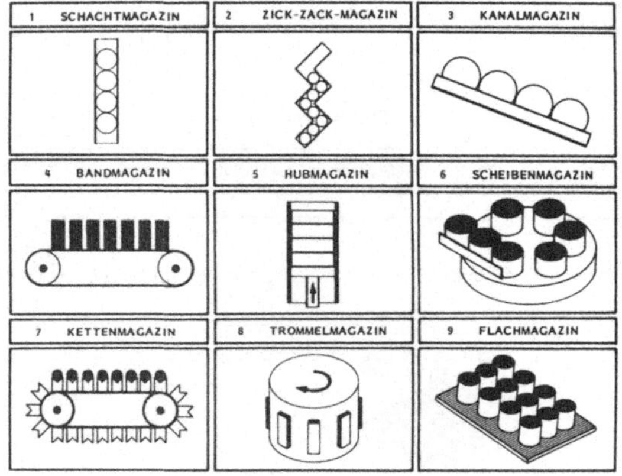

Bild 4.2-4: Konstruktive Ausführungsbeispiele von Magazinen

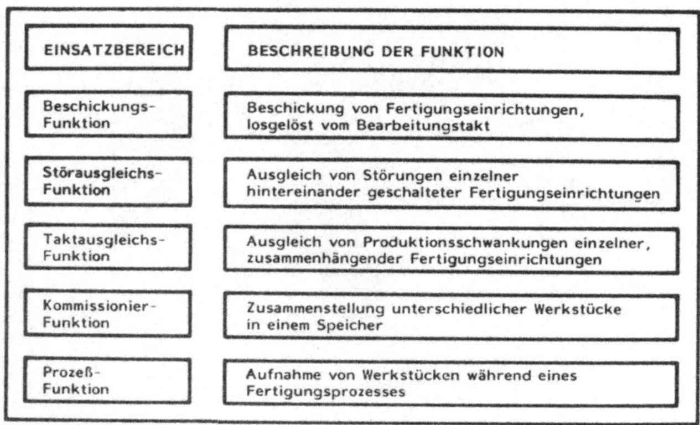

EINSATZBEREICH	BESCHREIBUNG DER FUNKTION
Beschickungs-Funktion	Beschickung von Fertigungseinrichtungen, losgelöst vom Bearbeitungstakt
Störausgleichs-Funktion	Ausgleich von Störungen einzelner hintereinander geschalteter Fertigungseinrichtungen
Taktausgleichs-Funktion	Ausgleich von Produktionsschwankungen einzelner, zusammenhängender Fertigungseinrichtungen
Kommissionier-Funktion	Zusammenstellung unterschiedlicher Werkstücke in einem Speicher
Prozeß-Funktion	Aufnahme von Werkstücken während eines Fertigungsprozesses

Bild 4.2-5: Einsatzbereiche von Magaziniereinrichtungen

Klassifizierung von Magaziniereinrichtungen

Für Entwickler, Planer und Anwender von Handhabungseinrichtungen sind Klassifizierungen und darauf aufbauende Auswahlkataloge käuflicher Geräte von großer Bedeutung. So gibt es für den Bereich der programmierbaren Handhabungsgeräte und deren Baueinheiten bereits Kataloge /10/. Auch der Bereich der Zubringegeräte allgemein wurde in Katalogform aufgearbeitet /16/. Trotz dieser schon weit differenzierten Kataloge, findet man in der Literatur keine einheitliche Klassifizierung von Werkstückspeichern /17/. Im wesentlichen werden in diesen Arbeiten Magazineinrichtungen entweder durch mögliche Bewegungen von Werkstück und Magazin oder aber mittels der Konstruktionsmerkmale klassifiziert. Diese Einteilungen sind aber für eine Auswahl nicht ausreichend. Hierzu ist es erforderlich, weitere Klassifizierungsmerkmale zu berücksichtigen und diese miteinander zu verknüpfen.

Eine umfassende Beschreibung der Eigenschaften von Magazinen kann durch die folgenden Merkmale erfolgen:

- Beschreibung des Ordnungszustandes
- Werkstückbewegung
- Art der Werkstückbewegung

Mit diesen Klassifizierungsmerkmalen läßt sich ein Relevanzbaum mit drei Ebenen erstellen (Bild 4.2-6).

Flexibilität von Magazineinrichtungen

Auf dem Gebiet der Magaziniertechnik findet man eine große Anzahl an Magazinen, die auf definierte Werkstücke abgestimmt sind und nur sehr wenige Ausführungen, die auch Werkstücke mit unterschiedlicher Form, verschiedenen Maßen und verschiedenen Eigenschaften magazinieren können /18/,/19/. Nach Bild 4.2-7 unterscheidet man vier Flexibilitätsstufen /20/,/21/.

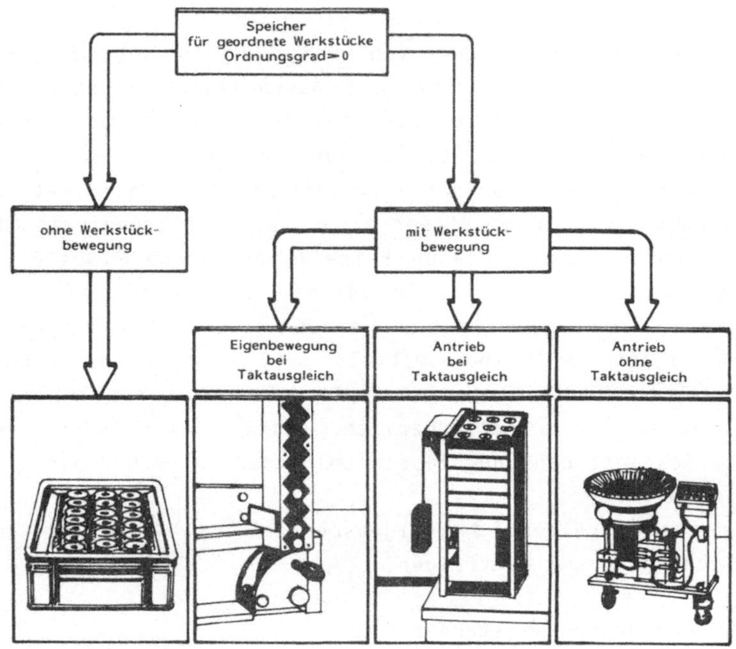

Bild 4.2-6: Relevanzbaum für Magazineinrichtungen

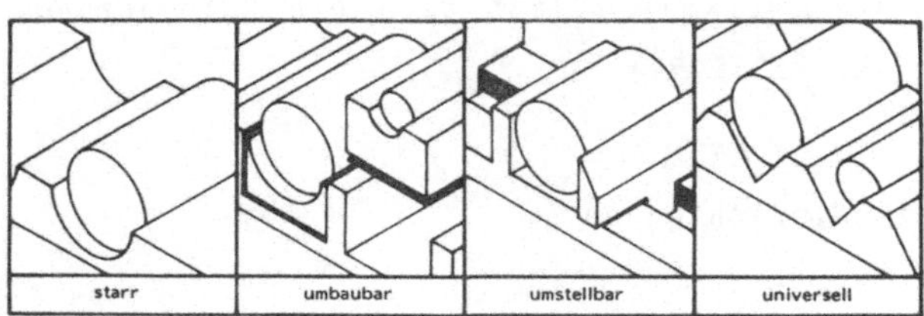

Bild 4.2-7: Flexibilitätsstufen von Magazineinrichtungen

4.2.4.2 Ordnungseinrichtungen

Funktionsbeschreibung

Ordnungseinrichtungen sind wichtige Bestandteile eines Handhabungssystems. Sie sind die Bindeglieder zwischen dem innerbetrieblichen Fördersystem und einem PHG bzw. dem Fertigungsmittel. Sie haben die

Aufgabe, das in einem Bunker ungeordnet angelieferte Handhabungsgut aus diesem auszutragen, zu ordnen und zuzuteilen, d.h. das Handhabungsgut in der richtigen Menge, in einer definierten Position und zum richtigen Zeitpunkt bereitzustellen. In Bild 4.2-8 sind die sechs Baugruppen eines Ordnungssystems dargestellt und ihre Funktion kurz beschrieben.

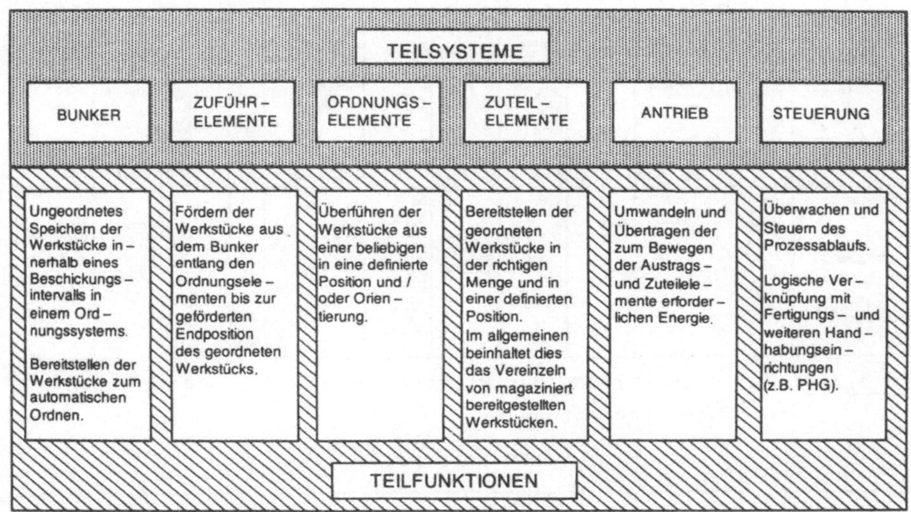

Bild 4.2-8: Teilsysteme eines Ordnungssystems

Formen konventioneller Ordnungseinrichtungen

Aus der Literatur /22, 23,24/ sind sehr viele unterschiedliche Prinziplösungen für Ordnungseinrichtungen bekannt. Aber nur wenige dieser Prinzipien sind bzw. werden auch realisiert. Dies liegt zum einen daran, daß die einzelnen Lösungen nur für ein ganz spezielles Werkstück und/oder für eine spezielle Ordnungsaufgabe eingesetzt werden können, zum anderen handelt es sich um konstruktiv sehr aufwendige Lösungen, die oftmals nicht wirtschaftlich sind. In Bild 4.2-9 und 4.2-10 sind die am häufigsten eingesetzten Ordnungseinrichtungen zusammengestellt und anhand ihrer Geräte- und Werkstückkenngrößen beschrieben.

FUNKTIONSPRINZIP	FUNKTIONSBESCHREIBUNG	GERÄTEKENNGRÖSSEN				WERKSTÜCKKENNGRÖSSEN				
		Antrieb	Steuerung	Umrüstbarkeit	Ausführung	Verhaltenstyp	Maximale Abmessung	Maximale Masse	Ruhe- und Förderverhalten	Physikalische Eigenschaften
Vibrationswendelförderer 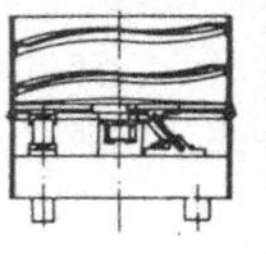	Ein mit einer Wendel versehener Fördertopf wird über ein geeignetes Antriebssystem zu sinusförmigen Schwingungen angeregt. Dadurch werden die im Fördertopf und die auf der Förderwendel liegenden Werkstücke in eine Microwurfbewegung versetzt, aus dem Topf ausgetragen und gleichzeitig durch entsprechende Ordnungselemente, geordnet.	elektromagnetisch pneumatisch	elektrisch, abhängig von nachgeschalteten Handhabungseinrichtungen bzw. Fertigungsmitteln.	nicht auf andere Werkstücke umrüstbar.	Vibrationswendelförderer mit zylindrischem oder konischem Fördertopf. Außenwendelförderer	alle, außer Wirr-, Kugel- und Langteile	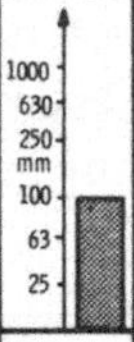 1000, 630, 250 mm, 100, 63, 25	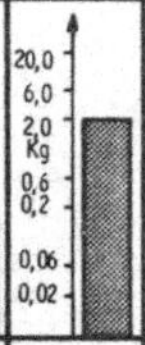 20,0, 6,0, 2,0 Kg, 0,6, 0,2, 0,06, 0,02	Werkstücke dürfen sich nicht verhaken	nicht oberflächen- und bruchempfindlich
Trommelbunker 	Die in einem Trommelbunker ungeordnet gespeicherten Werkstücke werden durch die Drehbewegung der Trommel in geeigneten Mitnehmern, die an deren Innenwand angebracht sind aus dem Werkstückvorrat ausgetragen und unter Schwerkraft einer in die Trommel hineinragenden Austragsschiene zugeführt.	elektromotorisch	elektrisch, abhängig von nachgeschalteten Handhabungseinrichtungen bzw. Fertigungsmitteln.	begrenzt für einen Werkstücktyp mit unterschiedlichen Abmessungen umrüstbar.	Trommelbunker mit horizontaler, vertikaler oder geneigter Drehachse.	Flachteile, Zylinderteile, Blockteile, Pilzteile, zusammengesetzte Formteile, Kugelteile	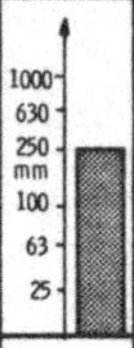 1000, 630, 250 mm, 100, 63, 25	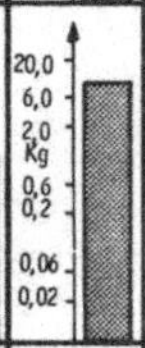 20,0, 6,0, 2,0 Kg, 0,6, 0,2, 0,06, 0,02	Werkstücke dürfen sich nicht verhaken	nicht oberflächen- und bruchempfindlich
Drehtellerbunker 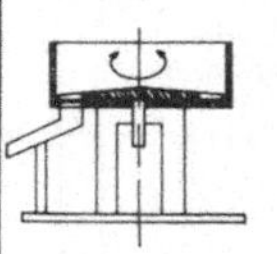	In einem feststehenden Trommelbunker werden die ungeordnet gespeicherten Werkstücke durch formschlüssige Mitnahme oder durch die Zentrifugalkraft eines rotierenden Drehtellers einer Austragsrinne zugeführt.	elektromotorisch	elektrisch, abhängig von nachgeschalteten Handhabungseinrichtungen bzw. Fertigungsmitteln.	nicht auf verschiedene Werkstücke umrüstbar.	Der Drehteller wird als Kegelteller oder als werkstückangepasstes Zellenrad ausgeführt. Drehachse vertikal oder geneigt.	Flachteile, Zylinderteile, Blockteile, Kugelteile	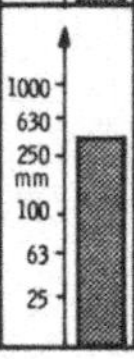 1000, 630, 250 mm, 100, 63, 25	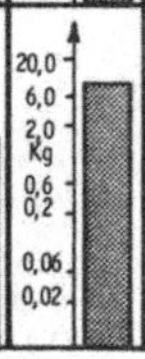 20,0, 6,0, 2,0 Kg, 0,6, 0,2, 0,06, 0,02	Werkstücke müssen ausgeprägte Vorzugslagen aufweisen	nicht oberflächen- und bruchempfindlich

Bild 4.2-9: Zusammenstellung der wichtigsten konventionellen Ordnungseinrichtungen

FUNKTIONSPRINZIP	FUNKTIONSBESCHREIBUNG	GERÄTEKENNGRÖSSEN				WERKSTÜCKKENNGRÖSSEN				
		Antrieb	Steuerung	Umrüstbarkeit	Ausführung	Verhaltenstyp	Maximale Abmessung	Maximale Masse	Ruhe- und Förder.-verhalten	Physikalische Eigenschaften
Schöpfradbunker 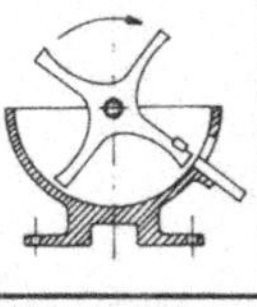	Die im Bunker ungeordnet gespeicherten Werkstücke werden mit einem sich kontinuierlich drehenden Schöpfrad, das mit geeigneten Werkstückaufnahmen versehen ist, ausgetragen und teilgeordnet auf eine Austragsschiene übergeben. Das Schöpfrad taucht dabei kontinuierlich in den Werkstückvorrat ein.	elektromotorisch	elektrisch, abhängig von nachgeschalteten Handhabungseinrichtungen bzw. Fertigungsmitteln.	nicht auf verschiedene Werkstücke umrüstbar	Das Schöpfrad wird werkstückangepaßt als Segmentspitzen-, Hakenrad oder Magnetrotor ausgeführt.	Flachteile, Hohlteile, Pilzteile	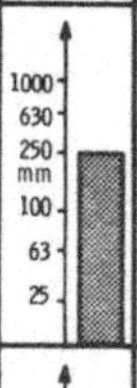 1000, 630, 250 mm, 100, 63, 25	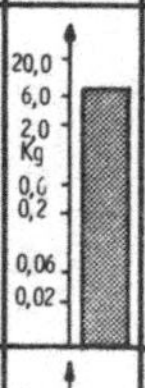 20,0, 6,0, 2,0 Kg, 0,6, 0,2, 0,06, 0,02	Werkstücke müssen hängefähig sein.	nicht oberflächen- und bruchempfindlich magnetisch
Schleppkettenförderer 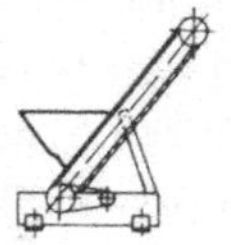	Mit einem umlaufenden Förderband, das mit geeigneten Mitnehmern ausgerüstet ist, werden die im Bunker ungeordnet gespeicherten Werkstücke ausgetragen und teilgeordnet in eine Austragsrinne übergeben.	elektromotorisch	elektrisch, elektropneumatisch, abhängig von nachgeschalteten Handhabungseinrichtungen bzw. Fertigungsmitteln.	nur begrenzt auf andere Werkstücke durch Austausch der Austragsschiene umrüstbar	Senkrecht o. schräg stehendes Platten- o. Gliederband mit Mitnehmerleisten, Aufnahmedorn oder Magnetband. Werkstückauslauf über-Kopf o. seitlich.	Flachteile, Zylinderteile, Blockteile, Pilzteile, Hohlteile, zusammengesetzte Formteile	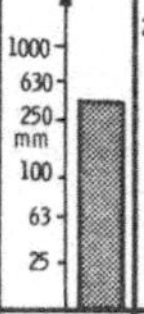 1000, 630, 250 mm, 100, 63, 25	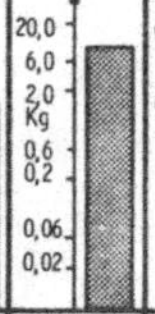 20,0, 6,0, 2,0 Kg, 0,6, 0,2, 0,06, 0,02	Werkstücke müssen roll- und gleitfähig sein.	formstabil und nicht oberflächen- und bruchempfindlich
Schöpfsegmentbunker 	Die im Bunker ungeordnet gespeicherten Werkstücke werden durch alternierende lineare oder kreisförmige Bewegung der Schöpfsegmente aus diesen ausgetragen und teilgeordnet an eine Austragsschiene übergeben.	elektromotorisch pneumatisch	elektrisch, elektropneumatisch, abhängig von nachgeschalteten Handhabungseinrichtungen bzw. Fertigungsmitteln.	nicht auf andere Werkstücke umrüstbar	Schöpfsegmentausführung als Schöpfschwert oder als Hubsegment.	Zylinderteile, Blockteile, Kugelteile	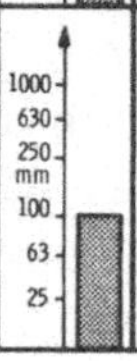 1000, 630, 250 mm, 100, 63, 25	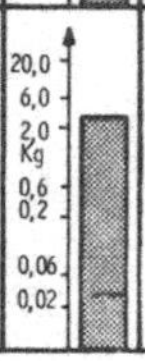 20,0, 6,0, 2,0 Kg, 0,6, 0,2, 0,06, 0,02	Werkstücke müssen ausgeprägte Vorzugslagen aufweisen.	nicht oberflächen- und bruchempfindlich

Bild 4.2-10: Zusammenstellung der wichtigsten konventionellen Ordnungseinrichtungen

4.2.5 Layoutplanung

4.2.5.1 Beschreibung der Einzelaufgaben

Die endgültige Auswahl geeigneter Industrieroboter sowie die vollständige Bestimmung der Geräteperipherie kann erst in Verbindung mit der Layoutplanung erfolgen. Ziel der Layoutplanung ist es, in bezug auf die ausgewählten Handhabungsgeräte die jeweils optimale Anordnung der Arbeitsplatzelemente zu finden. Zur Erreichung dieses Ziels sind verschiedene Teilaufgaben zu lösen.

4.2.5.2 Anzahl der benötigten Industrieroboter

Die Anzahl der Industrieroboter, die für die Automatisierung eines gegebenen Arbeitsplatzes erforderlich ist, ergibt sich maßgebend aus:

- der Zugänglichkeit zu den Fertigungsmitteln,
- der Entferung zwischen den anzufahrenden Positionen sowie
- der erzielbaren Ausbringungsrate und somit
- der erforderlichen Taktzeit.

Da diese Größen von der Gestaltung der Maschinenaufstellung abhängen, ist die Bestimmung der Geräteanzahl nur in Verbindung mit der Layoutplanung möglich. Hierbei muß das Ergebnis in einem Iterationsprozeß gewonnen werden. Vor der Layoutplanung ist anhand des auszuführenden Funktionsumfanges und der geometrischen Gegebenheiten der zu bedienenden Fertigungsmittel (Abstände zwischen den anzufahrenden Positionen, Lage der Ein- und Ausgabekanäle) eine Annahme hinsichtlich der minimal erforderlichen Geräteanzahl zu treffen. Die getroffene Annahme muß dann im Verlauf der Layoutplanung auf ihre Richtigkeit geprüft werden.

Eine Erhöhung der ursprünglich angenommenen Geräteanzahl ist dann erforderlich, wenn keine Maschinenaufstellung gefunden werden kann, bei der sämtliche anzufahrenden Positionen im Arbeitsraum der eingesetzten Industrieroboter liegen oder die berechnete Ausbringungsrate den gestellten Anforderungen nicht genügt. Umgekehrt muß bei einem wesentlichen Überschreiten der erforderlichen Ausbringungsrate bzw. bei einem schlechten Nutzungsgrad der eingesetzten Handhabungsgeräte die Möglichkeit einer Verringerung der Geräteauswahl geprüft werden.

Falls die Notwendigkeit besteht, mehrere Handhabungsgeräte zur Bedienung des Arbeitsplatzes einzusetzen, so ergibt sich als ein wichtiges zusätzliches Problem, die Abstimmung von Umfang und Reihenfolge der von den Einzelgeräten auszuführenden Teilaufgaben. Auch in diesem Fall kann ein optimales Ergebnis nur in einem Iterationsprozeß erzielt werden.

4.2.5.3 Planung der Maschinenaufstellung

Die Planung der Maschinenaufstellung hängt in erster Linie von dem Arbeitsraum und dem Platzbedarf des eingesetzten Handhabungsgerätes ab. Sie muß daher separat für jedes aufgrund der Vorauswahl zur Verfügung stehende Gerät durchgeführt werden.

Das Ziel der Planung muß dabei darin bestehen, die Maschinenaufstellung zu finden, die im Hinblick auf die Kinematik des einzusetzenden Handhabungsgerätes möglichst wenige Bewegungsachsen und kurze Verfahrwege beansprucht.

Diese Anforderungen werden für Handhabungsgeräte mit zylindrischem oder sphärischem Arbeitsraum durch die radiale Anordnung der Fertigungsmittel auf einem oder mehreren konzentrischen Kreisen am besten erfüllt. Für Handhabungsgeräte mit kartesischem Arbeitsraum erweist sich hingegen in diesem Falle die Anordnung der Fertigungsmittel in einer Linie als die günstigste Lösung. Diese Anordnung bietet sich auch beim Einsatz eines verfahrbaren Handhabungsgerätes an. Eine solche Lösung ist dann in Erwägung zu ziehen, wenn ein ortsfester Industrieroboter nicht sämtliche Fertigungsmittel bedienen kann und die Handhabungsabläufe im Vergleich zu den Bearbeitungsvorgängen relativ geringe Zeit beanspruchen (z.B. NC-Maschinenbedienung). Anstelle der Aufstellung in einer Linie empfiehlt sich bei der Verwendung eines verfahrbaren Gerätes noch die Aufstellung des Fertigungsmittels in zwei parallelen Linien. Bei der Lösung wird ein Teil der Verfahrbewegung des Gesamtgerätes durch ein im Hinblick auf die Beschleunigungs- und Verzögerungszeit günstigere Schwenkbewegung um die B- bzw. C-Achse ersetzt. Hierdurch kann oftmals eine im Vergleich zu der Aufstellung "in Linie" kürzere Taktzeit erreicht werden.

Der Realisierung dieser wie auch der anderen handhabungstechnisch günstigen Lösung sind jedoch in der Praxis enge Grenzen gesetzt. Oft scheitert sie an gebäudespezifischen Gegebenheiten wie dem maximal zur Verfügung stehenden Raumangebot, der Lage der Verkehrswege oder der zulässigen Boden- bzw. Deckentragfähigkeit. Weiterhin verhindern häufig fertigungsmittelspezifische Eigenschaften und Anforderungen wie

- die Lage der Ver- und Entsorgungspunkte,
- erforderliche Freiräume für Umrüst- und Wartungsarbeiten sowie
- bestehende Fundamente

eine entsprechende Maschinenaufstellung.

In den vorgenannten Fällen müssen andersartige, arbeitsplatzspezifische Lösungen entwickelt werden. Hierbei sind, entsprechend der oben angeführten Planungsziele, die folgenden Grundsätze zu berücksichtigen:

- Die Fertigungsmittel sollten so ausgerichtet werden, daß zu ihrer Be- und Entladung möglichst keine Bewegungen der Handachsen des Industrieroboters erforderlich sind (Zusammenlegen der Achsrichtungen des Industrieroboters mit den Ein- und Ausgaberichtungen).
- Die anzufahrenden Positonen sollten so zueinander angeordnet werden, daß sie in direkter Folge von dem Handhabungsgerät angefahren werden können (Minimierung der Anzahl anzufahrender Zwischenpunkte).
- Die Abstände zwischen den im Arbeitszyklus nacheinander zu bedienenden Fertigungsmitteln sind zu minimieren.

4.2.5.4 Einbaulage des Industrieroboters

Bei der Bestimmung der Einbaulage des Industrieroboters stellt sich die Aufgabe zwischen

- einer Auf-Flur-Installation,
- einer Über-Kopf-Installation und
- dem Anbau an ein Fertigungsmittel

zu wählen.

Ein prinzipieller Vergleich der Vor- und Nachteile dieser Installationsmöglichkeiten ist in Bild 4.2-11 dargestellt.

	AUF - FLUR - INSTALLATION	ÜBER - KOPF - INSTALLATION	INSTALLATION AM FERTIGUNGSMITTEL
VORAUSSETZUNGEN	● ausreichendes Raumangebot vor bzw. neben den Fertigungsmitteln ● keine vertikalen Ein- und Ausgabekanäle der Fertigungsmittel ausreichende Bodenbelastbarkeit	● ausreichendes Raumangebot über den Fertigungsmitteln (keine Kräne, Absaugvorrichtungen usw.) ● Handhabungsgerät ist für Über-Kopf - Installation geeignet ● ausreichende Decken-, Wand-, bzw. Stützenbelastbarkeit	● ausreichende Tragfähigkeit des Maschinengestells ● geringes Gewicht des Handhabungsgerätes ● nur geringfügige Kräfteübertragung zwischen Handhabungsgerät und Fertigungsmittel
VORTEILE	● einfache Realisierung möglich ● niedrige Installationskosten ● einfache Wartung und Reparatur des Handhabungsgerätes	● gute Zugänglichkeit zu den Fertigungsmitteln ● manueller Betrieb bei Ausfall des Handhabungsgerätes möglich ● Absicherung des Ein- und Ausgabekanäle der Fertigungsmittel ausreichend	● geringer Platzbedarf ● kleine, kostengünstige Handhabungsgeräte einsetzbar ● Absicherung des Arbeitsraumes des Handhabungsgerätes mit geringem Aufwand möglich
NACHTEILE	● Zugänglichkeit zu den Fertigungsmitteln eingeschränkt ● manueller Betrieb bei Ausfall des Handhabungsgerätes nur bedingt möglich ● Abschrankung des gesamten Arbeitsraumes des Handhabungs- durch Sicherheitszäune erforderlich	● Realisierung erfordert Spezialportale ● hohe Installationskosten ● erschwerte Reparatur und Wartung des Handhabungsgerätes	● Zugänglichkeit zum Fertigungsmittel eingeschränkt ● manueller Betrieb bei Ausfall des Handhabungsgerätes schlecht möglich ● kleiner Arbeitsbereich des Handhabungsgerätes ● bei Wartung und Reparatur des Handhabungsgerätes muß das Fertigungsmittel stillgelegt werden

Bild 4.2-11: Vergleich alternativer Installationsmöglichkeiten eines Industrieroboters

Weiterhin sind dort die grundlegenden Voraussetzungen angeführt, die für die Verwirklichung dieser Lösungen erfüllt sein müssen. Aus der Zusammenstellung wird deutlich, daß der Anbau an ein Fertigungsmittel nur in Ausnahmefällen möglich ist. So schränkt diese Lösung die Bewegungsmöglichkeit des Handhabungsgerätes sehr ein und ist daher in der Regel nur bei einer Einmaschinenbedienung einsetzbar. Zudem kann sie nur bei Geräten geringer Baugröße realisiert werden, da sonst die vom Industrieroboter auf das Maschinengestell übertragenen statischen und dynamischen Belastungen unzulässig groß würden. Im Gegensatz zu dem Anbau an ein Fertigungsmittel müssen die Auf-Flur-und Über-Kopf-Installation als gleichwertige Lösungen betrachtet werden.

4.2.5.5 Bestimmung des optimalen Verfahrweges für den Industrieroboter

Entscheidend für die Beurteilung einer entworfenen Layoutlösung ist die zu erreichende Ausbringungsrate. Voraussetzung für ihre Berechnung ist die Bestimmung des optimalen Verfahrweges, d.h. desjenigen Verfahrweges, der eine zeitminimale Bedienung der Fertigungsmittel ermöglicht. Dieser hängt im wesentlichen von den folgenden Einflußgrößen ab:

- den geometrischen Gegebenheiten,
- der Kinematik des eingesetzten Industrieroboters,
- den Verfahrgeschwindigkeiten in den einzelnen Achsen,
- der gegebenen Bedienfolge,
- der Greiferausführung (Einfach-, Doppelgreifer).

Während die zuerst genannten Größen aufgrund der zuvor behandelten Planungsschritte festliegen, ist die Art der Greiferausführung in diesem Planungsstadium noch unbestimmt. Die Einfachgreiferausführung stellt die technisch einfachere Lösung dar. Demgegenüber bietet der Doppelgreifereinsatz aufgrund der Möglichkeit des direkten Werkstückwechsels Vorzüge hinsichtlich der erreichbaren Taktzeit. Um zu entscheiden, welche dieser Lösungen im gegebenen Fall gewählt werden sollte, sind die folgenden Kriterien zu untersuchen:

- Zugänglichkeit zu den Fertigungsmitteln (Freiraum senkrecht zur Eingaberichtung und an der anzufahrenden Position),
- Leistungsfähigkeit des Industrieroboters (Tragfähigkeit, vorhandene Handachsen),
- Lage der Werkstücke vor und nach der Bearbeitung (identisch, räumlich getrennt),
- erforderliche Gesamttaktzeit.

Falls sich bei einer Überprüfung der drei zuerst angeführten Kriterien keine Beschränkungen für eine Doppelgreiferausführung ergeben, so muß für beide Lösungsmöglichkeiten der jeweils optimal geeignete Verfahrweg ermittelt und über einen Vergleich der erzielbaren Taktzeiten eine definitive Entscheidung für eine der Lösungen herbeigeführt werden. Die Ermittlung des optimalen Verfahrweges setzt dabei den Vergleich verschiedener Verfahralternativen voraus.

4.2.5.6 Vorgehensweise bei der Layoutplanung

Auf eine systematische und sorgfältige Layoutplanung muß im Rahmen der Einsatzplanung besonderer Wert gelegt werden, da die Ergebnisse dieses Planungsschrittes nicht nur auf Typ und Ausführungsform des Handhabungsgerätes einen wesentlichen Einfluß haben, sondern darüber hinaus noch so wichtige Zielgrößen wie

- die Sicherheit,
- die Zugänglichkeit für Wartungs- und Umrüstarbeiten,
- die Ausbringung,
- den Platzbedarf und
- den Umstellungsaufwand

mitbestimmen. Bei der Planung ist ein gleichzeitiges Optimieren aller vom Layout beeinflußten Ziele nicht möglich, da sich diese teilweise widersprechen. Beispielsweise wird mit einer Verringerung des Platzbedarfes i.a. die Zugänglichkeit zu den Fertigungsmitteln schlechter. Ebenso ist eine Maschinenaufstellung, die nur geringe Anforderungen an die Kinematik des Handhabungsgerätes stellt, in der Regel nur durch die Umstellung sämtlicher Fertigungsmittel erreichbar. Aufgrund dieser Gegensätzlichkeiten sowie der Tatsache, daß sich einzelne Ziele einer objektiven Bewertung entziehen (Zugänglichkeit, Sicherheit) ist es nicht möglich, eine allgemeingültige Vorgehensweise zu finden, die zwangsläufig zu dem optimal geeigneten Layout führt. Die Ermittlung der optimalen Lösung ist in diesem Fall lediglich durch den Vergleich verschiedener alternativer Lösungsmöglichkeiten realisierbar. Nachfolgend soll eine Methode vorgestellt werden, die es ermöglicht, bei manueller Vorgehensweise mit vertretbarem Zeitaufwand zu guten Planungsergebnissen zu kommen. Einen Überblick über diese Methode gibt Bild 4.2-12.

Ausgangspunkt der Layoutplanung bildet die gegebene Maschinenaufstellung bzw. die im System angeordneten Arbeitsplätze. Zunächst ist zu überprüfen, ob in dieser Aufstellung eine Automatisierung mit den ausgewählten Handhabungsgeräten möglich ist. Bei den Einzelarbeitsplätzen ist sowohl die Möglichkeit einer Auf-Flur-Installation als auch die einer Über-Kopf-Installation in Erwägung zu ziehen. Bei Einmaschinenbedienung bietet sich zudem in Einzelfällen noch der Anbau des Handhabungsgerätes an ein Fertigungsmittel an.

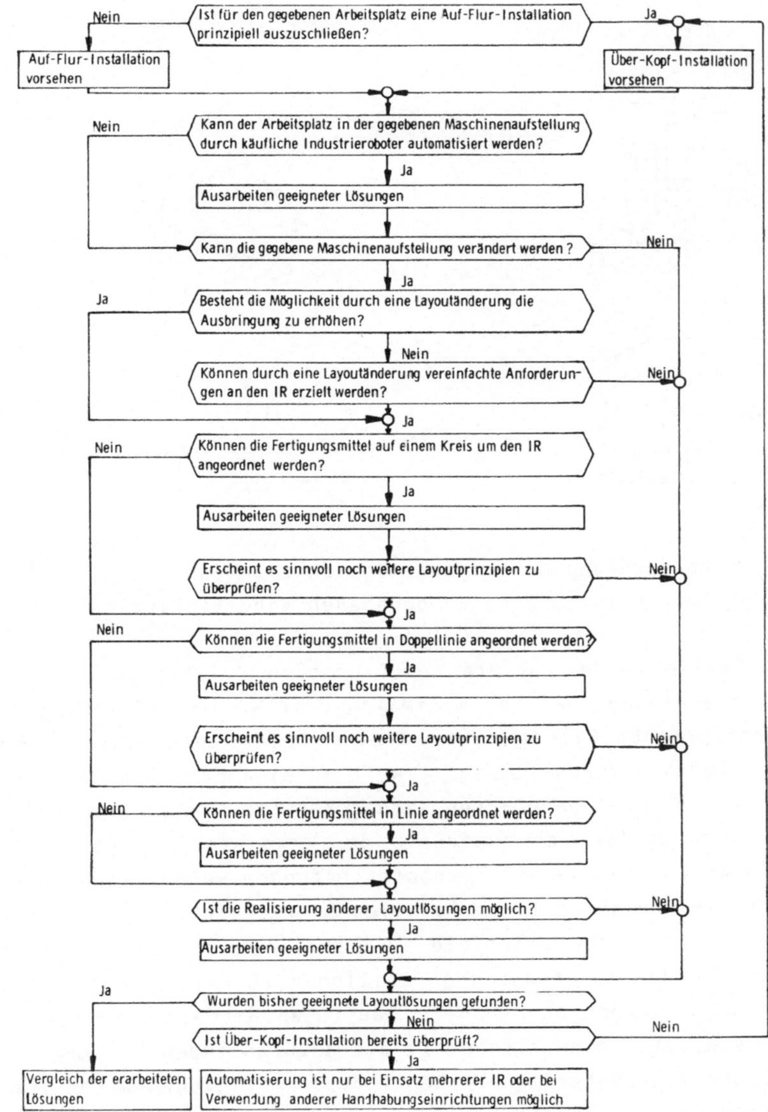

Bild 4.2-12: Vorgehensweise der Layoutplanung bei einem Industrierobotereinsatz

Um die Anwendungsmöglichkeiten der Geräte zu prüfen, empfiehlt sich eine zeichnerische Vorgehensweise.

In Bild 4.2-13 ist eine derartige Methode für Geräte mit zylindrischem und kugelförmigem Arbeitsraum dargestellt.

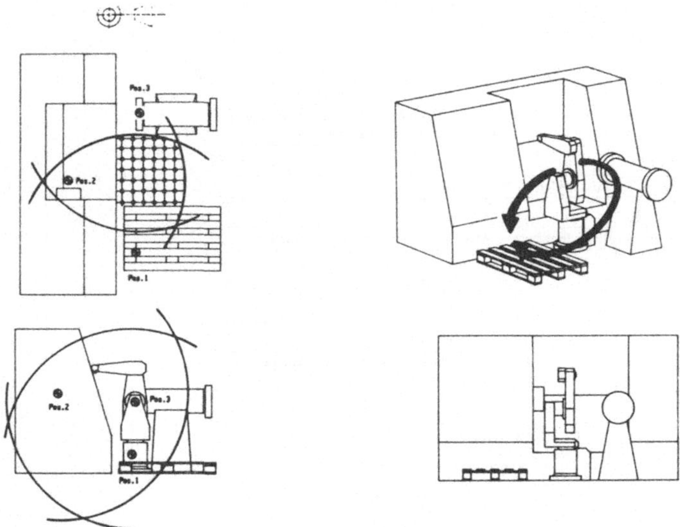

Bild 4.2-13: Überprüfung der Einsatzmöglichkeit von Industrierobotern an gegebenen Arbeitsplätzen

In diesen Fällen werden um die anzufahrenden Positionen Kreise mit dem Radius geschlagen, der der maximalen Reichweite der Geräte in X-Richtung entspricht. Bilden diese Kreise keine gemeinsame Schnittfläche, so liegen die Positionen zu weit auseinander, als daß sie von einem käuflichen Gerät angefahren werden könnten. Im anderen Fall ist anschließend zu prüfen, ob innerhalb der gemeinsamen Schnittflächen ein Standpunkt für den Industrieroboter gefunden werden kann, der ein kollisionsfreies Anfahren aller Positionen ermöglicht. Hierzu ist die Schnittfläche mit einem Rasterfeld zu überziehen und jeder erhaltene Rasterpunkt mit den anzufahrenden Positionen zu verbinden. Schneiden die Verbindungsgeraden Konturen von baulichen Hindernissen oder Fertigungsmitteln, die höher liegen als die anzufahrenden Positionen, so kann der Industrieroboter in der Regel diese Positionen nicht vom gegebenen Standpunkt aus kollisionsfrei erreichen. Lediglich für Geräte mit Gelenkaufbau oder kugelförmigem Arbeitsraum bietet sich in Einzelfällen die Möglichkeit über eine Kante "hinwegzugreifen". Für diejenigen Rasterpunkte, für die bis zu dieser Stelle keine Kollisionsmöglichkeiten festgestellt wurden, ist anschließend zu prüfen, ob sie als Industrieroboterstandpunkt auch ein kollisionsfreies Durchfahren des Arbeitszyklusses ermöglichen. Hierzu muß untersucht werden, ob es

Verfahrmöglichkeiten gibt, die einerseits im Arbeitsraum des Handhabungsgerätes liegen, andererseits aber keine Arbeitsplatzelemente berühren.

Sollten sich aufgrund der aufgeführten Überprüfungen unter Berücksichtigung der Mindestanforderungen mehrere geeignete Standpunkte für den Industrieroboter ergeben - unter Berücksichtigung der Mindestanforderungen - so müssen diese anschließend hinsichtlich der Verbesserung von folgenden Kriterien verglichen werden:

- Sicherheit,
- Zugänglichkeit,
- erreichbare Taktzeit,
- Belastung des Handhabungsgerätes.

Während zur Beurteilung der ersten beiden Kriterien der visuelle Eindruck ausreicht, muß zum Vergleich der erreichbaren Taktzeiten eine Gegenüberstellung der Handhabungsabläufe vorgenommen werden und zum Vergleich der Gerätebelastungen, die maximalen Auskragungen des Industrieroboterarmes bestimmt werden. Nachdem auf diese Weise die für die gegebene Maschinenaufstellung optimale Aufstellung des Industrieroboters ermittelt ist, muß im nächsten Planungsschritt überprüft werden, ob eine Änderung des gegebenen Layouts möglich und sinnvoll ist. Als Beurteilungskriterien müssen dabei der erforderliche Umstellungsaufwand, die gegebenen Raumverhältnisse, eventuelle Ausbringungssteigerungen sowie mögliche Vereinfachungen für die Automatisierungsmittel herangezogen werden. Sprechen diese Kriterien für eine Layoutänderung, sollte nacheinander die Möglichkeit der Maschinenanordnung entsprechend den Ideallayouts: "Kreis", "Linie" und "Doppellinie" untersucht werden.

Häufig scheitert die Realisierung dieser Layouts an den betrieblichen Randbedingungen. In diesen Fällen sind arbeitsplatzspezifische Lösungen, die den Ideallayouts möglichst nahe kommen, zu entwickeln. Sollte sich hinsichtlich eines gegebenen Arbeitsplatzes zeigen, daß die Automatisierung durch ein einzelnes käufliches Handhabungsgerät nicht möglich ist, so muß versucht werden, durch den Einsatz mehrerer Industrieroboter oder durch die Anwendung anderer Handhabungseinrichtungen eine Automatisierung zu erzielen.

4.2.6 Berechnung der Ausbringungsrate für den automatisierten Arbeitsplatz

Zum Vergleich der verschiedenen möglichen Layoutprinzipien reicht es aus, die jeweils erforderlichen Verfahrwege bzw. Verfahrzeiten des Handhabungsgerätes qualitativ abzuschätzen. Nachfolgend ist es jedoch erforderlich, für das ausgewählte Layoutprinzip die Verfahrzeit exakter zu bestimmen, um eine Aussage über die Ausbringungsrate des Arbeitsplatzes im automatisierten Zustand zu bekommen. Aufgrund der errechneten Ausbringungsrate kann schließlich erst entschieden werden, ob die Realisierung des ausgewählten Layouts wirtschaftlich sein kann.

Die Verfahrzeit des Industrieroboters hängt, wie oben gezeigt wurde, wesentlich davon ab, ob das Handhabungsgerät mit einem Einfach- oder Doppelgreifer ausgerüstet wird. Aus diesem Grunde sind für den Fall, daß keine technischen Hemmnisse für den Doppelgreifereinsatz bestehen, für beide Greiferbauformen entsprechende Taktzeitberechnungen durchzuführen. Die Verfahrzeit ist jeweils für den Verfahrweg zu bestimmen, der das Durchfahren des Arbeitszyklusses in minimaler Taktzeit ermöglicht.

Die Festlegung des zeitminimalen Verfahrweges ist in der Regel anhand des ausgearbeiteten Layoutentwurfs problemlos möglich, lediglich in Einzelfällen ist keine direkte Festlegung möglich, z.B. wenn ein Hindernis im Verfahrweg liegt, welches auf verschiedene Weise umfahren werden kann (Schwenken über das Hindernis hinweg, Vorbeischwenken mit eingezogenem Arm (Bild 4.2-14).

In diesem Fall müssen für beide Verfahralternativen die entsprechenden Verfahrzeiten bestimmt werden. Die Berechnung der Verfahrzeit kann näherungsweise nach der folgenden Formel erfolgen:

$$t_v = \sum_{j=1}^{n_{pos}} \sum_{i=1}^{i_n} \left(\frac{\Delta s_i}{v_{max}} + t_1 + t_2 \right) + \sum_{K=1}^{K_G} (t_{Gö} + t_{GS}) + t_{wt}$$

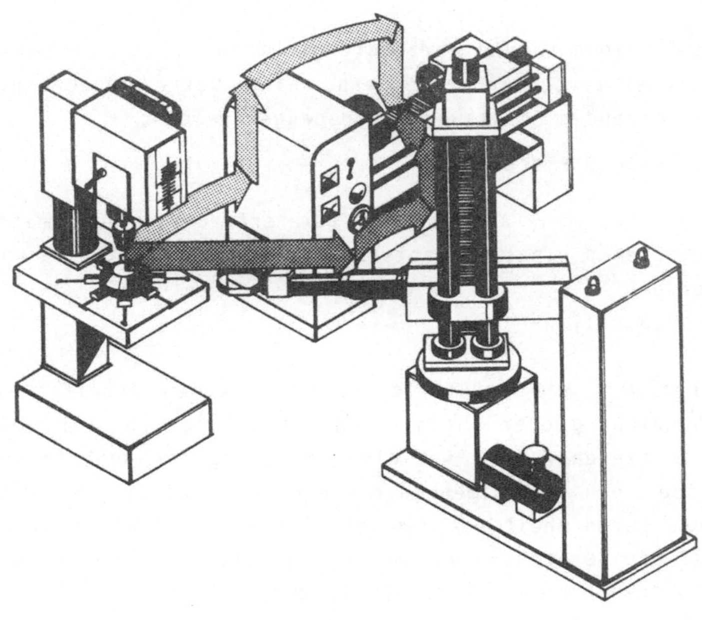

Bild 4.2-14 : Alternative Verfahrmöglichkeiten eines Industrieroboters bei der Maschinenbeschickung

Hierin ist:

t_v = Verfahrzeit in s

n_{pos} = Gesamtanzahl der anzufahrenden Positionen

i_n = Anzahl der erforderlichen Programmschritte zum Verfahren von der Position n-1 zur Position n

s = zurückgelegter Weg in mm bzw. Drehwinkel in Grad pro Programmierschritt

V_{max} = maximale Geschwindigkeit in mm/s

t_1 = Beschleunigungszeit des Industrieroboters in s

t_2 = Verzögerungszeit des Industrieroboters in s

K_G = Anzahl der Greiferöffnungs- und Schließbewegungen

$t_{GÖ}$ = Zeit zum Öffnen des Greifers GÖ in s

t_{GS} = Zeit zum Schließen des Greifers GS in s

t_{Wt} = technologisch bedingte Wartezeiten des Industrieroboters (z.B durch das Öffnen des Spannfutters einer Drehmaschine) in s.

Für die Beschleunigungs- und Verzögerungszeiten t_1, t_2 werden in der Regel von Industrieroboterherstellern keine Werte angegeben. Hier kann von dem folgenden Schätzwert ausgegangen werden:

$t_1 + t_2 = 0{,}5$ (s) (Blockzeit)

Weiterhin kann bei der Abschätzung der erforderlichen Zeiten zum Öffnen und Schließen eines mechanischen Greifers die folgende Annahme getroffen werden:

$t_{GÖ} = t_{GS} = 0{,}3$ (s)

Im allgemeinen wird ein Industrieroboter an einem Arbeitsplatz zur Einmaschinenbedienung oder zur starren Verkettung mehrerer Maschinen eingesetzt. In diesen Fällen ist die Ermittlung der Ausbringungsrate problemlos über die Gesamtmengenleistung M_F möglich. M_F gibt die Anzahl der pro Zeiteinheit von dem gesamten Arbeitsplatz produzierten Einheiten an. Die Berechnung von M_F erfolgt mit Hilfe der berechneten Industrieroboterverfahrzeit nach der folgenden Formel:

$$M_F = \frac{1}{t_v + \sum_{i=1}^{n_{masch}} (t_{hi} + t_{ni} + t_{si})} \qquad \left[\frac{1}{s}\right]$$

Hierin bedeuten:

t_v = Verfahrzeit in s
n_{masch} = Anzahl der zu bedienenden Maschinen
t_{hi} = Hauptzeit der Maschine i in s
t_{ni} = Nebenzeit der Maschine i in s
t_{si} = sachliche Verteilzeit von Maschine i in s

Sehr viel seltener ist der Fall anzutreffen, daß ein Industrieroboter zur losen Verkettung von Fertigungsmitteln oder zur Bedienung mehrerer voneinander unabhängig arbeitender Fertigungsmittel eingesetzt wird. Der Haupthinderungsgrund für die Realisierung derartiger Einsatzfälle liegt in der mangelnden Flexibilität der gegenwärtig verfügbaren Greifsysteme. In bezug auf ein solches Arbeitssystem reicht eine Größe zur Kennzeichnung der Mengenleistung nicht aus. In diesem Fall ist es erforderlich, die Mengenleistung bezüglich jedes Fertigungsmittels zu berechnen. Voraussetzung für die Berechnung der Einzelleistungen ist dabei die Aufteilung der Gesamtverfahrzeit in Bedienzeiten für die einzelnen Arbeitsplatzelemente. Es läßt sich dann die Mengenleistung in bezug auf eine bestimmte Maschine nach der folgenden Gleichung berechnen:

$$M_{Fi} = \frac{1}{t_{hi} + t_{ni} + t_{bi} + t_{wi}} \qquad \left[\frac{1}{s}\right]$$

Hierbei bedeuten:

t_{bi} = erforderliche Handhabungszeit zur Bedienung der Maschine i in s

t_{wi} = mittlere Wartezeit der Maschine i nach dem Auftreten einer Anforderung in s

Eine exakte Berechnung der mittleren Wartezeit t_{wi} ist nur durch eine Simulation des automatisierten Gesamtsystems möglich. Entsprechende Simulationsprogramme wurden am IPA entwickelt /25/. Statistisch orientierte Aussagen hinsichtlich der im System auftretenden Wartezeiten sind daneben auch mit Hilfe der Warteschlangentheorie /26,27,28/ möglich. Die Anwendung dieses Verfahrens ist jedoch an die Voraussetzung gebunden, daß die im System auftretenden Forderungen - im gegebenen Fall nach Be- und Entladung der Maschinen - stochastisches Verhalten aufweisen. Diese Bedingung ist bei den gegebenen Einsatzfällen häufig nicht erfüllt, beispielsweise bei der losen Verkettung, die zu sehr engen funktionalen Abhängigkeiten zwischen den Fertigungsmitteln führt.

4.2.7 Vergleich alternativer Lösungen

Aufgrund der vorangegangenen Planungsschritte liegen i.a. mehrere alternativen Lösungskonzepte für die Realisierung des gegebenen Einsatzfalles vor. Diese alternativen Planungskonzepte werden entsprechend bewertet. Hier bietet sich neben der Wirtschaftlichkeitsbetrachtung zusätzlich die Nutzwertanalyse an.

4.2.8 Realisierung des Lösungskonzeptes

Falls in der vorangegangenen Planung ein wirtschaftliches Automatisierungskonzept erarbeitet werden konnte, so gilt es, nachfolgend Maßnahmen zur Realisierung dieses Konzeptes zu erarbeiten. Dazu sind zunächst alle anfallenden Einzelaufgaben zu analysieren und ihre zeitliche und logische Reihenfolge abzuklären. Als Ergebnis dieser Untersuchungen kann ein Netzplan aufgestellt werden, der als Leitfaden für die weitere Vorgehensweise dient. In Bild 4.2-15 ist ein derartiger Netzplan mit den wichtigsten bei der Realisierung des Lösungskonzeptes anfallenden Aufgaben dargestellt. Es wird deutlich, daß bis zur endgültigen Eingliederung des Industrieroboters in den Herstellungsprozeß eine Fülle von zum Teil sehr komplexen Problemen zu lösen ist.

Als erstes sollten die Kenndaten der ausgewählten Geräte nochmals einem kritischen Vergleich mit den Anforderungen des Arbeitsplatzes unterzogen werden, um eventuell erforderliche Geräteänderungen bzw. Sonderausführungen festzulegen. Anschließend sind auf der Grundlage dieser Untersuchung die Bestellungen der betreffenden Geräte auszuschreiben. Parallel zu diesen Aufgaben muß abgeklärt werden, ob die erforderlichen Änderungs- und Anpaßarbeiten an dem gegebenen Arbeitsplatz durch Abteilungen des eigenen Unternehmens durchgeführt werden können, oder ob es zweckmäßig ist, diese Arbeiten von externen Betrieben ausführen zu lassen.

Ebenso muß untersucht werden, ob die erforderlichen Umbauarbeiten nach außen vergeben werden sollten. Zur Abklärung dieser Fragen müssen die Kapazitäten der eigenen Firma abgeschätzt und Fremdangebote eingeholt werden. Als Ergebnis dieser Untersuchungen können schließlich die für die jeweiligen Arbeiten optimal geeigneten Stellen ausgewählt und mit der Durchführung beauftragt werden.

An die Lieferung des Industrieroboters und der peripheren Einrichtungen kann sich eine Erprobung der Geräte im Versuchsfeld anschließen. Diese Erprobung sollte in zwei Stufen erfolgen. Zunächst sollte im Rahmen einer Abnahmeprüfung kontrolliert werden, ob die herstellerseitig zugesagten Kennwerte tatsächlich erreicht werden. Hierbei sind in bezug auf den Industrieroboter vor allem die Positioniergenauigkeit und die erreichbaren Geschwindigkeiten unter Last zu prüfen. Geeignete Vorgehensweisen für diese Geräteprüfungen wurden gleichfalls am IPA /29/ erarbeitet. Danach sollte der Industrieroboter mit der Peripherie verkettet werden, um das Verhalten des Gesamtsystems zu testen. Hierbei muß die Verknüpfung zu den Fertigungsmitteln durch geeignete Nachbauten bzw. Versuchseinrichtungen simuliert werden.

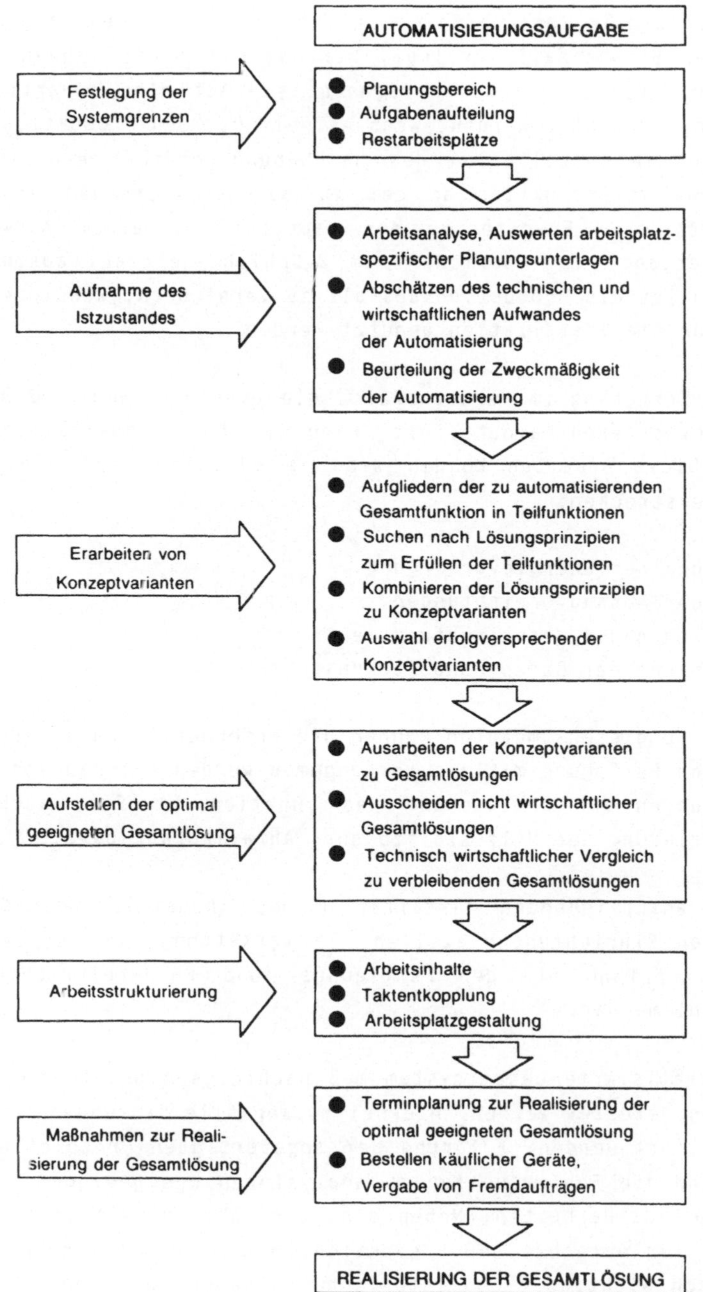

Bild 4.2-15: Ablaufplan zur Realisierung eines Industrierobotereinsatzes

Eine Erprobung im Versuchsfeld ist dann sinnvoll, wenn ein technisch neuartiger Einsatzfall vorliegt, bei dem mit einer langen Installations- und Erprobungszeit zu rechnen ist. Auf eine derartige Erprobung kann verzichtet werden, wenn es gelingt, den Produktionsausfall, der durch die Installation des Handhabungsgerätes verursacht wird, durch eine Vorproduktion an dem zu automatisierenden Arbeitsplatz oder durch eine Erweiterung der Kapazität an einem Ausweichplatz (z.B. Übergang vom 1-Schicht- zum 2-Schicht-Betrieb) auszugleichen. Weiterhin ist ein Produktionsausfall zu verhindern, wenn die Betriebsferien für die Installation genutzt werden.

Nach der Erprobung im Versuchsfeld, die eventuell noch zu Änderungen an dem entworfenen Layout führt, kann mit den Umbauarbeiten begonnen werden. Diese Arbeiten können sich im einzelnen auf die folgenden Gebiete erstrecken:

- Verlegung der Energieversorgung,
- Umbau der Absaugvorrichtungen,
- Erstellen neuer Maschinenfundamente,
- Verstärkung der Boden- und Deckenstützen.

Parallel zu diesen Umbauten können die erforderlichen Änderungsmaßnahmen an den Fertigungsmitteln vorgenommen werden (Einbau von Kontrolleinrichtungen zur Überwachung des Funktionsablaufes, nachträgliche Automatisierung der Hilfsstoffzufuhr, Abfallabfuhr usw.).

Bei der anschließenden Installation des Industrieroboters und der peripheren Einrichtungen stellen die Verkettung der Teilsysteme und ihre Verknüpfung mit den Fertigungs- und Fördereinrichtungen die Hauptprobleme dar.

Das automatisierte Gesamtsystem muß nachfolgend unter Produktionsbedingungen getestet werden. Hierbei müssen alle Störungen und Ausfälle protokolliert werden. Aufgrund der angefertigten Protokolle sind anschließend die Fehlerquellen zu analysieren und geeignete Änderungsmaßnahmen auszuarbeiten. Neben den aufgeführten technischen Aufgaben sind bis zur Aufnahme der Produktion an dem Industrieroboterarbeitsplatz auch wichtige organisatorische Aufgaben zu lösen. So sind für den Fall, daß durch die Automatisierung eine Ausbringungssteigerung erreicht werden kann, entsprechende Eingriffe in die Fertigungssteuerung und die Materialflußplanung vorzunehmen. Ebenso müssen Änderungen in diesen Bereichen vorgenommen werden, wenn das am automatisierten Arbeitsplatz bearbeitete Werkstückspektrum nicht mehr mit demjenigen des manuell bedienten Arbeitsplatzes übereinstimmt. Neben diesen ablauforganisatorischen Änderungen muß der Personaleinsatz an dem automatisierten Arbeitsplatz geplant und entsprechende Schulungen des Bedienungs- und Wartungspersonals vorgenommen werden. Schließlich ist es noch erforderlich, in Informationsgesprächen eventuell bestehende Bedenken der Belegschaft gegen den Einsatz des Industrieroboters abzubauen.

Wie den obigen Ausführungen zu entnehmen ist, stellt die Realisierung eines Industrieroboter-Einsatzes eine sehr komplexe Aufgabe dar. Für die Durchführung dieser Aufgabe ist ein umfangreiches Spezialwissen erforderlich, über das die Anwenderfirmen nur in Ausnahmefällen verfügen. Die Realisierung muß daher in der Regel vom Anwender und vom Gerätehersteller gemeinsam durchgeführt werden. Darüber hinaus ist es oft ratsam, zur Lösung von Teilproblemen die Beratung von Ingenieurbüros bzw. Forschungsinstituten in Anspruch zu nehmen.

4.3 Literaturverzeichnis zu Kapitel 4

/1/ Wöhe, G.: Einführung in die Allgemeine Betriebslehre Verlag: Vahlen, München 78, S.539

/2/ Schünemann, T.M.; Lehnen, H.: Berücksichtigung unterschiedlicher Flexibilitätsgrade Verlag: ZWF 78 (1983) 11, S.501-506.

/3/ Warnecke, H.J.; Bullinger, H.; Hichert,R.: Wirtschaftlichkeitsrechnung für Ingenieure. Verlag: Hanser, München/Wien, 1980, S.29.

/4/ Raab, H.H: Handbuch Industrieroboter Verlag: Vieweg, Braunschweig/Wiesbaden, 1981, S. 172.

/5/ Goetze, H.: Einsatz von Industrierobotern Referat, Gesellschaft für Datenverarbeitung und Produktionstechnik mbH, Berlin 1980, S.4

/6/ Christmann, K.: Wirtschaftlichkeitsrechnung in der Praxis, Teil 1, AV 13 (1976) Heft 5, S.137-143, S. 138, S. 141.

/7/ Gross, A.: Investition Verlag: Florentz, München 1978, S. 59

/8/ Schneider, D.: Investition und Finanzierung Betriebswirtschaftlicher Verlag, Wiesbaden 1980, Anhang.

/9/ Warnecke, H.-J.; Herrmann,G.: Handhabungsgerechte Gestaltung von Werkzeugmaschinen. Wt-Z.ind. Fertigung 65 (1975), S. 275-280.

/10/ Warnecke, H.-J.; Schraft, R.D.: Industrieroboter Katalogband. Mainz: Krausskopf-Verlag 1980.

/11/ Wiendahl, H.-P.; Mende, R.: Produkt- und Produktionsflexibilität. wt-Zeitschrift für industrielle Fertigung 71 (1981), S. 293-296.

/12/ Hesse, S.: Einsatz und Auswahl von Magazeinrichtungen. Verbindungstechnik, 8.Jahrgang, Heft 8/9 (1976), S. 31-33.

/13/ o.V. VDI-Richtlinien 3240, Blatt 1 Zubringeeinrichtungen. Berlin und Köln: Beuth-Vertrieb, 1971.

/14/ Frank, E.: Konventionelle Ordungseinrichtungen. Erfahrungsaustausch Industrieroboter. 5.IPA-Arbeitstagung, Stuttgart, 1975.

/15/ Hesse, S.; Zapf, H.: Verkettungseinrichtungen in der Fertigungstechnik. Berlin: VEB Verlag, 1970.

/16/ Warnecke, H.-J.; Weiss, K.: Katalog Zubringeeinrichtungen. Mainz: Krausskopf-Verlag, 1978.

/17/ Hesse, S.: Klassifizierung von Werkstückspeichern. Fertigungstechnik und Betrieb 29 (1979) Nr. 4, S. 226-229.

/18/ Füglein, E.: Konzeption und Entwicklung eines Handhabungssystems auf der Basis eines flexiblen Werkstückträgers. RWTH - Aachen, Dr.-Ing. Diss., 1978.

/19/ Schuler, J.; Ütz, H.; Graf, B.: Untersuchung der Übertragbarkeit von Handhabungssystemen für Rotationsteile in flexiblen Fertigungssystemen. Karlsruhe: Kernforschungszentrum, Karlsruhe 1983.

/20/ Siemens, K.-J.: Flexible Halteeinrichtungen für Werkstücke. VDI-Zeitung 122 (1980) Nr. 19, S. 817-820.

/21/ o.V.: Automatisierung I. Vorlesungsmanuskript des Instituts für industrielle Fertigung und Fabrikbetrieb, Universität Stuttgart, 1986.

/22/ o.V.: VDI-Richtlinie 3240: Zubringeeinrichtungen. Begriffe, Kennzeichnung, Anforderungen. Berlin, Köln: Beuth-Vertrieb, 1968.

/23/ i.V.: Werkstückhandhabung in der automatisierten Fertigung. Ein Leitfaden zur Lehrschau. Württembergischer Ingenieurverein. Stuttgart, 1968.

/24/ Hesse, S.; Zapf, H.: Verkettungseinrichtungen der Fertigungstechnik. München: C.Hanser, 1971.

/25/ Schmidt-Streier,U.: Methode zur rechnerunterstützten Einsatzplanung von programmierbaren Handhabungsgeräten. Berlin-Heidelberg-New York: Springer Verlag 1982.

/26/ Gnedenko, B.W.; Kowalenko, I.N.: Einführung in die Bedientheorie. München: Oldenburgverlag, 1971.

/27/ Taha, H.: Operations Research. New York: Macimillian Company, 1971.

/28/ Conolly, B.: Future Notes on Queuing Systems. New York, London: John Wiley & Sons, 1975.

/29/ Brodbeck, B.; Schiele, G.: Ergebnisse aus den Prüfungen von Industrierobotern auf einem Prüfstand. Technische Rundschau, Nr.3/1980.